嵌入式

MCGS串口通信

快速入门及编程实例

张辉　著

化学工业出版社

·北京·

本书按照开发者的学习习惯，首先简明扼要说明了串口的基本概念和基础知识，讲述了 MCGSE 系统组成、MCGSE 中的数据类型、串口分类、串口标准等，该部分为学习串口开发的功底；其次，通过微型打印机、流量传感器、温度传感器等开发实例，详细说明了如何利用 MCGSE 提供的串口函数灵活地访问各种协议接口，该部分提供了一种“万能通信”方式，即无论什么样的数据格式、什么样的收发方式，利用该类函数都可以解决问题；最后，重点详细讲解基于 Modbus 标准协议的通信，即只要仪表采用的是标准 Modbus 协议，都可以利用这部分的指令解决，充分利用嵌入式 MCGSE 底层的驱动，完美实现通信互联。

书中以实例形式引导读者逐步完成串口通信编程开发，同时配套视频演示和讲解，用手机扫描二维码即可观看，易懂、易学。

本书可供自动化、计算机应用、电子信息、机电一体化、测控专业的技术人员和师生参考。

图书在版编目（CIP）数据

嵌入式 MCGS 串口通信快速入门及编程实例/张辉著.
北京：化学工业出版社，2018.2
ISBN 978-7-122-31214-3

Ⅰ.①嵌… Ⅱ.①张… Ⅲ.①计算机通信-串行接口-程序设计 Ⅳ.①TN91

中国版本图书馆 CIP 数据核字（2017）第 313340 号

责任编辑：刘丽宏　　文字编辑：孙凤英
责任校对：陈　静　　装帧设计：刘丽华

出版发行：化学工业出版社（北京市东城区青年湖南街 13 号　邮政编码 100011）
印　　刷：北京京华铭诚工贸有限公司
装　　订：北京瑞隆泰达装订有限公司
787mm×1092mm　1/16　印张 14¼　字数 347 千字　　2018 年 5 月北京第 1 版第 1 次印刷

购书咨询：010-64518888（传真：010-64519686）　售后服务：010-64518899
网　　址：http://www.cip.com.cn
凡购买本书，如有缺损质量问题，本社销售中心负责调换。

定　　价：49.80 元

前言

随着单片机处理速度的提高和成本的降低，许多传感器开始采用数字化传输方式替代过去的电压与电流等模拟传输方式，例如，温度传感器将测得的温度值通过蓝牙、红外、射频、Zigbee 等接口传给上位机，而这些通信方式都离不开串口通信；对于采用 TTL、RS-232、RS-485 接口技术的仪表与设备，更离不开串口通信。

➢ 为什么学习串口通信?

由于串口的灵活性和成本的低廉性，在诸如智能仪器仪表类的小型系统中应用非常广泛，无处不在。此外，随着触摸屏的推广与用户习惯的改变，嵌入式智能仪器越来越受到青睐，该类仪器不仅具有美观优质的人机交互界面，而且更方便了研究人员进行复杂的核心算法开发，在开发周期和性价比方面有独特的优势。因此，串口将外围设备与触摸屏主机很好地关联起来，形成了独具特色的应用系统，成为当前自动控制领域的一朵奇葩，占领了医疗、科研、教学、测试、工控、交通、银行、零售、物流等行业，呈现了蓬勃发展的态势，在国民经济各部门中发挥着重要的作用。鉴于此，本书采用北京昆仑通态自动化软件科技有限公司的嵌入式 MCGS 平台，为读者展示微型系统开发过程和外围串口设备通信细节，使读者快速掌握该项技术并运用于实践，发挥广大爱好者的智慧，为经济的发展做出贡献。

➢ 本书主要讲了哪些内容?

本书分三个逻辑板块讲解：

- 第一部分由三章组成，以基本概念和基础知识为主，讲述 MCGSE 系统组成、MCGSE 中的数据类型、串口分类、串口标准等，该部分为学习串口的功底，俗话说："万变不离其宗"，这部分就是"宗"。

· 第二部分六章，阐述如何利用 MCGSE 提供的串口函数灵活地访问各种协议接口，该部分提供了一种"万能通信"方式，即无论什么样的数据格式、什么样的收发方式，利用该类函数都可以解决问题。

· 第三部分包括五章，重点详细讲解基于 Modbus 标准协议的通信，即只要仪表采用的是标准 Modbus 协议，都可以利用这部分的指令解决，充分利用嵌入式 MCGSE 底层的驱动，也就是已经封装好的协议对串口通信参数进行设置，利用丰富的 SetDevice 指令完成各种通信，可以说是解决 Modbus 协议类通信的一把"利剑"，在读写字节、字、区块以及浮点型数据方面列举了大量的实例，并对命令编写过程详尽细致地解说。

➢ 书中内容有什么特点?

· 配套视频讲解：扫描书中二维码即可观看视频详细学习，如同老师亲临指导。

· 用实例说话：各个章节根据数据格式、数据类型、串口命令参数设置、软件架构进行剖析和编程，使读者亲临其境，如获至宝。

· 程序实例、源代码可直接调用：书中所有的程序都经过严格的审核、校对、调试与运行，有助于短时间内掌握嵌入式编程技术。

· 配套课件、源代码、程序实例、测试题及答案免费下载：http://download. cip. com. cn/html/20180301/395170103. html。

本书由张辉独立完成每个章节的代码开发、功能测试、过程撰写、习题总结、文字编排、图表制作、审核校对、美工润色等，历时三年。期间，张誉洋帮助完成了素描，张宣凯辅助实现了设备图加工，李东、张会元、张奕琛和赵晓旺对源代码进行了优化。在编撰过程中，得到了温治、冯妍卉、姜泽毅、乐恺和尹少武等几位专家的帮助与支持，同时，该书的出版得到了"洛伊教育基金"、"凤凰教育基金"和"赛迪教育基金"的鼎力资助，在此表示衷心的感谢！

由于作者水平有限，书中不足之处难免，敬请读者批评指正。

著者

目 录

·第 1 章·

认识MCGS

1.1 组态软件发展概况

MCGS 的全称为 Monitor and Control Generated System，即监视与控制通用系统，是北京昆仑通态自动化软件科技有限公司开发的一套基于 Windows 平台用于快速构造和生成上位机监控系统的组态软件，主要完成现场数据的采集、前端数据处理和设备的输出控制。在这里提到“组态软件”那什么是“组态”呢?

“组态”一词源于英文“Configuration”，意思是“配置”“设置”“设定”。组态是计算机行业对功能模块组织状态的一种称谓，“组织”是根据事物的属性特征进行逻辑分类整理，属于“静”处理；“状态”是根据需要对设备的功能进行设定，使其工作于某种具体功能状况下，属于“动”处理。这一点与人类社会有很多相似之处，比如，人类社会刚开始产生时，大家一起捕鱼、狩猎、采摘，满足氏族成员的生存需要；随着生产力的提高，产品有了富余，分工扩展到更大的群体，即由人组成的社会。《史记》中的五帝本纪有记载：“皋陶为大理，平，民各伏得其实；伯夷主礼，上下咸让；垂主工师，百工致功；益主虞，山泽辟；弃主稷，百谷时茂；契主司徒，百姓亲和；龙主宾客，远人至”，说明当时社会已经出现职能不同的部门。如图 1-1 所示，有的善于农耕，有的精通冶炼，有的从事制陶，有的善于养蚕，等等。直到现在，社会分工更加详细，大到一个国家，小到一个公司，在这里，分工就是职能的一种划分，只有分工才能提高社会的生产效率，所以才出现“术业有专攻”的概念。

同样，随着分工的需要，人类使用的工具也开始细分为不同的功能模块，出现了许多功能相似的装备模块，并且形成系列体系，其目的是提高效率和可靠性。对于大家熟悉的电脑而言，每台主机都由主板、CPU、内存、显卡、硬盘、机箱、电源和显示器等功能不同的模块构成，如图 1-2 所示，每种功能的模块又可以有很多种选择。要购置一台电脑，可以选择华硕主板、AMD 的 CPU、希捷硬盘、金士顿内存、技嘉显卡；也可以选择英特尔主板、

图 1-1 古代人类社会的职能分工图

戴尔 CPU、联想硬盘、威刚内存、七彩虹显卡等，显然，只要将这些不同功能的模块“组装”在一起，便完成了电脑的生产，快捷高效。

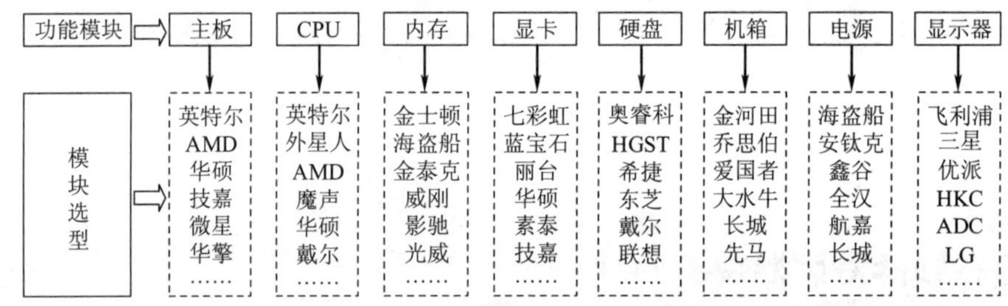

图 1-2 计算机功能模块构成示意图

对于日益发展的软件，也有类似的概念，最初为了完成一项系统任务，用 C、Basic、FORTRAN 等语言编写各种函数，每个函数完成一种特定功能，如字母大小写转换、字符个数的统计、数值排序、记录检索等，这些函数成为构成系统的基本要素，可以称之为“功能模块”，最后通过工程将各个模块链接起来，形成完整的可以处理某一事务的应用软件，这种将不同功能的函数组织在一起，形成一定的集合状态来处理相应事务的过程，就是所谓的“组态”。参考二维码视频讲解。

可以看出，无论是人类社会的“职能分工”、生产工具的“种类划分”，还是软件的“功能模块”，都体现了“各司其职”“物以类聚”“术业专攻”的特点，即功能化、专业化、模块化和集成化，因功能细化产生专业化，专业化的结果导致模块化，通过模块“组装”集合在一起，就形成产品。用户将不同功能的资源组织在一起，而这个过程对用户而言很方便，只需要简单的选择确定（设定）、关联匹配（配置）、摆放布置（设置）即可完成，也就是“Configuration”的实质。

从上述分析可以看出，在“组态”出现之前，要完成项目开发，都是通过高级语言(C、C++、VC++、VB、VB. net、C#、Java script 等）编写程序实现的，这个过程周期长、成本高、工作量大、不可预见问题多。组态软件的出现，解决了上述问题，过去需要几个月的时间，采用组态几天就可以完成，提高了效率，而且可靠性得到了保障。因此，组态软件又称为“二次开发软件”。组态软件的这一特性是以牺牲它的“全面性”和“灵活性”为代价的，它是一种专业化的软件，类似于 AutoCAD、PhotoShop、QQ、WPS、Foxmail 等应用软件，用于诸如电力、石油、化工、冶金、环保、煤矿、配电、热网、电信、能源管理、水利、污水处理、铁路隧道信号监控、食品饮料自动化、制药医疗等行业，方便用户根据软件提供的驱动、链路、协议、工具、图形和策略等基本要素快速组建起对工程项目的监测与管理，为了提高灵活性，还提供了编程手段，如 Basic、VC++等内置编译系统。参考二维码视频讲解。

目前，国内外流行的组态软件较多，图 1-3 以时间为序给出了国内外常用组态软件的发展情况，自从 1969 年美国数字设备公司为通用公司生产了世界上第一台可编程逻辑控制器（Programmable Logic Controller，PLC）以后，各公司相继开发出各自的 PLC 硬件设备与配套控制程序，但是随着集散控制系统（Distributed Computer System，DCS）的发展，需要将控制软件与硬件分开，形成通用的组态软件，20 世纪末，该类软件如雨后春笋般蓬勃发展起来。例如，国产的组态软件有北京三维力控科技有限公司的力控（ForceControl）、北京亚控科技发展有限公司的组态王（KingView）、北京昆仑通态自动化软件科技有限公司的 MCGS、北京世纪长秋科技有限公司的世纪星、紫金桥软件技术有限公司的紫金桥（Realinfo）等。国外的同类产品包括：Intellution 公司的 iFIX、GE 公司的 Cimplicity、Wonderware 公司的 InTouch 以及 Siemens 公司的 WinCC、悉雅特集团的 Citect、艾斯苯公司的 ASPEN-tech、意大利自动化软件供应商 PROGEA 公司的 Movicon 等，表 1-1 列出了常用组态软件的特色及应用领域。

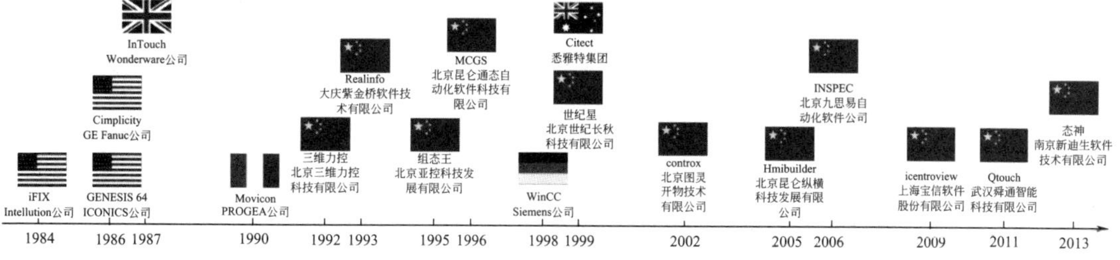

图 1-3 国内外常用组态软件产生时间趋势图

表 1-1 国内外常用组态软件列表

发布日期	软件名称	软件公司	产品特色	应用领域
1992 年	力控（ForceControl）	中国 北京三维力控科技有限公司	数据处理与 HMI 分离	石油、石化、国防、铁路（含城铁或地铁）、冶金、煤矿、配电、发电、制药、热网、电信、能源管理、水利、公路交通（含隧道）、机电制造等行业
1995 年	组态王（KingView）	中国 北京亚控科技发展有限公司	生产实时智能，企业资源管理	水处理、汽车制造、能源、石油化工、市政工程、水利、电力、交通运输、锅炉供暖、仓储、电信/网络/通信、包装、建材、商业
1995 年	昆仑通态 MCGS	中国 北京昆仑通态自动化软件科技有限公司	基于 ARM 结构的嵌入式组态软件	石油化工、钢铁行业、电力系统、水处理、环境监测、机械制造、交通运输、能源原材料、农业自动化、航空航天
1999 年	世纪星	中国 北京世纪长秋科技有限公司	嵌入式组态软件	电力变电配电自动化、电厂监控、石油、化工、冶金、矿山、工业民用水处理、环保污水处理、储备粮库、铁路隧道信号监控、交通信号监控、食品及饮料自动化、制药医疗
1993 年	紫金桥（Realinfo）	中国 紫金桥软件技术有限公司	实时数据库	石油化工、钢铁、水电、机械、制药、造纸、采矿、环保、智能楼宇、仓储、物流、水利

续表

发布日期	软件名称	软件公司	产品特色	应用领域
1996年	WinCC	德国 Siemens公司	涵盖多用户系统直到由冗余、客户机/服务器和浏览器/服务器构架组成的复杂的分布式系统;集成了工厂智能和高效维护功能	汽车制造、电池生产、化工与制药、水泥、起重机、纤维行业、食品饮料、机械制造业、船舶技术、采矿、石油与天然气、制药行业、全集成能源管理、物流与机场、水处理
1984年	iFIX	美国 Intellution公司	实时客户/服务器模式,多重冗余,通道冗余,LAN网冗余,控制器冗余,客户端冗余,调度处理器使任务可以基于时间或事件触发	离散/连续过程、制造业,消费品包装、石油和天然气生产、化工和医药等
1986年	Cimplicity	美国 GE Fanuc公司	主机冗余,生产过程跟踪控制,事件处理和VB脚本控制,多处理器支持,客户/服务器体系结构,开放式数据库管理	自动化制造,采矿与冶金,石油天然气,生命科学,电力与能源,供水及污水处理
1987年	InTouch	英国 Wonderware公司	“螺旋门”数据存储,全面的脚本与图形动画,图形符号的可重用性和标准化,集中管理和远程、随处部署	化工,食品饮料及包装消费品,基础设施,生命科学,设备制造商,开采、金属与矿物,石油与天然气,电力与公用事业,供水与废水处理

组态软件形形色色，为什么选择MCGS作为研究对象开展本书的讨论呢?

大家知道，天下没有免费的午餐，WinCC、ForceControl、KingView等组态软件在使用过程中会根据用户的使用量以及使用条件进行收费，而MCGS嵌入式组态是软硬合一的，即只要购置了硬件触摸屏，其软件是赠送的，节省了初期开发费用和产品成熟后的推广使用费用。可参考二维码视频讲解。

另外一点，也是本书要阐述的重点，即“串口通信”，与组态软件相关联的硬件多为昂贵的PLC、智能仪表、变频器、打印机等设备，但是很多外围传感器或控制器都具有串行通信接口，用户往往只需几十元便可解决问题，尤其是微小型仪器，具有像大型工程一样的数据采集与控制功能，但是又无法承受高额的费用支出。因此，需要通过串口与外部设备进行通信，这样，串口通信的规范便成了所有组态软件的薄弱环节。目前，仅有部分产品的串口采用标准指令规范，但价格也相应较高，而大部分低廉产品只提供了TTL或RS-232协议，形式各样，变化多端，一台仪器可能出现几种不同的协议标准，为项目开发或仪器研制增加了困难和阻力。虽然组态都声称具有灵活性，提供了硬件驱动和脚本语言方便用户拓展，但是，对于五花八门、形形色色的串口接口产品，组态无法实现一一匹配，这一工作必须由用户来完成，而用户又不能像组态软件的开发人员一样专业，这就造成了“用户有需求但不专业”和“开发者专业但不懂需求”的矛盾，需要一个中间纽带来完成，毫无疑问，本书的目的就是要承接这一功能，而 MCGS 恰恰具有灵活的脚本命令与串口操作指令，适于培养专业化的用户。

MCGS 包括网络式、通用式和嵌入式三种版本，本书侧重应用广泛的嵌入式触摸屏，能够满足大量用户的需求，有助于微小型仪器设备的研发。

登录北京昆仑通态自动化软件科技有限公司官网 http://www.mcgs.com.cn，从“下载中心”下载“MCGS _ 嵌入版 7.7（01.0001）完整安装包”，解压后安装到“D:\MCGSE”目录下。安装完毕后，Windows 操作系统的桌面上添加了如图 1-4 所示的两个快捷方式图标，“MCGSE 组态环境”用于对嵌入式 MCGS 工程进行设计和开发，而“MCGSE 模拟运行环境”是对设计好的工程进行运行检验与调试，前者是开发环境，后者是模拟运行环境。参考二维码视频讲解。

图 1-4　MCGSE 组态环境与模拟环境快捷方式图标

1.2　嵌入式 MCGS 体系结构

MCGS 嵌入式组态软件安装完毕后，在桌面上会出现“MCGSE 组态环境”图标，“MCGSE”中的“E”是英文单词“Embedded”的首字母，表示嵌入式版本，区别于网络式和通用式版本。双击该图标后即可进入运行环境，如图 1-5 所示。MCGSE 包括两部分，即组态部分和运行部分。组态部分在基于 Windows 的平台上运行，比如 Windows XP、Win7、Win8 等系统，一旦组态完毕，可以进行模拟调试，发现并解决问题后即可下载到实时多任务嵌入式 Windows CE 环境下运行，这类似于高级语言的调试（debug）版本与发布（release）版本。

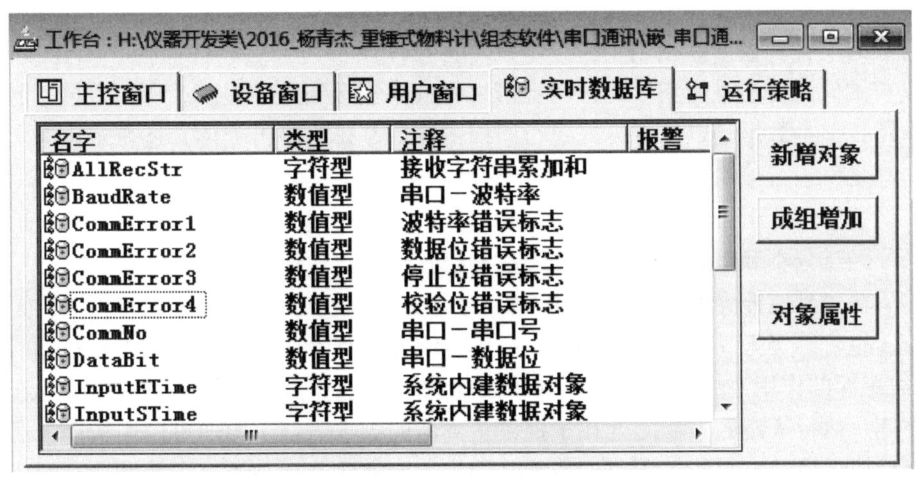

图 1-5　MCGSE 组态软件运行主界面图

MCGSE 的主界面包括用户窗口、主控窗口、运行策略、实时数据库和设备窗口五项内容，构成了嵌入式组态软件的核心体系结构，如图 1-6 所示，其中设备窗口处于组态的最底层，负责硬件驱动、通信协议、链路控制的组织与管理；实时数据库为中间层，起到承上启下的连接作用，保存采集来的数据；用户窗口、主控窗口、运行策略处于人机交互界面层，方便人的观察、分析，同时运行相应的控制算法对下位机进行管理。

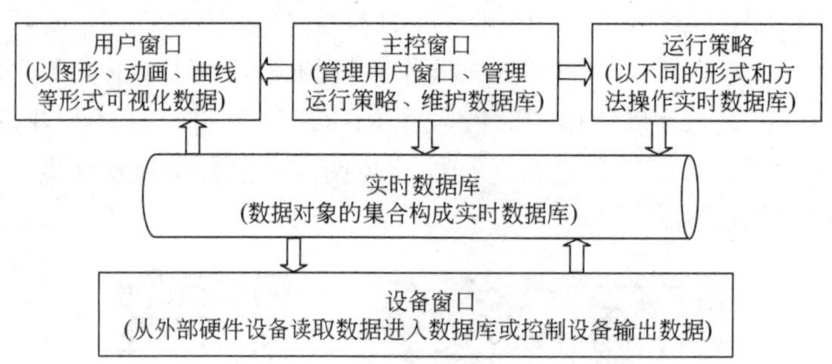

图 1-6　MCGS 组态软件系统结构图

(1) 设备窗口　设备窗口负责“输入”与“输出”操作，从外围硬件设备读取数据或向外部执行器发送控制信号，好比人的眼睛、耳朵等感应器官以及手、脚等执行器官。设备窗口设置的是各种硬件设备的驱动，比如数据采集卡、智能仪表、PLC、继电器模块、称重仪表、变频器等设备。为了与各种设备相连，必须要有设备的驱动，这样软件才能操控硬件，驱动程序就是与硬件配套的操控代码，不同公司的设备有不同的驱动程序，类似于计算机声卡、网卡等的驱动程序。如果组态软件连接的设备没有驱动，或者提供了通信协议，比如串口 RTU 协议和数据格式，但是并没有提供相应的驱动，这时，用户无法使用该设备，需要组态软件开发人员编写驱动程序或在组态软件中嵌入脚本程序，两者是相同的。驱动程序对代码进行了封装，保证了商业秘密；嵌入脚本程序灵活，但是会导致代码外泄。本书将全面完整地对各种各样的串口外围设备进行分类、归纳和实例分析，让用户轻松掌握底层驱动的开发过程。

(2) 实时数据库　实时数据库强调了“实时”与“库”的概念，“实时”就是“步调一致”地与外部设备进行数据交换，或者从外部设备读入数据，或者向外部设备输出数据，而输入输出的数据要存储在一个“库”中，这个库就是由若干个数值型、开关型、字符型等结构变量组成的集合。数据库相当于一个纽带，将硬件设备与上层软件监控界面连接在一起，向下可以与硬件设备实时更新数据，向上可以将数据输送到监控界面。所以数据库起着“桥梁”的作用，但是数据是以何种方式进行组织的呢？是排好序再上传，还是求出最大值再上传，这些都是由运行策略来完成的。

(3) 运行策略　运行策略相当于数据的组织“方法”，数据放到了“库”中，是杂乱无章的，必须经过分类和整理，按一定的规范和格式输出。比如将数据按从小到大的顺序排列起来，然后输出到监控界面；或者将某一段有用的数据截取出来；还可以将不同位置的字节取出来重新组合，等等。运行策略相当于一种组织方式和管理手段，类似于行政部门的“组织部”，组织部的作用是“人尽其才”，目的是将“人”这一数据放到合适的位置，让其发挥最大的作用。运行策略的方便之处在于提供了灵活的脚本语言，用户可以用指令、函数编写各种程序代码完成特定功能，所以运行策略是一个大家庭，每一种具有某种功能的代码都称之为一个“策略”，与高级语言中的过程、函数等相似。这些各司其职的策略组合在一起，就构成了整个系统的运行策略，实际上，相当于执行功能的集合体。如果把组态软件比作一个人，运行策略就是人的各式各样的动作，比如走路、跑步、跳远、攀岩、吃饭、喝水、看书等。

(4) 用户窗口 用户窗口是一种以图形、表格、曲线等形式展现数据的平台，是人机交互界面，用户“人”与外部设备“机”之间就是通过这一界面进行信息交互。例如，将采集的数据以曲线显示，这一过程体现的是数据随时间的变化情况；将数据以柱状图展示，这表现的是数据之间的相互关系；将数据以饼状图示意，这给出了部分与整体的关联。总之，没有用户窗口，相当于少了一个会话层的展示接口，至于底层如何从设备采集数据，如何去执行用户的按键指令、程序指令，用户并不关心，这就是现在人机交互的优势，让用户脱离于底层复杂的编码过程，使控制过程更加专业化和模块化。所以，用户窗口需要由用户进行版面设计、控件布置、数据关联，真正体现了组态软件“配置”这一理念。目的是使用户窗口中的图、表、曲线、控件等要素组成一幅完整的“画”面，并且能够实时动态地反映工艺流程的变化，此“画”（触摸屏展示的动画）与彼“画”（运行的工艺流程）实时地联系在一起。

(5) 主控窗口 主控窗口是嵌入式组态软件的中枢，从图 1-6 可以看出，主控窗口负责控制用户窗口、实时数据库和运行策略，图中的箭头全部指向外部，说明主控窗口的指令是控制这三个窗口。主控窗口好比企业的管理系统，起到分配调度的功能。以大家熟悉的超市购物为例，主控窗口相当于超市管理部门，负责商品的物流、入库、出库、销售、统计等；点心、饮料、水果、蔬菜、海鲜、衣服等商品相当于数据，存放在库房（实时数据库）；明天正好是节假日，管理部门（主控窗口）预先将大量商品（数据）运送到销售区，这个过程相当于执行了应对节假日这一特殊情况（运行策略）；商品被贴上了各式各样的打折标签，摆放在顾客显眼的位置（用户窗口）。管理部门（主控窗口）就是调度中心，在时间和空间上协调各部分之间的关系，哪个商品（数据）在什么时间放在什么位置（用户窗口）。因此，主控窗口起到了“管家”的作用。

上述分析了嵌入式组态软件的体系结构，从中可以看出组态的思想，将不同功能的模块分类，放在了五个不同的结构中，用户只要根据工艺流程迅速将不同的要素分在不同的结构中，然后将它们匹配连接在一起，就构成了人 ⟷ 界面 ⟷ 机的结合，使数据信息流（数据信号、控制指令）在 Human ⟷ Software ⟷ Hardware 之间相互传递，组织形成一个监测与控制的整体，即实现了“组态”的过程。参考二维码视频讲解。

1.3 MCGSE 功能特点

MCGSE（嵌入版）是在 MCGS 基础上开发的专门应用于嵌入式计算机监控系统的组态软件，它的组态环境能够在基于 Microsoft 的各种 32 位 Windows 平台上运行，所谓组态环境，就是指开发环境，相当于高级语言的编辑与编译环境。运行环境就是发布程序，程序没有问题了，可以交付用户使用了，这个程序就可以运行在实时多任务嵌入式操作系统 Windows CE 中。

MCGSE 有很多优点，现一一列举如下：

(1) 适于微小系统 MCGSE 集成了软件与硬件，触摸屏相当于 PC 机的鼠标键盘输入

和显示器输出；内部的 ARM 芯片相当于主板、CPU 和内存；SD 卡和 U 盘相当于硬盘；Windows CE 就是操作系统。其集成度高、可靠性强、体积小、重量轻、能耗低，7 英寸的触摸屏成本仅几百元，比起几千元的 PC 机，在价格上有很大的优势，能够大规模用于诸如取款机、充电桩、加油站、餐饮零售结算终端等装置。

（2）实时互动性强 MCGSE 是真正的 32 位系统，充分利用了 Windows CE 系统的多任务、按优先级分时操作的功能，以线程为单位对在工程作业中实时性强的关键任务和实时性不强的非关键任务进行分时并行处理，使嵌入式一体机广泛应用于工程测控领域成为可能。例如，MCGSE 在处理数据采集、设备驱动和异常处理等关键任务时，可在主机运行周期时间内插空进行像打印数据一类的非关键性工作，实现并行处理。

（3）设备扩展方便 MCGSE 针对外部设备的特征，设立设备工具箱，管理各种硬件的驱动，通过设定硬件的属性和方法实现对外部设备的驱动和控制。不同的设备对应不同的构件，所有的设备构件均通过实时数据库建立联系，而建立联系时又是相互独立的，即对某一构件的操作或改动，不影响其他构件和整个系统的结构。因此 MCGSE 是一个与“设备无关”的系统，用户不必因外部设备的局部改动而影响整个系统。为了适用于各种硬件设备，MCGSE 为用户提供了驱动定制功能，根据通信协议和数据格式，用户可以自行开发相应驱动。

（4）工艺流程展示 为了形象地展示工艺流程，MCGSE 提供了各种工程图案，例如，水泵、指示灯、反应塔、阀门等，并且可以让用户自行设计图例加入图元库中。通过图元的形状改变、颜色变化、位置移动等与变量关联，起到动画展示效果。此外，再辅以方便的运行策略，用户可以选用各种条件和功能的策略构件，用图形化的方法和简单的脚本语言构造多分支的应用程序，按照设定的条件和时间顺序，操作外部设备，控制窗口的打开或关闭，与实时数据库进行数据交换，实现自由、精确的工艺流程控制，同时也可以由用户创建新的策略构件，扩展系统的功能。

·第 2 章·

数据结构

2.1 机器数与真值

数据类型就是指数据信息（字符、数字、图元、声音、图像等）在计算中的存储形式，自 1946 年计算机问世以来，人们将社会中的各种信息，如图形、文字、数字、符号、音频、视频等以二进制的形式存储起来，以便计算机能够识别和处理。因此，需要建立一套“人”与“机”之间信息交换的格式规范，规定什么样的数据在计算机中以何种方式进行存储，于是产生了数据类型。对于人们熟悉的“数”来讲，例如，－100、0、25、1986 等，人类可以阅读、记录和计算，但是，计算机无法识别。计算机自诞生以来，只认识它的父亲“1”和母亲“0”，其他的都不认识。因此，需要一套格式规范，将人们熟悉的信息转换为计算机认识的 0 和 1。那么，一个数字在计算机中的表示形式是不是唯一的呢？不是，它的表示形式包括原码、反码、补码和移码，在讲述这些内容之前，需要先了解机器数和真值两个概念。可参考二维码视频讲解。

(1) 机器数　一个数转化为计算机能够识别的二进制数，称为这个数的机器数，即能够被计算机这种机器识别的数。机器数是带符号的，在计算机中用一个二进制数的最高位存放符号，正数为 0，负数为 1（可以理解为负号“－”竖起来表示）。例如，用一个字节，即 8 个位长表示一个整数，十进制中的数＋3，转换成二进制就是 0000 0011；如果是－3，就是 1000 0011。这里的 0000 0011 和 1000 0011 就是机器数。

(2) 真值　真值就是真正的值，一个数可以用二进制表示，也可以用八进制、十六进制表示，只要它的表现形式值能够还原成其本身值，就称为这个表现形式值为真值，即真正的值，没有产生歧义的值。对于计算机中的机器数，因为第一位是符号位，所以机器数的形式值就不等于真正的数值。例如，符号数 1000 0111，其最高位 1 代表负，其真正数值是－7 而不是形式值 135（1000 0111 转换成十进制等于 135）。所以，区别起见，将带符号位的机

器数对应的真正数值称为机器数的真值。

例：0000 0010 的真值＝＋000 0010＝＋2，1000 0101 的真值＝－000 0101＝－5。

2.2 数据编码

2.2.1 原码

原码就是原来的码，如图 2-1 所示，以 8 位二进制为例，用最高位表示符号，图中以下划线来区分，1 为负，0 为正，剩余的 7 位是真值的绝对值，即用第一位表示符号，其余位表示数值。原码是人脑最容易理解和计算的一种形式，为什么呢?

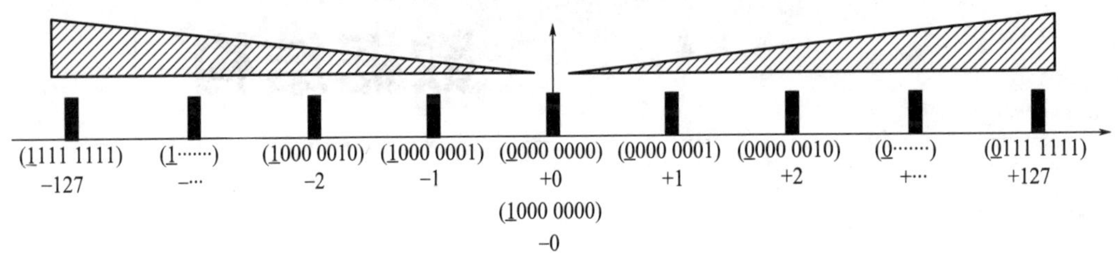

图 2-1 原码编码示意图

从原码的编码能够看出，无论正数还是负数，除了符号位外，表示数值的二进制位（剩余的 7 位）都是随着真值绝对值的增加而增加，如图中三角形表示的趋势一样，向数值坐标轴两边逐渐增大，这和人类的计数习惯一致的，容易理解和记忆。但是，原码的编码方式存在一个缺点，大家知道，8 位二进制实际上可以表示的状态数是 2^8（256）个，但实际上，原码表示的数的范围仅为－127～127，总共可表示 255 个数，中间的“＋0”和“－ 0”为一个数，即“0”值，但却用两个状态（0000 0000）和（1000 0000）来表示，浪费了一个状态的资源。所以这种编码方式无法实现计算机二进制数与人类使用的十进制数的一一映射关系，二进制可以映射为十进制，但是当十进制映射为二进制时，就会出现一个“0”对应两个二进制的问题，存在表述不明的隐患，无法用于计算机的运算。可参考二维码视频讲解。

2.2.2 反码

反码就是取反获得的编码。正数的反码是其本身；负数的反码是在其原码的基础上，符号位不变，其余各个位取反，如图 2-2 所示。

$[+5]=[0000\ 0101]_{原}=[0000\ 0101]_{反}$

$[-5]=[1000\ 0101]_{原}=[1111\ 1010]_{反}$

从上面可以看出，如果一个反码表示的是负数，人脑无法直接识别，需要转化计算一下才能看出来。

反码与原码不同之处在于表示负数时，除了符号位外，表示数值的位随着真值绝对值的增加而减小，如图中左边三角形表示的趋势一样。例如，－127 对应的二进制数为 1000 0000，去掉最高位符号位 1 后，二进制表示的数为 000 0000（0）；－1 对应的二进制数为 1111 1110，去掉最高位符号位 1 后，二进制表示的数为 111 1110（126）。反码的编码方式与原码相似，8 位二进制可以表示的状态数仍为 255 个，范围是－127～127，中间的“＋

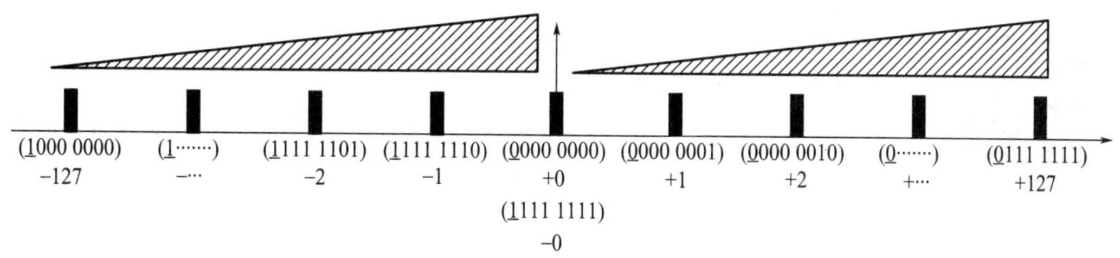

图 2-2 反码编码示意图

0”和“−0”对应的状态分别用（0000 0000）和（1111 1111）来表示，同样浪费了一个状态的资源。

但反码比原码有一个优势，就是它更能让计算机发挥优势。因为对于计算机，加减运算是最基础的运算，在计算过程中，让计算机再辨别“符号位”显然会增加计算机基础电路设计的复杂性，于是人们想出了将符号位也参与运算的方法。根据运算法则可知，减去一个正数等于加上一个负数，即 1−1=1+(−1)=0，所以机器可以只进行加法运算而不用减法，这样计算机运算的设计就更简单了。

但是用原码无法实现上述的设计，大家看下面这个例子。

计算十进制的表达式：1−1=0

$1-1=1+(-1)=[0000\ 0001]_{原}+[1000\ 0001]_{原}=[1000\ 0010]_{原}=-2$

从上面的运算过程可以看出，如果采用原码，让符号位参与计算，显然对于减法来说结果是不正确的，这也就是为什么计算机内部不使用原码表示一个数的原因。

为了解决原码无法做减法的问题，出现了反码。即

$1-1=1+(-1)=[0000\ 0001]_{反}+[1111\ 1110]_{反}=[1111\ 1111]_{反}=-0$

这样看来，用反码计算减法，结果的真值部分是正确的，剩下唯一的问题就出现在“0”这个数值上。无论是原码还是反码，0 都会被表示为 +0 和 −0，只是在原码和反码中表示“−0”的二进制数不同。但是，“0”带符号是没有任何意义的，一个十进制数同样面临出现两个二进制数映射关系的问题，产生不确定性，这是原码和反码所不能解决的，必须改进编码方式，解决 0 有两个编码的问题，于是，补码出现了。可参考二维码视频讲解。

2.2.3 补码

正数的补码就是其本身；负数的补码是在其原码的基础上，符号位不变，其余各位取反，然后加 1（在反码的基础上加 1），例如：

$[+1]=[0000\ 0001]_{原}=[0000\ 0001]_{反}=[0000\ 0001]_{补}$

$[-1]=[1000\ 0001]_{原}=[1111\ 1110]_{反}=[1111\ 1111]_{补}$

补码的编码方式如图 2-3 所示，从“−0”开始，所有的负数都向左平移了一位，“−0”

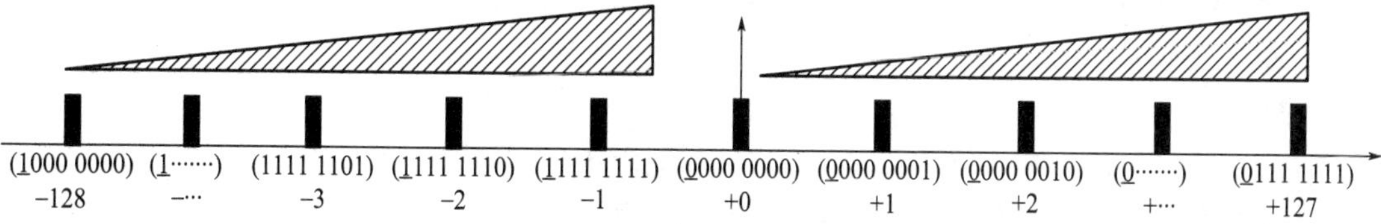

图 2-3 补码编码示意图

的二进制数表示“－1”；“－1”的二进制数表示“－2”，…，“－127”的二进制数表示“－128”。将“＋0”和“－0”值重叠的两个状态分开，向数值的下限延伸了一个，即有了“－128”这个数值。所以，用补码表示的范围是：－128～127，正好 2^8（256）个状态，实现了十进制数与二进制数的一一对应。可参考二维码视频讲解。

2.3 数据类型

在 MCGSE 中，数据类型非常简单，只有三种，即开关型、数值型和符号型，这与 C、Visual Basic、C＃等高级语言的数据类型大不相同，进行了简化。开关型变量相当于大家熟知的整型变量，数值型变量相当于单精度浮点型变量，字符型变量相当于字符串变量。

（1）开关型变量 开关型变量是指 0 或非 0 的整数，把整数分成了两部分，像 3、－5 等都属于非 0 值。开关型变量相当于 C 语言中的整型变量，由 4 个字节构成，4 个字节共计 32 个位（4 字节×8 位/字节），分为正、负两部分，正数有 2^{31} 个，范围是 0～(2^{31}－1)，负数有 2^{31} 个，范围是－2^{31}～－1，整个数值范围是－2^{31}～(2^{31}－1)。MCGSE 组态软件经常输出控制某个开关量，例如电磁阀、继电器、光电开关等，如果某个开关型变量与继电器相关联，当这个变量的值为非 0（1、2、－3、1000 等）时，系统会输出高电平给继电器，继电器获得高电平电压后便可打开，相当于给继电器通电；相反，如果变量的值为 0，则继电器获得低电平，继电器关闭，相当于断电。因此，非 0 就表示开，0 表示关。开关型变量如果仅用于开关量，那它的功能仅用了一小部分，实际上开关型变量主要用于整数，如，!I2Ascii、! I2Bin、! I2Hex、! I2Oct 等函数中的字母“I”表示“Integer”，即整数的意思，这些函数的输入参数为开关型变量，但是从功能上看，是将整数转化为 ASCII 码、将整数转化为二进制、将整数转化为十六进制、将整数转化为八进制。因此，仍然是将开关型变量当作整数使用了。可参考二维码视频讲解。

（2）数值型变量 带小数点或不带小数点的数值，如：12.45，100。属于单精度浮点型，占 4 个字节（32 位）内存空间，其数值范围为－3.4×10^{-38}～3.4×10^{38}，只能提供七位有效数字。

（3）字符型变量 最多 512 个字符组成的字符串，采用英文双引号包含。如：“合抱之木，生于毫末；九层之台，起于累土；千里之行，始于足下。”“NO pains! NO gains!”等，使用字符串变量需要注意的是必须采用“英文双引号”，中文双引号虽然也是引号，但是在计算机语言中被当成字符处理，就像“ABC、中华人民共和国”等字符一样，不是关键字。因此，使用字符型变量时一定要十分小心！

2.3.1 开关型

开关型即整型，由 4 个字节构成，如图 2-4 所示，采用补码方式存储，从右向左数，第一位为 0 位，第二位为 1 位，第三位为 2 位，……，最后一位为 31 位。最高位 31 位表示正、负号，“1”表示负号，“0”表示正号。

正数的补码是其本身，如＋1、＋4096，分别用正数的二进制数表示，例如，6378 是正数，对应的二进制位最高位是 0，转换为二进制编码为：

(0000 0000 0000 0000 0001 1000 1110 1010)→＋6378

负数的补码为负数绝对值对应二进制取反再加 1，例如，－4096 的绝对值为 4096，对应的二进制编码为：

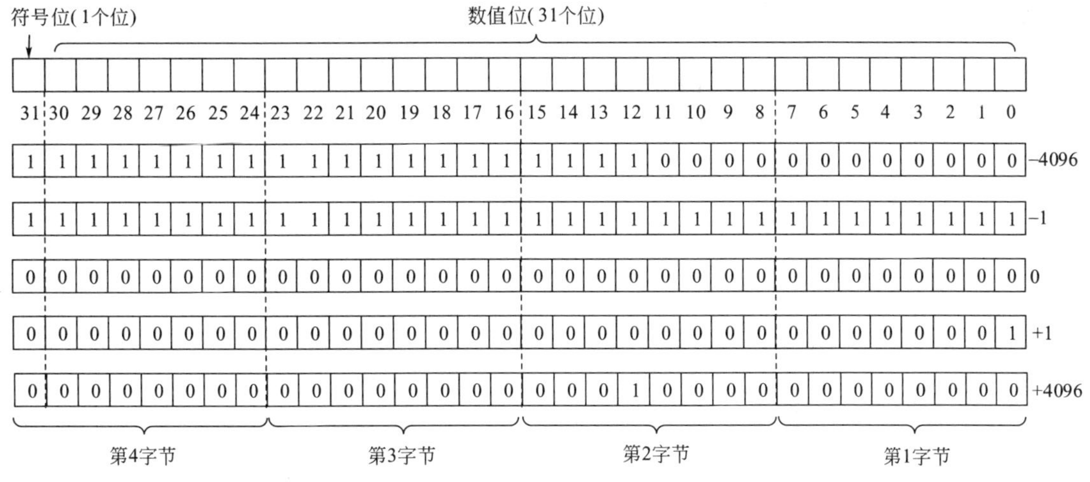

图 2-4 开关型数据（整数）编码示意图

(0000 0000 0000 0000 0001 0000 0000 0000)→＋4096

(1111 1111 1111 1111 1110 1111 1111 1111)→＋4096 取反

(1111 1111 1111 1111 1111 0000 0000 0000)→＋4096 取反＋1

MCGSE 对开关型数据采用字符串进行转化，如下面函数!Hex2I（s）所示。

函 数 名:!Hex2I(s)。

函数意义：把 16 进制字符串转换为数值。

返 回 值：开关型。

参数：s，字符型。

实例:!Hex2I("11")＝17。

“!”表示一个函数的开始，这是 MCGSE 系统对函数的约定，实际上，MCGSE 采用的是一种类 Basic 的语言，对底层函数进行了封装，减弱了原始语言的灵活性，增加了用户使用的方便性。“Hex”是英文“hexadecimal”的前三个字母，意思是“十六进制”，“2”的英文发音与“to”相同，意思是转换，“I”是英文“Integer”（整数）的首字母，所以上述函数的意思是将一个字符串形式的 16 进制数转化为一个整数（开关型）。如果十六进制超范围会怎样呢？MCGSE 系统会自动截断，比如：

!Hex2I("FF11223344")＝287454020＝!Hex2I("11223344")，前面的“FF”被截去了，所以并不会出现溢出错误，说明 MCGSE 对数据范围进行了预处理。“287454020”就是对应十六进制数“11223344”的十进制数。

如果输入的是非十六进制字符串，会当作“0”处理，例如：

!Hex2I("MNOPQ")＝0。

在函数书写过程中，注意三点：第一，前面的“!”不能省略；第二，函数后面的括号必须是英文括号“()”，这有别于中文括号“（）”，一个窄，一个宽；第三，括号内十六进制要用英文双引号引起来，也不能用中文双引号。下述几个例子是错误的：

Hex2I("FE32")　　(X)；没有“!”，前面应该加“!”。

!Hex2I（"FE32"）　　(X)；括号为中文括号，应该为英文括号。

!Hex2I(“FE32”)　　(X)；双引号为中文双引号，应该为英文双引号。

2.3.2 数值型

在C/C++语言中，实型分为单精度浮点型和双精度浮点型两种。在MCGSE中，数值型指的是单精度浮点型，数据采用单精度浮点型（float）存储时，占用32个比特（bit）位，即4个字节宽度。单精度浮点型数据在存储方式上遵循电气电子工程师协会（Institute of Electrical and Electronics，IEEE）颁布的754标准，其存储格式如图2-5所示，图中的“*”表示可正可负，在存储中可分为以下三个部分：

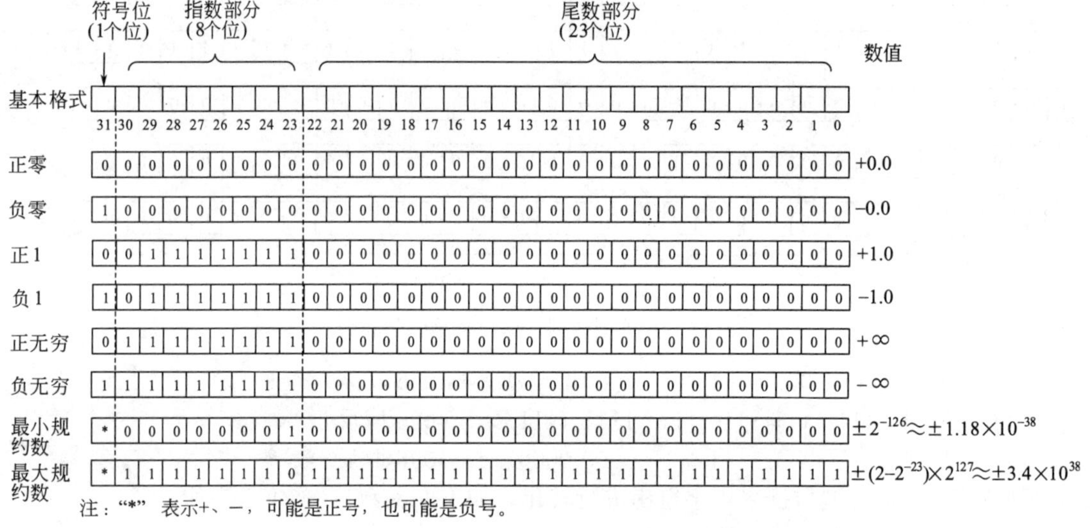

图2-5 单精度实型存储格式

（1）符号位（sign） 符号位是存储空间中最左边的1个位，即第31个位，用0代表正，1代表负，为了便于记忆，可以认为“1”是负号“—”竖起来的一种形式，这样就不会将正、负混淆。

（2）指数部分（exponent） 用科学记数法表示实数时，其形式为$a \times 10^n$，其中$1 \leqslant |a| < 10$。n是整数，表示指数。指数部分表示幂n的位区间，占用存储空间中的第23～30位，共计8个位。

（3）尾数部分（mantissa） 尾数部分表示科学记数法中尾数a的位区间，占用存储空间中的第0～22位，共计23个位。此外，浮点数有两个例外，数0.0存储为全零；无限大数的符号位指示正无穷或者负无穷，指数部分存储为全1，尾数部分全零。可参考二维码视频讲解。

显然，用科学记数法表示实数时，采用的是十进制，例如，8.125用科学记数法表示为8.125×10^0，−42.5用科学记数法表示为-4.25×10^1。但是，计算机以二进制形式存储数据，只能出现0或1。因此，要将待存储的数用二进制的科学记数法表示，其形式为$\pm 1.\mathrm{xxx}\cdots \times 2^n$，其中$n$表示8个位的二进制指数，xxx…为23个位的二进制尾数。由于尾数中没有包括小数点前面的“1”，实际上尾数表示的值为1.xxx…，这样，23个位就能够表示24个位的数值，$2^{(23+1)}=16777216$，由于$10^7 < 16777216 < 10^8$，因此，单精度浮点数的有效位数是7位。

IEEE754规定，浮点型数据对应的机器数表示形式为$\pm 1.\mathrm{xxx}\cdots \times 2^n$，其尾数部分采用了规范化格式1.xxx…，而不是0.xxx…，这样导致整个浮点型数据由$\pm 0.\mathrm{xxx}\cdots \times 2^{n+1}$变为$1.\mathrm{xxx}\cdots \times 2^n$，指数部分由$n+1$减为$n$，变为机器数时，指数部分的$n$和尾数部分小数

点以后的部分参与编码，此时，尾数小数点前的 1 不参加编码，但实际上表示的含义已经包括进去了，相当于尾数部分首位 1 会隐藏掉，例如，指数部分为 3（0000 0011）时，相当于 128（1000 0000）加上 3，结果为 131（10000 0011），由于尾数部分进行了左移，指数部分可以减少 1，把尾数的首位数字 1 隐去，所以 131 实际上是 130，相当于 128＋2＝127＋3，为便于记忆直接称为 127 移码。对于 8 个位的二进制指数部分，其表示范围为 0～(2^8-1)，即 0～255，如图 2-6 所示，把这个 8 位二进制数看成无符号数，再减去 127，此时表示的范围应该为－127～128，即$-(2^7-1)\sim 2^7$。

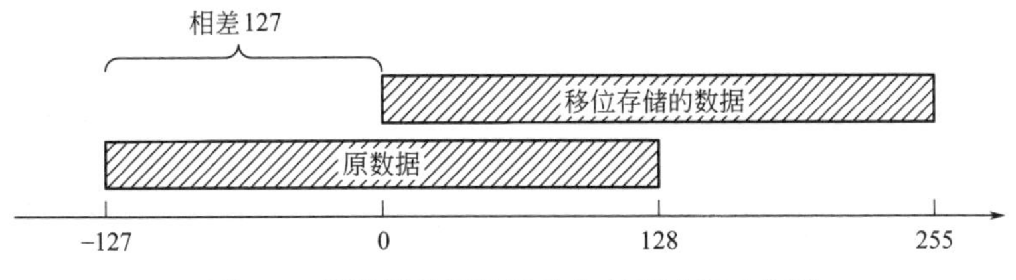

图 2-6 指数部分原数据移位存储过程示意图

根据单精度存储格式可知，指数部分最大值为 255，表示无穷大，除此之外，比 255 小的最大数为 254，这个数值为移位存储的数据，原数据为 254－127＝127，所以单精度浮点数可以表示的范围为$\pm 3.4028235\times 10^{38}$（$\pm 1.1111\cdots 1\times 2^{127}$），由于采用的是二进制，此处的 1.1111…1 实际上是 1＋1/2＋1/4＋1/8＋1/16＋…＋1/(2×23)，这是个等比数列，其累加和应该为 $1\times(1-1/2^{24})/(1-1/2)=2\times(1-1/2^{24})=$ 1.99999988079071044921875，而 2^{127} 为 $1.7014118346046923173168730371588\times 10^{38}$。因此，$\pm 1.1111\cdots 1\times 2^{127}$ 所能表示的范围为是$\pm 3.4028235\times 10^{38}$。对于接近于 0 的最小值，由于指数部分全为零表示 0.0，比 0 大的最小数为 1，这个数值也是移位存储的数据，原数据应为 1－127＝－126，因此，单精度浮点型数据可以表示的最小数为$\pm 1.17549\times 10^{-38}$（$\pm 1.00\cdots 0\times 2^{-126}$）。图 2-7 给出了采用单精度浮点型数据存储时所能表示的数值范围，从图中可以看出，其范围并不是连续的，其中 0.0、正无穷和负无穷为孤立点，正数区间和负数区间为“连续区”，实际上用数字表示实数是一种将连续量表示为离散量的过程。因此，这里的“连续区”是“连贯”的离散区，细小到两个相连的小数时仍然具有间隔。可参考二维码视频讲解。

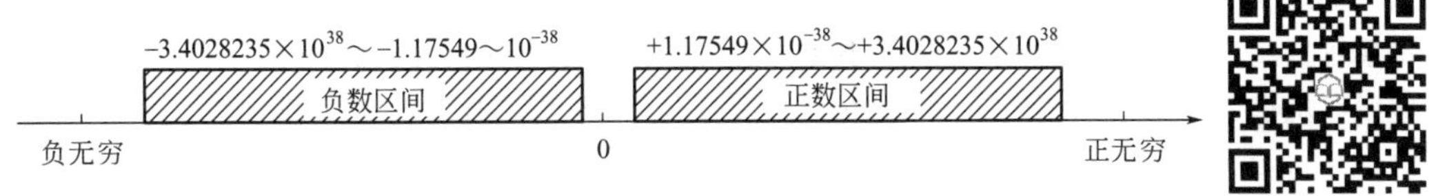

图 2-7 单精度浮点型数据存储范围示意图

为了清楚地说明单精度浮点型数据在计算机中的存储格式，下面分别以＋8.125 和－42.25 两数为例，详细介绍其转化为二进制数据的过程，如图 2-8 所示，该过程分为五个步骤：

第一步，将待存储的数字用带有符号的形式表示出来，如 8.125 为＋8.125。

第二步，以小数点为间隔，将数字分为前后两部分，前半部分为整数，后半部分为小数。整数按“除 2 取余，自下而上”法转化为二进制，如 8.125 中前半部分为 8，8 除以 2，余数为 0，商为 4；4 除以 2 余数为 0，商为 2；2 除以 2 余数为 0，商为 1；1 除以 2 余数为 1，商为 0，整理余数部分，8 转化为二进制数 1000。小数按“乘 2 取整，自上而下”法转

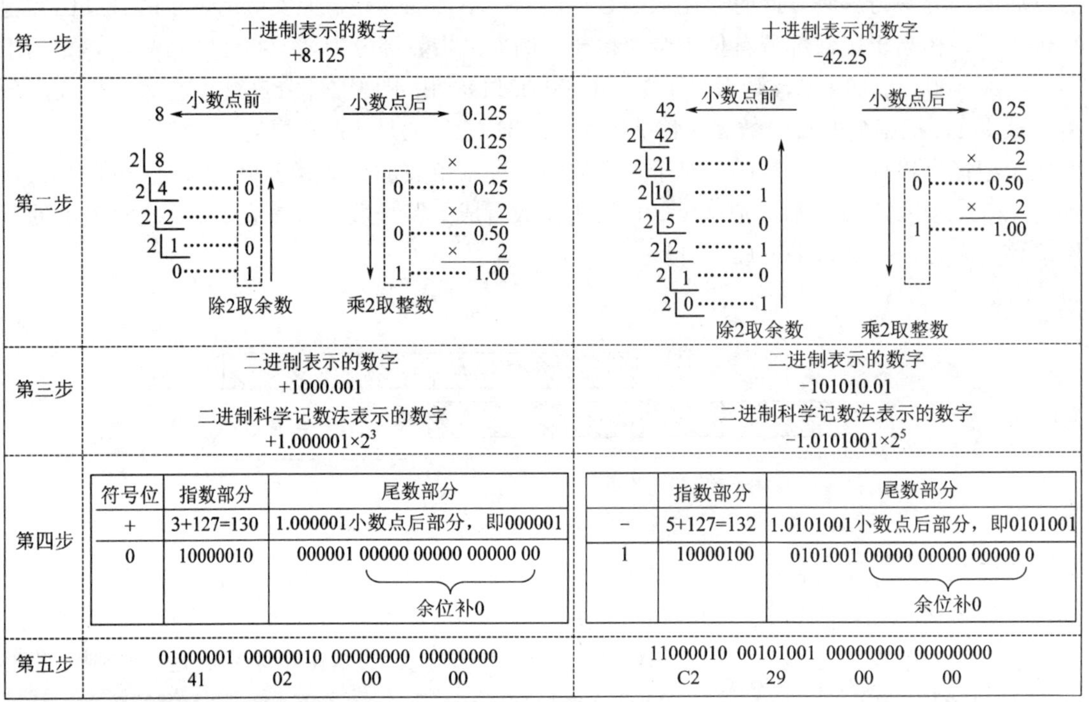

图 2-8 单精度浮点型数据转换为计算机二进制数的过程示意图

化为二进制，如 8.125 中后半部分为 0.125，0.125 乘以 2，整数部分为 0，小数部分为 0.25；0.25 乘以 2，整数部分为 0，小数部分为 0.5；0.5 乘以 2，整数部分为 1，小数部分为 0，整理整数部分，0.125 转化为二进制数 0.001。

第三步，将数字二进制小数点前半部分加上后半部分，获得完整的二进制表示形式，8.125 即可表示为 1000.001，这一步需要注意的是：取余和取整时应按图 2-8 中箭头所示方向安排顺序，不能颠倒。然后将二进制数字用二进制科学记数法来表示，其结果为 1.000001×2^3。

第四步，按单精度存储格式对上述二进制数字进行变换，“＋”表示正号，说明第 31 位为 0；指数为 3，用 3 加上 127 得 130，将 130 转化为二进制数 1000 0010；尾数部分为去掉小数点前的 1 以后剩下的部分，如果不足 23 位，其余位用 0 补充，如果超过 23 位，则去掉 23 位以后的数字。按照“符号位＋指数位＋尾数位”格式写出二进制编码“0＋1000 0010＋0000 0100 0000 0000 0000 000”。

第五步，将符号位、指数部分和尾数部分的二进制数合在一起，共计 32 个位，每 8 个位构成一个字节，即“01000001 00000010 00000000 00000000”，每个字节前 4 位和后 4 位分别用十六进制数表示，即“41 02 00 00”，这个数就是 8.125 在计算机中的存储形式。

同理，按上述方法，也可将－42.25 转化为“C2 29 00 00”。可参考二维码视频讲解。

2.3.3 字符型

MCGSE 中的字符型数据实际上是字符串，即是采用英文双引号包括起来的各种可显示符号，如数字、大小写英文字母、标点符号、汉字等。操作字符型的函数可以分为两大类，一类是字符串操作函数，如图 2-9 所示；另一类为字符型数据与开关型和数值型数据相互转换函数，如图 2-10 所示。

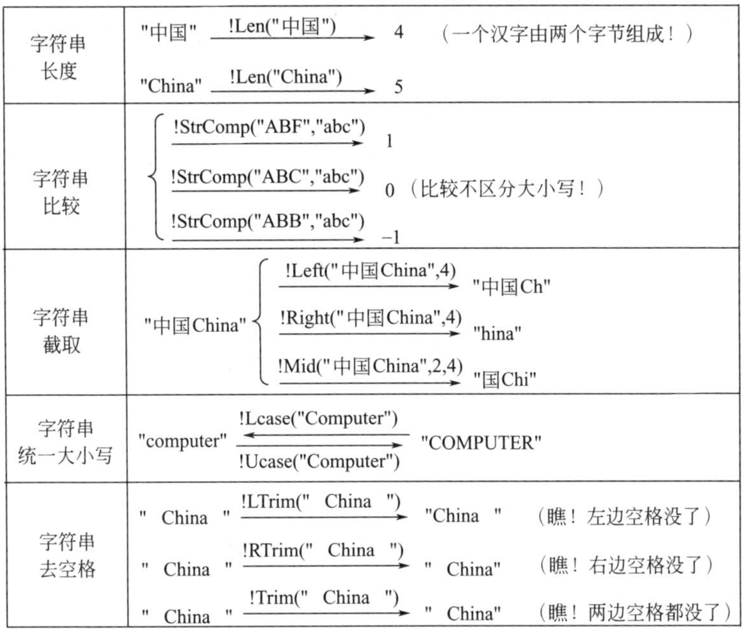

字符串长度	"中国" —!Len("中国")→ 4 （一个汉字由两个字节组成！） "China" —!Len("China")→ 5
字符串比较	!StrComp("ABF","abc") → 1 !StrComp("ABC","abc") → 0 （比较不区分大小写！） !StrComp("ABB","abc") → −1
字符串截取	"中国China" —!Left("中国China",4)→ "中国Ch" "中国China" —!Right("中国China",4)→ "hina" "中国China" —!Mid("中国China",2,4)→ "国Chi"
字符串统一大小写	"computer" ←!Lcase("Computer")— "COMPUTER" "computer" —!Ucase("Computer")→ "COMPUTER"
字符串去空格	" China " —!LTrim(" China ")→ "China " （瞧！左边空格没了） " China " —!RTrim(" China ")→ " China" （瞧！右边空格没了） " China " —!Trim(" China ")→ " China" （瞧！两边空格都没了）

图 2-9 MCGSE 中字符型数据操作函数统计图

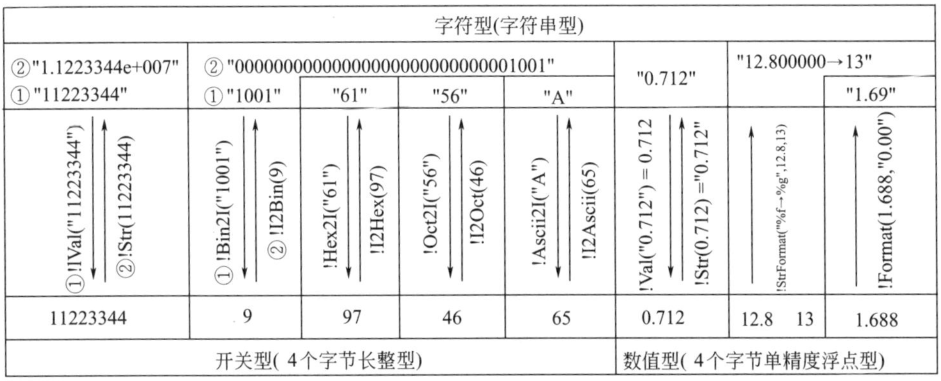

字符型(字符串型)							
②"1.1223344e+007" ①"11223344"	②"00000000000000000000000000001001" ①"1001"	"61"	"56"	"A"	"0.712"	"12.800000→13"	"1.69"
①!!Val("11223344") ↓ ↑ ②!Str(11223344)	①!Bin2I("1001") ↓ ↑ ②!I2Bin(9)	!Hex2I("61") ↓ ↑ !I2Hex(97)	!Oct2I("56") ↓ ↑ !I2Oct(46)	!Ascii2I("A") ↓ ↑ !I2Ascii(65)	!Val("0.712") = 0.712 ↓ ↑ !Str(0.712) ="0.712"	↑ !StrFormat("%f→%g",12.8,13)	↑ !Format(1.688,"0.00")
11223344	9	97	46	65	0.712	12.8 13	1.688
开关型(4个字节长整型)					数值型(4个字节单精度浮点型)		

图 2-10 MCGSE 中字符型数据与开关型和数值型数据相互转换函数对比图

字符串操作函数包括字符串比较函数、字符串长度计算函数、字符串截取函数、字符串统一大小写函数和字符串去空格函数，在这些函数中，字符串长度计算函数较特殊，这个函数的功能是获得字符串的长度，对于 ASCII 码而言，其长度相当于对应字母、数字或符号的个数，但是，对于汉字，其长度相当于 2 倍的汉字个数。例如，“中国”这个字符串，如果用!Len("中国")计算字符串长度，值为 4。计算机内部存储汉字时采用的是 GBK 码，一个汉字用两个字节来表示，“中”的 GBK 码为“D6 D0”，“国”的 GBK 码为“B9 FA”。所以“中国”字符串的长度为 4，即 4 个字节长度。有趣的是，在字符串截取函数中，指示要截取几个的数字又表示完整的汉字，例如，!Left("中国 China",4)的结果为" 中国 Ch"，在这个函数中，4 又表示 4 个完整的字符数，即"中国 Ch"这 4 个字符，而不是字节数。因此，需要大家细心甄别，掌握 MCGSE 函数的使用规则，不至于在使用过程中发生歧义和错误理解。

字符型数据与开关型和数值型数据相互转换函数主要用于各种计算过程，参加运算的必须为整型（开关型）和浮点型（数值型）的数据，一些动态展示过程也必须与数值型数据关联，如曲线显示、位置移动、颜色变化、形状大小改变等。因此，在字符型与开关型、字符型与数值型之间需要函数进行转换，如图 2-10 所示。这些函数涉及十进制与二进制、十进制与八进制、十进制与十六进制、数值与字符串的相互转换，二进制、八进制、十六进制都是以字符串格式赋值，十进制以开关型（整型）赋值，数值以单精度浮点型赋值。归纳起来，实际上都是整型（开关型）+单精度浮点型（数值型）与字符串（字符型）之间的转换。可参考二维码视频讲解。

2.4 十六进制转浮点型

2.4.1 手动转换过程

MCGSE 中没有浮点型数据与十六进制之间转换的函数，需要由用户自己编程实现。如图 2-11 所示，“−42.456985474”这个浮点数在计算机中的存储格式为“C229D3F4”，由二进制形式转换为浮点数的步骤如下：

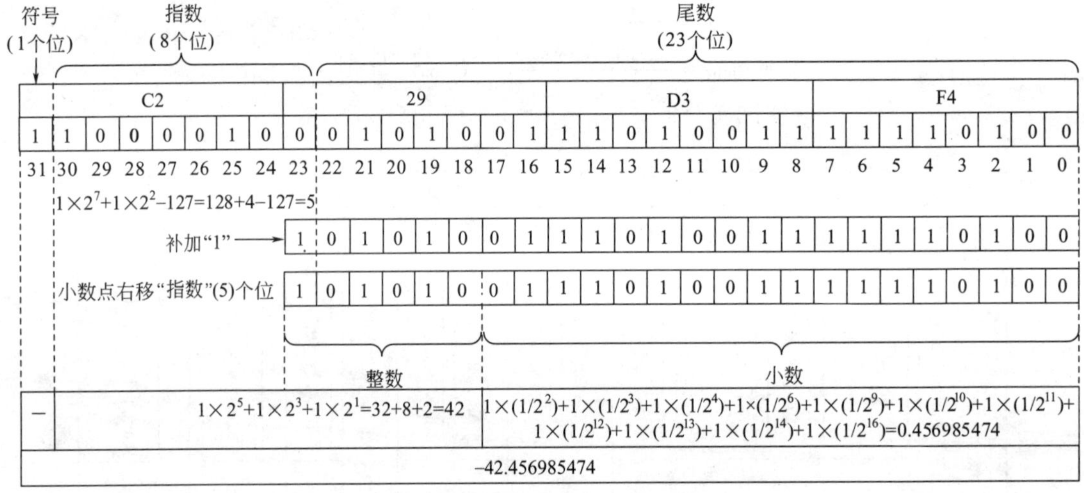

图 2-11 十六进制转换为浮点型数据的过程示意图

（1）确定符号 浮点数对应二进制数据的首位表示正、负，“1”为负，“0”为正，此处为“1”，故浮点数的符号为“−”，即最终计算会得到一个负数。

（2）通过指数将尾数分为整数部分与小数部分 浮点数用二进制表示可分为整数部分与小数部分，都包含在尾数部分。整数部分用 2 的整数次幂表示，这个整数次幂即是指数部分的值减去 127，此处为 5，从尾数开始向右数 5 位，即二进制整数部分与小数部分的分界线，也就是图中小数点的位置，小数点左边为整数，右边为小数。

（3）计算整数部分 浮点数中，尾数的表示形式为 1.xxx…，存储时省去了小数点前的 1。因此，还原整数时，应将 1 添加进去，整数部分在“01010”的 5 个二进制位前面再加 1，结果为“101010”，即整数部分的值为 42。

（4）计算小数部分 指数在尾数中确定整数与小数部分的分界线后，从尾数的开始处向右移 5 个指数位，得到小数的起始位置，然后按二进制的运算方法计算小数的值，即对各个

位进行累加 $1\times(1/2^{2})+1\times(1/2^{3})+1\times(1/2^{4})+1\times(1/2^{6})+1\times(1/2^{9})+1\times(1/2^{10})+1\times(1/2^{11})+1\times(1/2^{12})+1\times(1/2^{13})+1\times(1/2^{14})+1\times(1/2^{16})$，最终值为 0.456985474。

（5）合成为浮点型数值 整数部分加上小数部分得到整个浮点数的绝对值，再乘以符号位，得到完整浮点数的值，即 $(-1)\times(42+0.456985474)=-42.456985474$。可参考二维码视频讲解。

2.4.2 MCGSE 转换过程

了解了十进制浮点型数据与浮点型数据在计算机中的二进制存储形式之间的变换关系后，可以在 MCGSE 中实现这个转换过程，具体步骤如下：

（1）布置窗口 启动 MCGSE 程序后，出现如图 2-12 所示界面，点击“新建窗口”按钮，出现“窗口 0”，点击右侧的“窗口属性”按钮，在“窗口名称”中输入“串口自发自收演示”字符串对窗口进行命名。双击“串口自发自收演示”进入动画组态界面。“串口自发自收演示”如同一张白纸，用户可以从图 2-13 所示的工具箱中选取构件添加到窗口中，当

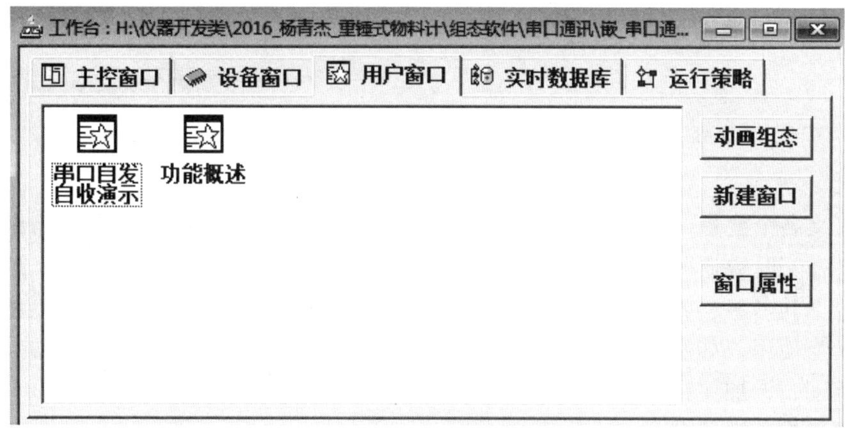

图 2-12 MCGSE 主界面图

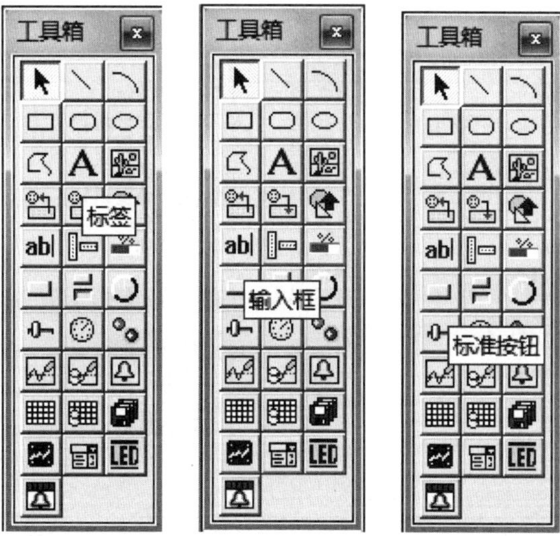

图 2-13 MCGSE 的工具箱

鼠标指向某个构件时，会弹出提示信息，鼠标变成“十”字形，在窗口上点击鼠标左键，然后向右下角拖拉鼠标，达到指定大小时，释放鼠标左键，这时所选中的构件便放在了窗口中。此例分别向窗口添加了标签构件、输入框构件和标准按钮构件。可参考二维码视频讲解。

按图 2-14 所示界面布置各个构件，设定各个标准按钮与标签的显示文本。输入框既可以用于信息的输入，也可以用于显示（相当于标签）。

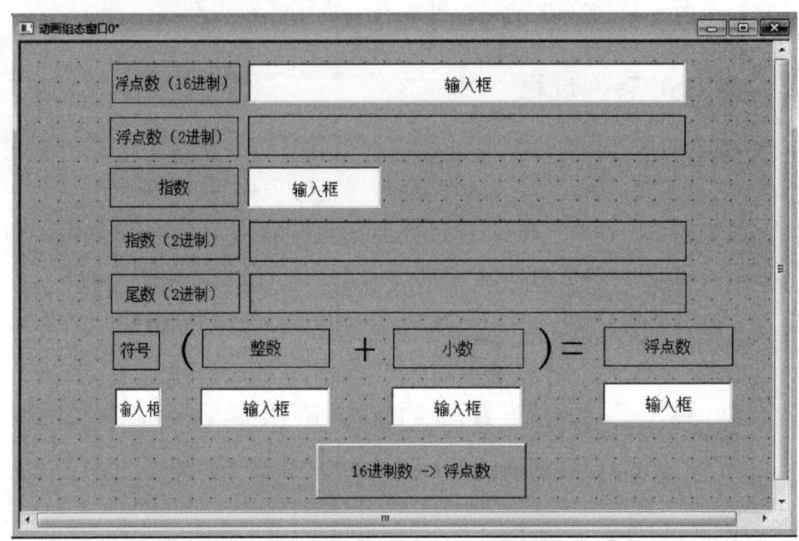

图 2-14　MCGSE 动画组态窗口

（2）定义各个变量　窗口中的构件需要与变量进行关联，能够实时反映变量值的变化。因此，需要在实时数据库中建立相应的变量，用于计算、存储和显示，如图 2-15 所示。每一个变量包括其名字、类型和注释，名字用于在程序脚本中引用，类型是数据结构，注释方便用户记忆与使用。如图 2-16 所示，定义“Len”变量时，可以对其设置数据类型、赋初值、设定范围、添加注释等，变量一旦被定义，便可以与标签、输入框等界面构件进行关联。可参考二维码视频讲解。

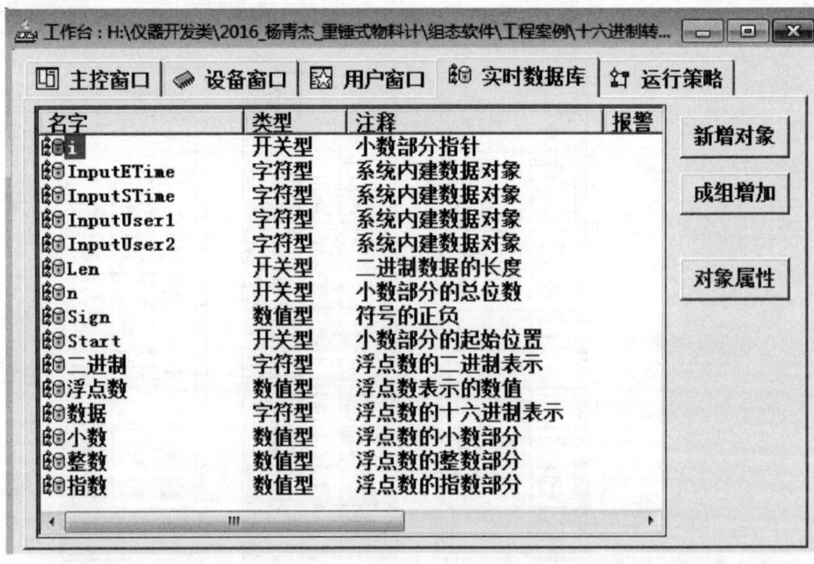

图 2-15　实时数据库中各变量类型及注释窗口

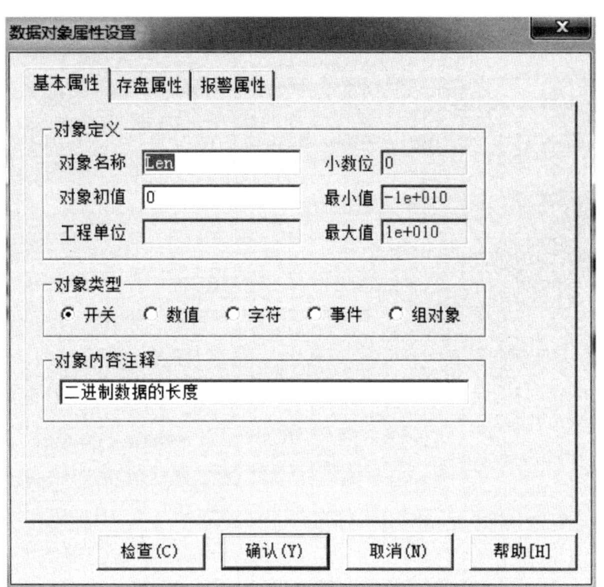

图 2-16　数据对象属性设置窗口

(3) 变量与关系式链接　双击组态窗口中整数下方的输入框构件，弹出如图 2-17 所示的界面，输入框构件可以关联变量，点击“?”按钮，在数据库中选中要关联的变量，这个输入框构件便与变量联系在一起，变量值改变，输入框构件内的值发生相应变化，同理，用户在输入框构件内输入新值，数据库中的变量也会实时更新。

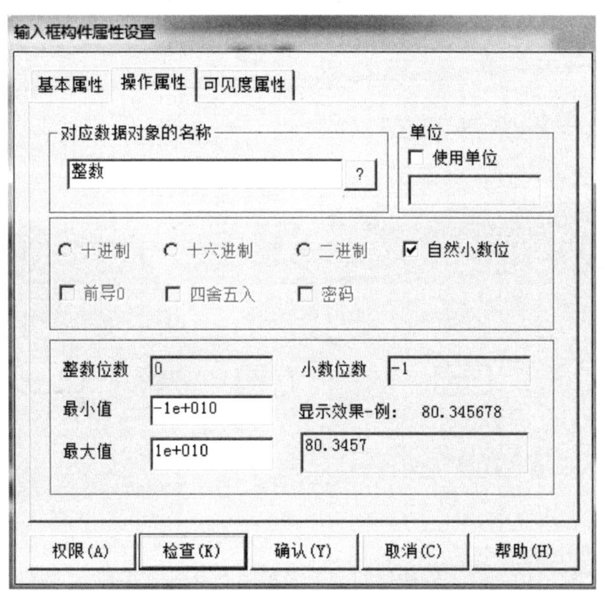

图 2-17　输入框构件与变量链接窗口

标签构件与输入框构件有区别，可以关联表达式，点击“?”按钮后可以输入变量、函数组成的表达式，如图 2-18 所示，比输入框构件更加灵活，此处的“浮点数（二进制）”“指数（二进制）”和“尾数（二进制）”等构件都与表达式进行了关联。

图 2-19 采用黑色边框指示了输入框构件关联的变量和标签构件关联的表达式，用户可

标签动画组态属性设置

属性设置 扩展属性 显示输出

表达式

!I2Bin(!Hex2I(数据)) ? 单位

输出值类型

开关量输出 数值量输出 字符串输出

输出格式

浮点输出 十进制 十六进制 二进制

自然小数位 四舍五入 前导0 密码

开时信息 开 关时信息 关

整数位数 0 显示效果-例: string

小数位数 -1 string

检查(K) 确认(Y) 取消(C) 帮助(H)

图 2-18 标签与表达式链接窗口

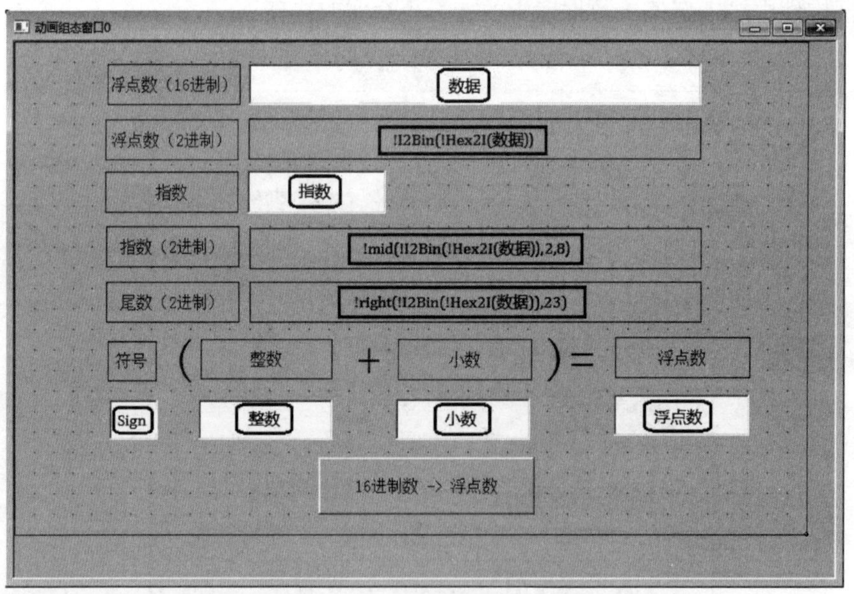

图 2-19 输入框构件与变量及标签与表达式关联示意图

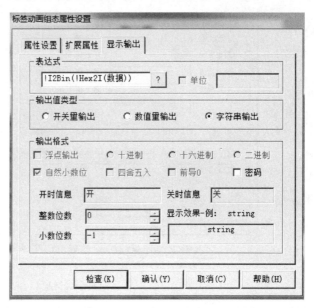

以根据需要自行添加或删除，只要保证输入框构件与变量类型、标签构件与表达式类型相一致即可，例如，要显示数值型数据，则变量或表达式必须为数值型，而不能是符号型或开关型。可上方参考二维码视频讲解。

(4) 编写转换代码 双击按钮构件，如图 2-20 所示，在“脚本程序”页中选中“抬起脚本”，添加代码，称为脚本程序。

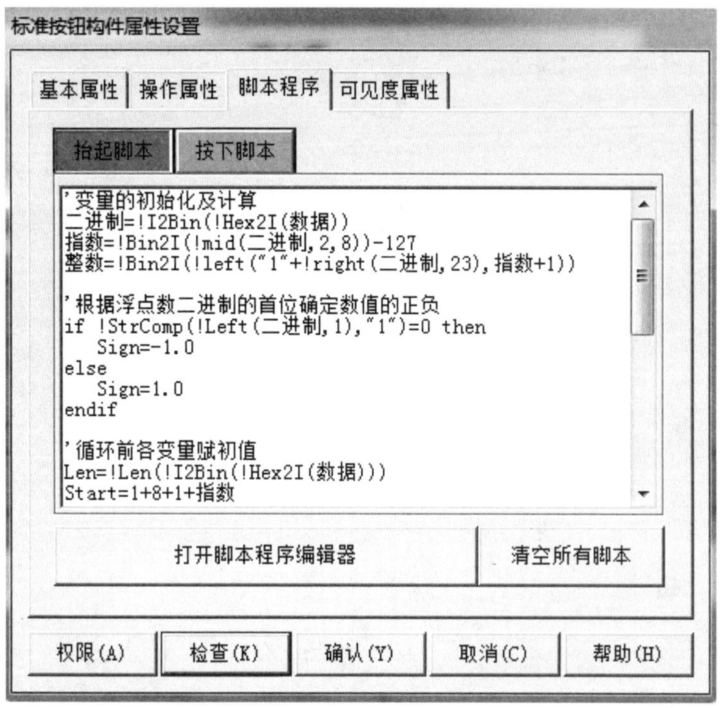

图 2-20 标准按钮构件属性设置界面

脚本的完整代码如下：

* *

```
'变量的初始化及计算
二进制=!I2Bin(!Hex2I(数据))
指数=!Bin2I(!mid(二进制,2,8))-127
IF 指数>=0 then
  整数=!Bin2I(!left("1"+!right(二进制,23),指数+1))
ELSE
  整数=0.0
ENDIF

'根据浮点数二进制的首位确定数值的正负
if !StrComp(!Left(二进制,1),"1")=0 then
   Sign=-1.0
else
   Sign=1.0
endif

'循环前各变量赋初值
Len=!Len(!I2Bin(!Hex2I(数据)))
```

```
IF 指数>=0 THEN
    Start=1+8+1+指数
ELSE
    Start=1+8+1
ENDIF

IF 指数>=0 then
    n=Len-Start
    i=1
    小数=0.0
ELSE
    n=23+指数
    i=1
    小数=2^指数
ENDIF

'循环计算浮点数小数部分的值
WHILE (n>0)
  IF 指数>=0 THEN
      小数=小数+!Val(!mid(二进制,Start,1))/2^i
  ELSE
      小数=小数+!Val(!mid(二进制,Start,1)) * 2^(指数-i)
  ENDIF
  i=i+1
  n=n-1
  Start=Start+1
ENDWHILE

'获得浮点数的数值
浮点数=整数+小数
浮点数=浮点数 * Sign
```

* *

(5) 运行程序 点击 MCGSE 工具栏中的“”按钮，下载工程并进入运行环境，程序执行后如图 2-21 所示。将鼠标放在“浮点数（16 进制）”后面的输入框中，会弹出界面键盘，输入“C229D3F4”，中间不能有空格，点击“16 进制->浮点数”按钮，脚本程序开始执行，各个变量经过计算得到相应的值，与变量关联的标签和输入框构件实时显示变量的值，从而出现图 2-21 所示的结果。可参考二维码视频讲解。

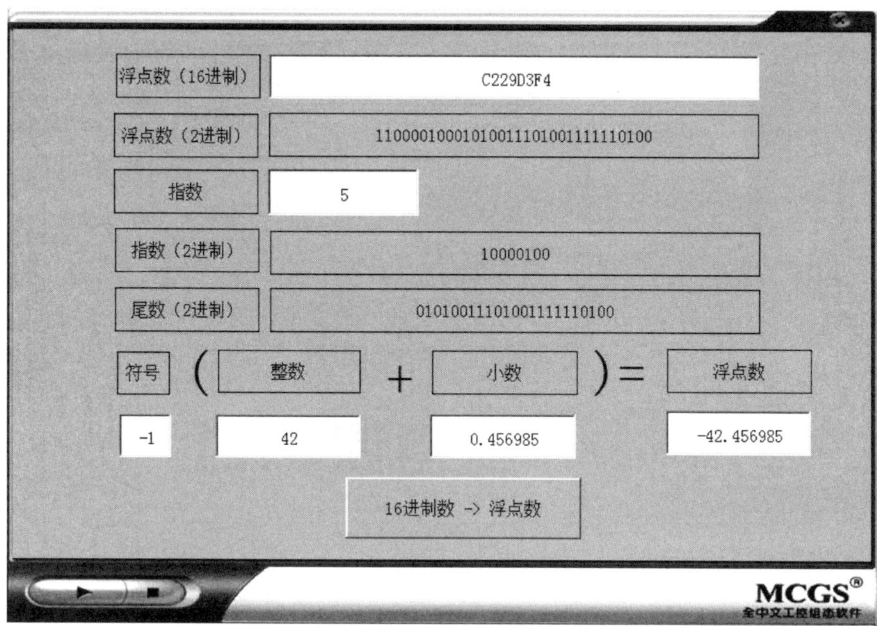
浮点数（16进制）
C229D3F4
浮点数（2进制）
11000010001010011101001111110100
指数
5
指数（2进制）
10000100
尾数（2进制）
01010011101001111110100
符号
整数
小数
浮点数
-1
42
0.456985
-42.456985
16进制数 -> 浮点数
MCGS®
全中文工控组态软件

图 2-21　程序执行界面

·第 3 章·

初识串口

什么是串口？串口就是串行通信接口（Serial Communication Port）。众所周知，中央处理单元（Central Processing Unit，CPU）与外部设备之间的连接与数据交换需要通过接口电路来实现，由于外部设备种类繁多，其对应的接口电路也各不相同，因此，习惯上将这些连接 CPU 与外部设备的接口电路统称为输入/输出（Input/Output，I/O）接口。而串口是 I/O 接口的一种，它是采用串行通信协议（Serial Communication）在一条信号线上将数据一个比特一个比特地逐位进行传输的通信模式，所以又称“串行通信接口”，也称为 COM 接口。实际上，串口类似于人类社会中的铁路、航道、公路等交通线路，在这些交通线路上来回穿梭的是火车、飞机、汽车等交通运输工具，大家容易理解“运输”一词，将货物从一个源头（源）经过交通线路（路径）运到另一个目的地（汇），货物是被运输的介质，相当于计算机中要传输的数据，货物的流动过程形成“物流”。计算机中发送数据的机器称为发送器，接收数据的机器称为接收器，数据流动形成“数据流”，数据的传输过程称为“通信”。这样看来，计算机就是人类社会的一个缩影。而串口可以理解为一种单行道和双行道。单行道类似于独木桥，某个时间段只允许从一个方向向另一个方向行进。双行道虽然有两条路，但是方向相反，对于每一条道，任一时刻只能有一辆车行驶，可以形象地理解为“糖葫芦”，山楂相当于数据，竹签相当于路径，山楂只能一个一个前后“鱼贯而行”，一根竹签不可能并行穿两个山楂，像这种通信方式就称为串行通信。如果同一时刻有两个或两个以上数据通过，就称为并行通信，类似于公路中的双行道、三行道等等，同时沿一个方向可以允许多辆车并行行驶。

3.1 串口引脚

人们看不到串行接口电路，经常看到的是串口引脚。串口引脚有 25 针、9 针、3 针和 2 针等几种规格。串口刚问世时，采用 25 根引脚，包括电压信号针、电流信号针、数据针、备用针等，后来随着计算机的发展，一些电流信号针被省略，成为只有电压信号针的标准 9 针串口，原来的 25 针接口已很少使用；3 针的为 TTL 和简化的 RS-232 接口；2 针为

RS-485 接口。图 3-1 为常用的标准 9 针串口，简称 DB-9（Data Bus Connector），也是简化 RS-232 接口的完整版。

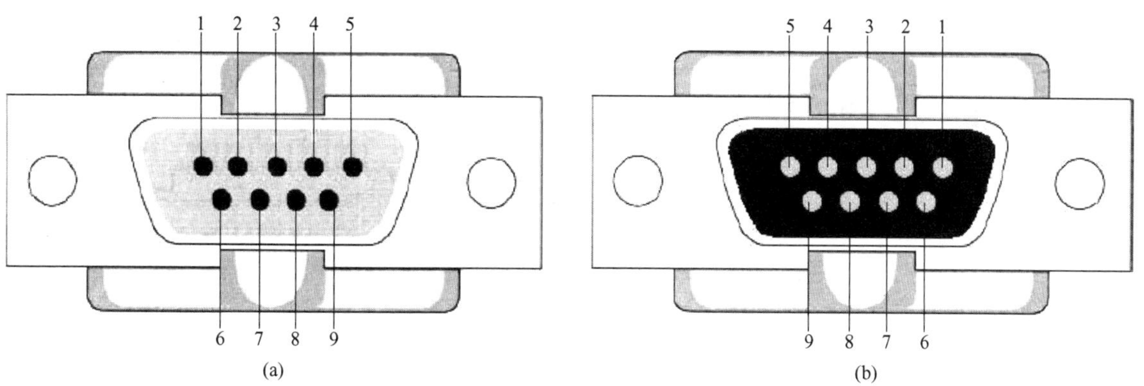

图 3-1 标准 9 针串口公头引脚（a）与母头引脚（b）示意图

DB-9 接头有两种，一种为针状接头，称为公头（Male Connector）；另一种为孔状接头，称为母头（Female Connector）。

公头的 9 根针排成两排，上排为 5 针，下排为 4 针。将 5 针一排向上，4 针一排向下放置，针的编号从 5 针一排的左侧开始，第一根针为 1，第二根针为 2，依次类推，当编至 5 时从 4 针一排的左侧开始编为 6，然后是 7、8，一直到第 9 根针。母头的编号正相反，将 5 孔一排向上，4 孔一排向下放置，编号从每一排右侧开始，第一个孔为 1，第二个孔为 2，依次类推，当编至 5 时从 4 孔一排的右侧开始编为 6，然后是 7、8，一直到第 9 个孔。每根针或孔的功能是按序号进行定义的，如表 3-1 所示。

表 3-1 标准 9 针串口各引脚信号功能说明

9 针针号	功能说明	信号方向来源	英文	缩写
1	数据载波检测	调制解调器	Data Carrier Detect	DCD
2	接收数据	调制解调器	Received Data	RxD
3	发送数据	PC	Transmitted Data	TxD
4	数据终端准备	PC	Data Terminal Ready	DTR
5	信号地	—	Ground	GND
6	数据设备准备好	调制解调器	Data Set Ready	DSR
7	请求发送	PC	Request To Send	RTS
8	清除发送	调制解调器	Clear To Send	CTS
9	振铃指示	调制解调器	Ring Indicator	RI

这 9 个引脚按功能可以分为三类，如图 3-2 所示。第一类为数据针，数据针上传输的是离散的数字信号，上位机向下位机传输数据或下位机向上位机传输数据，第 5 针脚起到平衡电压的作用；第二类为开关量输出针（控制针），当数字信号为 1 时，输出＋3～＋15V 电压，数字信号为 0 时，输出－3～－15V 电压，用来控制外部继电器的动作，例如给继电器供电或断电；第三类为开关量输入针（控制针），外部电压为＋3～＋15V 时，上位机接到的数字信号为 1，外部电压为－3～－15V 时，上位机接到的数字信号为 0，可以用来监测开

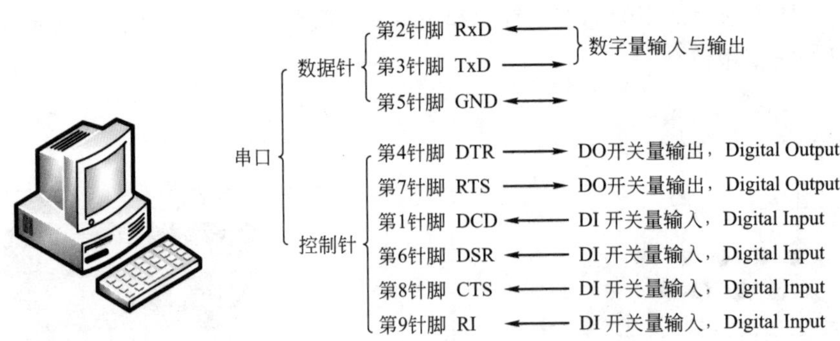

图 3-2 标准 9 针串口各针引脚功能分类示意图

关状态，例如继电器是处于打开状态还是关闭状态。表 3-2 给出了 RS-232 串口各个引脚的逻辑电平，并对引脚电压进行了实测。

表 3-2 RS-232 串口各引脚逻辑电平对比

引脚	功能	数据线	控制线		逻辑电平		空载电压/V	负载电压/V
			DI	DO	1	0		
1	数据载波检测(DCD)	—	⬅	—	+3～+15V	−3～−15V	0.2	—
2	接收数据(RxD)	■	—	—	−3～−15V	+3～+15V	0.2	未知
3	发送数据(TxD)	■	—	—	−3～−15V	+3～+15V	−10.8	未知
4	数据终端就绪(DTR)	—	—	➡	+3～+15V	−3～−15V	−10.8	11.0
5	信号地(GND)	■	—	—	—	—	0.0	0.0
6	数据设备就绪(DSR)	—	⬅	—	+3～+15V	−3～−15V	0.2	—
7	请求发送(RTS)	—	—	➡	+3～+15V	−3～−15V	−10.8	11.0
8	清除发送(CTS)	—	⬅	—	+3～+15V	−3～−15V	0.2	—
9	振铃指示(RI)	—	⬅	—	+3～+15V	−3～−15V	0.2	—

除了上述的标准 9 针串口外，使用较多的还有 3 针和 2 针接口，这种接口一般采用接线端子或插拔式端子，没有控制引脚，主要用于数据通信，如单片机中的 TTL、智能仪表的 RS-232、多块仪表的 RS-485。TTL 和 RS-232 都是一对一通信；RS-485 是一对多通信，即一台上位机，多台下位机，通过识别下位机的地址来传输数据。

3.2 串口及串口连接形式

串口的形式多种多样，主要分为三大类，第一类是标准 9 针串行通信接口，这种接口除了使用第 2 引脚、第 3 引脚和地线进行数据通信外，还可以使用剩余的针脚用于控制，以前使用电话线路进行通信的调制解调器就是采用这种方式；第二类为 TTL 串行通信接口，这类接口主要用于单片机，因为单片机的电压一般为 3.3V 或 5.0V，不需要加转换芯片；第三类为 485 串行通信接口，用于上位机与多台或多个地址的下位机进行通信，可以一对多。但是，台式计算机的机箱后方只有一个 9 针串口，如果用户想使用第二个、第三个串口，或者笔记本电脑要连接串口，必须通过安装转换器，如图 3-3 所示。这类转换器品种繁多，图中列出了各类转换接口，用户可以根据需要购置和安装，每种转换器内部芯片不同，兼容的

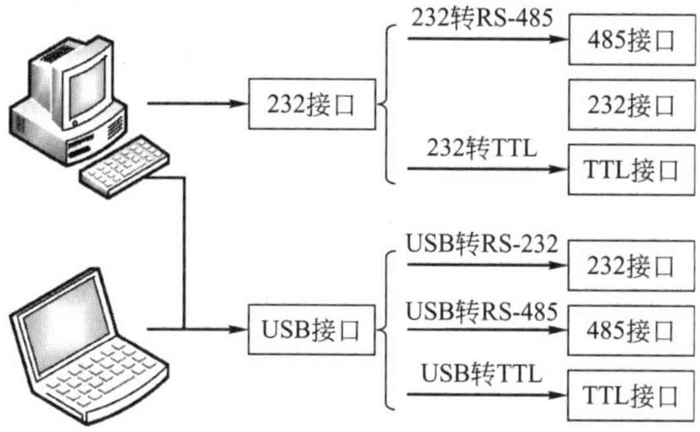

232转RS-485
485接口
232接口
232接口
232转TTL
TTL接口
USB转RS-232
232接口
USB接口
USB转RS-485
485接口
USB转TTL
TTL接口

图 3-3 常用台式机与笔记本电脑串行接口转换图

操作系统也有差别，在购置前一定要确定好使用环境再进行选型。

图 3-4 为 USB 转标准 9 针串行接口和 USB 转 TTL 串行接口实物图；图 3-5 是 USB 转 RS-485 和简化 RS-232 串行接口实物图，简化 RS-232 串行接口只保留了数据通信针脚，即第 2、3 和 5 引脚。这类转换器用途广泛，仅在第一次使用时安装驱动，以后可以像 U 盘一样即插即用。

(a) (b)

图 3-4 USB 转标准 9 针串行接口（a）和 USB 转 TTL 串行接口（b）实物图

图 3-5 USB 转 RS-485 和简化 RS-232 串行接口实物图

当上位机与仪表进行通信时，首先要将硬件电路连接正确，如图 3-6 所示。此时需分清两种情况，一种是通信方式；另一种为数据传输方向。通信方式是指 RS-232、RS-485 和 TTL，不同通信方式对应信号的电压不同，例如 TTL 为 3.3～5.0V，RS-232 为 3.0～15.0V。RS-485 为差压方式，如果将 RS-232 电平连接到 TTL 电平上，会烧坏芯片。因此，必须严格对应。数据传输方向是上位机与仪表进行通信时数据的流动方向，每一根引脚已经

规定了信号的电平高低与传输方向，两者通信时，上位机的发送引脚必须与仪表的接收引脚相连，同理，仪表的发送引脚必须与上位机的接收引脚相连，如果是 RS-232 或 TTL 通信方式，还要将 GND 相连，以保证上位机与通信仪表处于同一电压水平；RS-485 则不需要考虑收发关系，只要 A+对 A+，B−对 B−即可，A+与 B−可以看作电池的正负极，A+表示正极，B−表示负极。因此，A+的电压高于 B−。

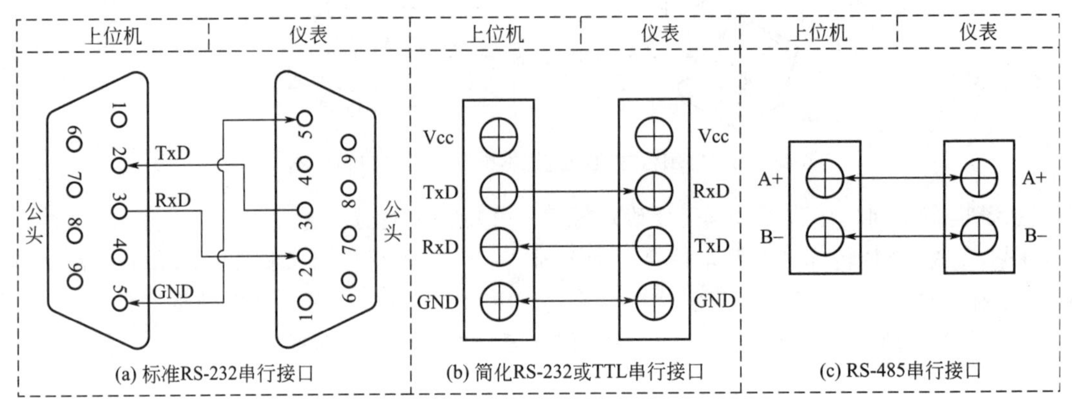

图 3-6 上位机与仪表通信时串行接口连线示意图

3.2.1 台式机串口

一般情况下，每台计算机都会有一个串口，可以观察台式机机箱后方各种接口中是否有图 3-7 所示接头，一般情况下，计算机后方的 DB-9 为公头。此外，还可以通过 Windows 操作界面来观察，鼠标左键点击“我的电脑”，右键点击弹出菜单，选取“属性”，在“系统属性”中选“硬件”，鼠标左键点击“设备管理器”，在弹出的视窗中点击“端口（COM 和 LPT）”前面的“+”号展开子项，此时会列出本台计算机所有的串口，如图 3-8 所示，可以看出，该台计算机有一个并行端口（ECP 打印机端口，LPT1）和两个串行端口（通信端口，COM1 和 COM2）。

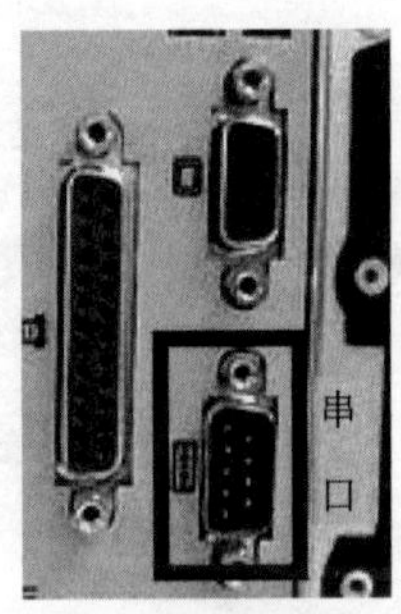

图 3-7 台式计算机机箱后方的串行接口实物图

3.2.2 USB 转串口

当台式机提供的串口不够用时，或者使用笔记本电脑时，必须采用 USB 转串口，这种转换器内部安装有芯片，当插入 USB 接口时，会检测硬件，如果芯片类型较老，则可以直接找到并安装对应驱动程序；如果采用较新的芯片，则需要手动安装。

下面以 CP210x 芯片为例说明，图 3-9 为一款市售 USB 转换器，可以转换为 TTL/RS-

图 3-8　计算机设备管理器中的硬件配置

232/RS-485 三种电平，RS-232 为简化形式，只有数据通信针，没有信号控制针。图左侧为USB 梯形接口，可以直接连接 USB 线，即插即用。右侧接线端子标号从②到⑨，②与③分别连接 VCC 和 GND，VCC 表示直流电源的正极，GND 表示直流电源的负极，通常不需要外接电源，通过 USB 的供电即可满足要求；④和⑤是简化 RS-232 的接线端子；⑥和⑦分别表示 RS-485 的 A＋和 B－，所有的 A＋均连接在⑥端子，所有的 B－均连接在⑦端子；⑧、⑨和③是 TTL 的三个端子，③与下位机的 GND 必须连在一起，⑧和⑨与下位机进行收-发对应连接，即⑧连接下位机的发送端子，⑨连接下位机的接收端子。内嵌芯片为CP210x，这种芯片较新，大部分情况下需要手动安装驱动。将 USB 接口用线连接至电脑的USB 处，计算机会自动检测新的硬件，经过一段时间后，系统提示没有安装相应驱动，说明这种新型的内嵌芯片在 Win7 系统中识别起来非常困难，需要借助人工进行手动安装。在电脑桌面上，点击鼠标左键选中“我的电脑”快捷方式，右键点击弹出菜单，选取“属性”，在“系统属性”中选“硬件”，鼠标左键点击“设备管理器”，在弹出的视窗中发现“其他设

图 3-9　USB 转换器（CP210x 芯片）实物图

备”一项中“CP2102 USB to UART Bridge Controller”显示“!”号，如图 3-10 所示，说明这个硬件设备的驱动存在问题，没有完全安装好，在这条记录上点击鼠标右键，弹出菜单，选中“更新驱动程序（P）…”，弹出图 3-11 所示界面。“自动搜索更新的驱动程序软件（S）”用于已经安装了驱动的硬件，如果是第一次安装，采用“浏览计算机以查找驱动程序软件（R）”按钮，弹出图 3-12 界面，选中“从计算机的设备驱动程序列表中选择（L）”按钮，有时，用户并不清楚所安装的设备叫什么名字，或者属于哪一类。因此，可以选中图 3-13 所示的“显示所有设备”。

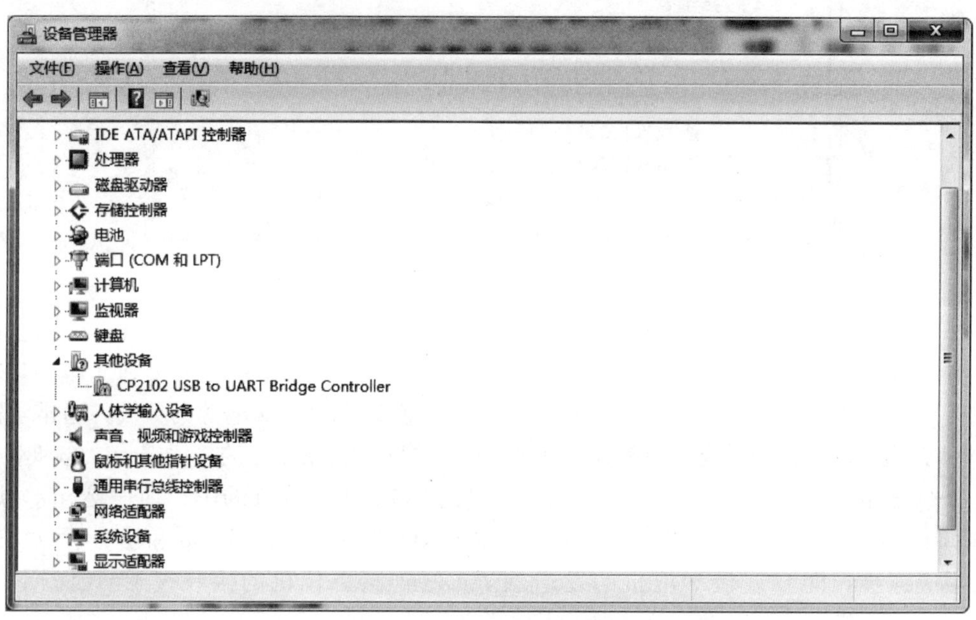

图 3-10 设备管理器窗口

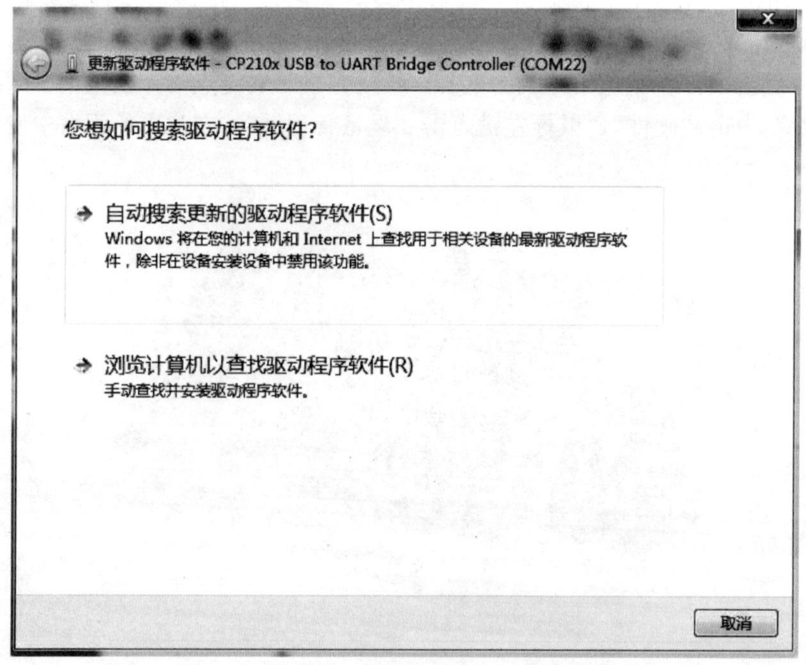

图 3-11 更新驱动程序界面

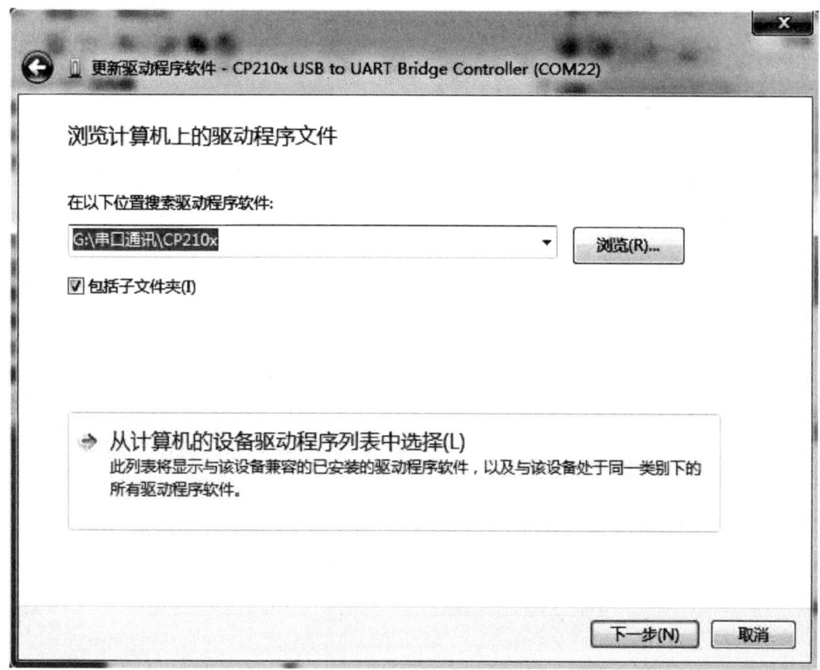

图 3-12　浏览计算机上的驱动程序文件界面

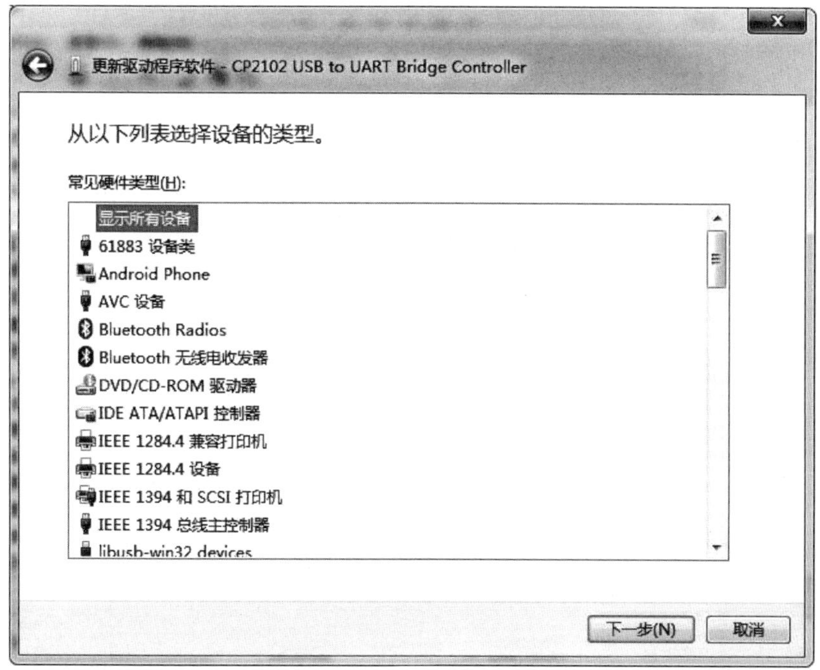

图 3-13　设备类型选择窗口

点击“下一步”按钮，图 3-14 界面显示的硬件中的芯片驱动型号，继续点击“下一步”按钮，弹出“从磁盘安装”对话框，如图 3-15 所示。这时候，用户必须清楚所要安装的驱

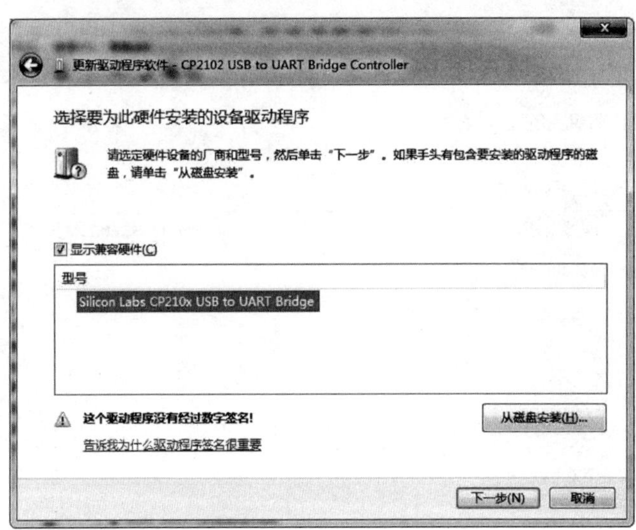

图 3-14　硬件选择窗口

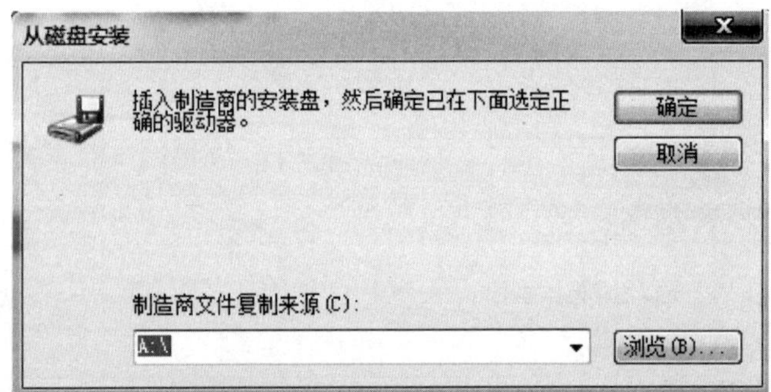

图 3-15　磁盘安装路径窗口

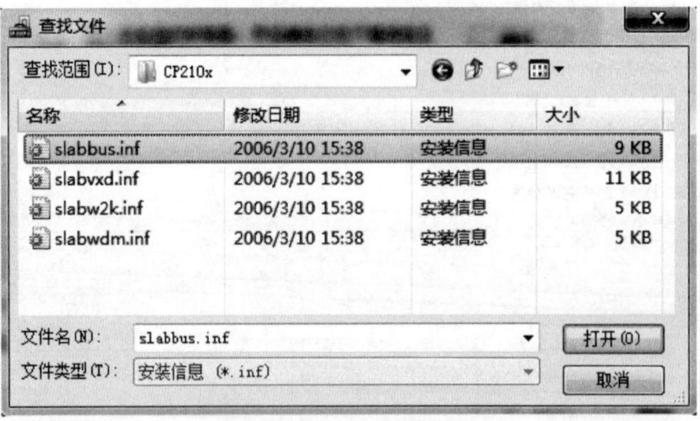

图 3-16　安装文件选择窗口

动文件放在哪个盘中，点击“浏览（B）…”按钮，找到文件所在的位置，如图 3-16 所示，驱动文件一般是扩展名为 inf 的文件，系统会自动给出所在目录下的所有安装信息文件，用户只要一个一个选择，然后点击“打开”按钮，即可完成对这个配置文件内相关驱动程序的安装，如图 3-17 所示。安装完毕后，对应的驱动会显示出来，如图 3-18 所示，继续安装后面的 inf 文件信息，如图 3-19 所示。当“slabvxd.inf”文件安装后，如图 3-20 所示，在“端口（COM 和 LPT）”一项中出现“CP210x USB to UART Bridge Controller (COM22)”，说明串口驱动芯片安装成功，并且分配的串口为 COM22。

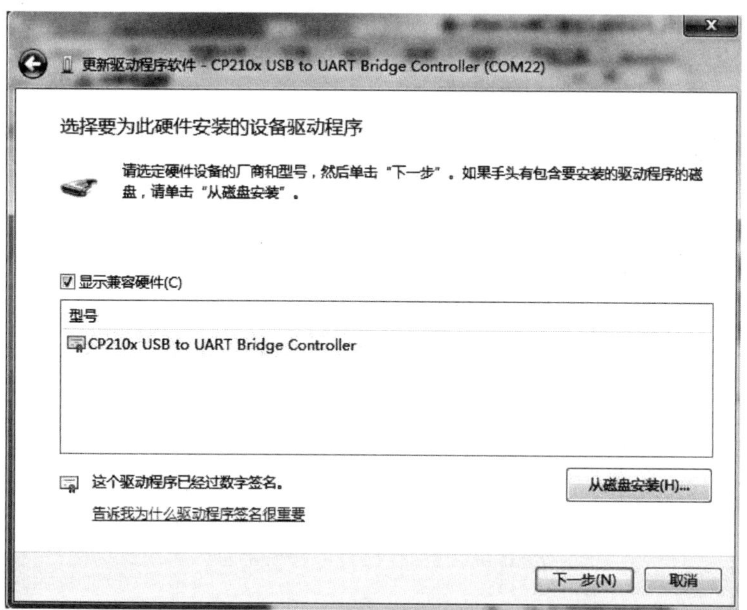

图 3-17　驱动文件选定窗口

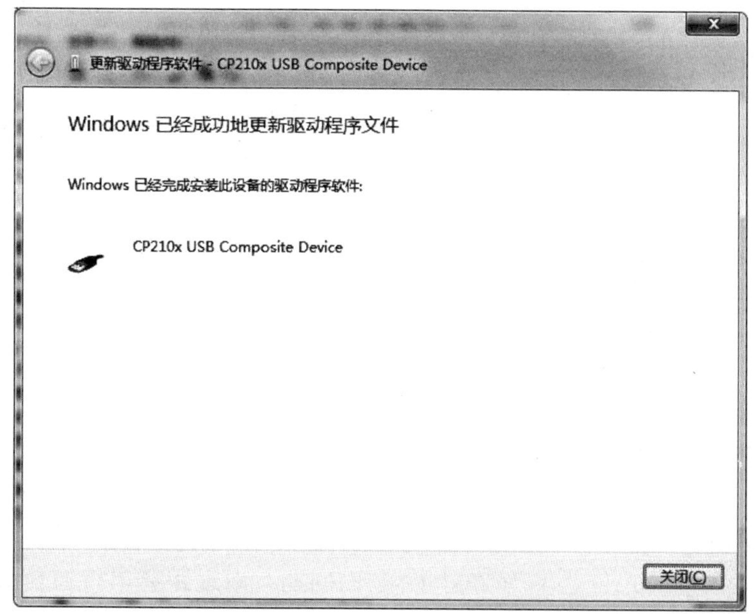

图 3-18　复合驱动安装完毕窗口

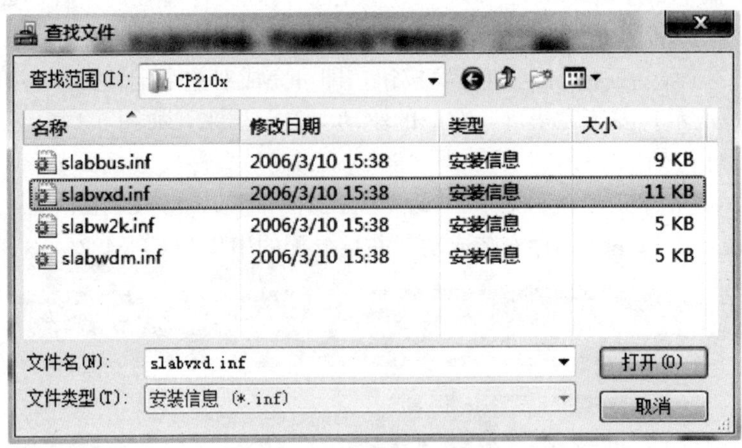

图 3-19 配置文件选择窗口

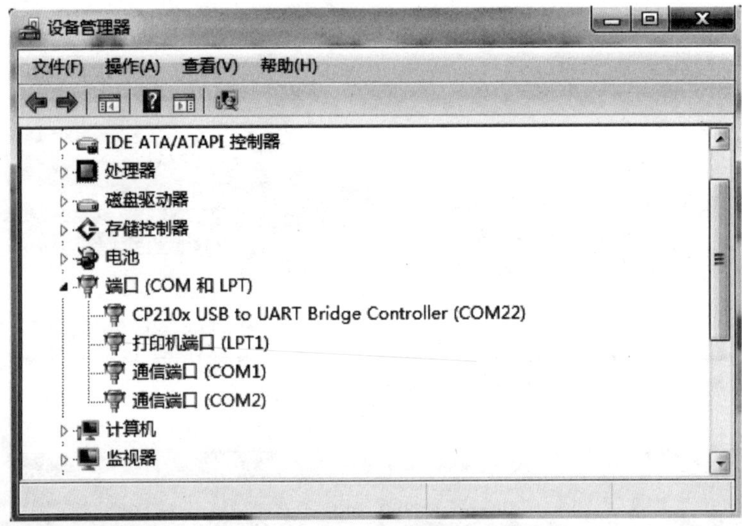

图 3-20 串口安装完毕窗口

3.3 串行通信接口标准

在数据通信、计算机网络以及分布式工业控制系统中，经常采用串行通信来交换数据和信息。串行通信接口标准经过长期使用和发展，已经形成几种成熟的标准和规范，如 EIA RS-232C、RS-422A、EIA RS-423A 和 EIA RS-485。

1969 年，RS-232C 作为串行通信接口的电气标准定义了数据终端设备（Data Terminal Equipment，DTE）和数据通信设备（Data Communication Equipment，DCE）之间按位串行传输的接口信息，合理安排了接口的电气信号和机械要求，在世界范围内得到了广泛的应用。但它采用单端驱动非差分接收电路，因而存在着传输距离不太远（最大传输距离 15m）和传送速率不太高（最大位速率为 20kbit/s）的问题。而远距离串行通信必须使用 MODEM，增加了成本。在分布式控制系统和工业局部网络中，传输距离常介于近距离（<20m）和远距离（>2km）之间，这时 RS-232C（25 脚连接器）不能采用，用 MODEM

又不经济，因而需要制定新的串行通信接口标准。

1977 年，美国电子工业协会制定了 RS-449。它除了保留与 RS-232C 兼容的特点外，还在提高传输速率、增加传输距离及改进电气特性等方面作了很大努力，并增加了 10 个控制信号。与 RS-449 同时推出的还有 RS-422 和 RS-423，它们是 RS-449 的标准子集。

为改进 RS-232 通信距离短、速率低的缺点，RS-422 标准规定采用平衡驱动差分接收电路，将传输速率提高到 10Mbit/s，传输距离延长到 4000ft❶（速率低于 100kbit/s 时），并允许在一条平衡总线上连接最多 10 个接收器。RS-422 是一种单机发送、多机接收的单向、平衡传输规范，被命名为 TIA/EIA-422-A 标准。

RS-423 标准规定采用单端驱动差分接收电路，其电气性能与 RS-232C 几乎相同，两者均是全双工的。并设计成可连接 RS-232C 和 RS-422。它一端可与 RS-422 连接，另一端则可与 RS-232C 连接，提供了一种从旧技术到新技术过渡的手段。同时又提高位速率（最大为 300kbit/s）和传输距离（最大为 600m）。

为扩展应用范围，EIA 又于 1983 年在 RS-422 基础上制定了 RS-485 标准，增加了多点、双向通信能力，即允许多个发送器连接到同一条总线上，同时增加了发送器的驱动能力和冲突保护特性，扩展了总线共模范围，后命名为 TIA/EIA-485-A 标准。因 RS-485 为半双工的，当用于多站互连时可节省信号线，便于高速、远距离传送。许多智能仪器设备均配有 RS-485 总线接口，将它们联网也十分方便。

串行通信由于接线少、成本低，在数据采集和控制系统中得到了广泛的应用，产品也越来越丰富多样。

3.3.1 RS-232C 标准

RS-232C 标准的全称是 EIA-RS-232C 标准，其中 EIA（Electronic Industries Alliance）代表美国电子工业协会，RS（Recommended Standard）代表推荐标准，232 是标识号，C 代表 RS-232 的最新一次修改（1969 年），说明在此之前有 RS-232A 和 RS-232B 两个标准。RS-232C 标准的全名是“数据终端设备和数据通信设备之间串行二进制数据交换接口技术标准”。它是目前最常用的一种串行通信接口，1969 年正式公布实施，1970 年由美国电子工业协会联合贝尔系统、调制解调器厂家及计算机终端生产厂家共同制定。该标准规定了串行通信接口的连接电缆、机械特性、电气特性、信号功能及传送过程。最初，该标准规定采用一个 25 针引脚的 DB-25 连接器，对连接器的每个引脚的信号内容加以定义，还对各种信号的电平加以规定，适合于数据传输速率在 0～20000bit/s 范围内的通信；之后，IBM 的 PC 机将 RS-232 简化成了 DB-9 连接器，从而成为事实标准；而工业控制的 RS-232 一般只使用 RxD、TxD 和 GND 三条线。

RS-232C 标准最初是为远程通信连接数据终端设备与数据通信设备而制定的。因此这个标准的制定，并未考虑计算机系统的应用要求，但目前它又广泛地被借来用于计算机（更准确地说，是计算机接口）与终端或外设之间的近端连接标准。显然，这个标准的有些规定和计算机系统是不一致的，甚至是相矛盾的。因此，有时 RS-232C 标准会出现计算机不兼容的问题。RS-232C 标准中所提到的“发送”和“接收”，都是站在 DTE 立场上，而不是站在 DCE 的立场来定义的。由于在计算机系统中，往往是 CPU 和 I/O 设备之间传送信息，

❶ 1ft=0.3048m。

两者都是 DTE，因此双方都能发送和接收。

由于设备厂商都生产与 RS-232C 标准兼容的通信设备，因此，它作为一种标准，目前已在微机通信接口中广泛采用。

3.3.1.1 电气特性

EIA-RS-232C 对电气特性、逻辑电平和各种信号功能都作了规定。

在 TxD 和 RxD 数据线上：

逻辑 1(MARK)＝－3～－15V；

逻辑 0(SPACE)＝＋3～＋15V。

在 RTS、CTS、DSR、DTR 和 DCD 等控制线上：

信号有效(接通，ON 状态，正电压)＝＋3～＋15V；

信号无效(断开，OFF 状态，负电压)＝－3～－15V。

以上规定说明了 RS-323C 标准对逻辑电平的定义。对于数据（信息码），逻辑“1”（传号）的电平低于－3V，逻辑“0”（空号）的电平高于＋3V；对于控制信号，接通状态（ON），即信号有效的电平高于＋3V，断开状态（OFF），即信号无效的电平低于－3V，也就是当传输电平的绝对值大于 3V 时，电路可以被有效地检查出来，介于－3～＋3V 之间的电压无意义，低于－15V 或高于＋15V 的电压也无意义。因此，实际工作时，应保证电平在±（3～15）V 之间。

EIA-RS-232C 在数据线上用＋3～＋15V 表示 0，－3～－15V 表示 1，而晶体管-晶体管逻辑集成电路（TTL）用 3.3V 高电平表示 1，0.0V 低电平表示 0，两者对逻辑状态的规定正好相反，电平高低也不同。因此，为了能够同计算机接口或终端的 TTL 器件连接，必须在 EIA-RS-232C 与 TTL 电路之间进行电平和逻辑关系的变换，实现这种变换的方法可用分立元件，也可用集成电路芯片。

目前较为广泛地使用集成电路转换器件，如 MC1488、SN75150 芯片可完成 TTL 电平到 EIA 电平的转换，而 MC1489、SN75154 可实现 EIA 电平到 TTL 电平的转换。MAX232 芯片可完成 TTL ⟷ EIA 双向电平转换，图 3-21 显示了 MC1488 和 MC1489 的内部结构和引脚。MC1488 的引脚 2、4、5、9、10 和 12、13 接 TTL 输入。引脚 3、6、8、11 输出端接 EIA-RS-232C。MC1489 的 1、4、10、13 脚接 EIA 输入，而 3、6、8、11 脚接 TTL 输出。

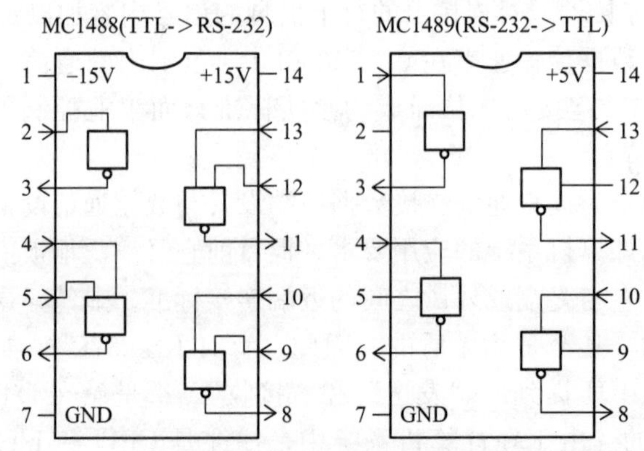

图 3-21 MC1488 和 MC1489 芯片的内部结构和引脚示意图

具体连接方法如图 3-22 所示，图中的左边是微机串行接口电路中的主芯片，通用异步收发传输器（Universal Asynchronous Receiver/Transmitter，UART），它是 TTL 器件，右边是 EIA-RS-232C 连接器，要求高电压。因此，RS-232C 所有的输出、输入信号都要分别经过 MC1488 和 MC1489 转换器，进行电平转换和逻辑转换后才能送到连接器或从连接器送进来。

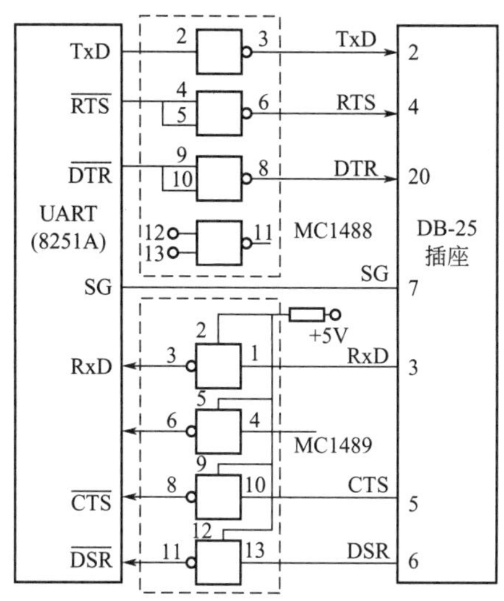

图 3-22　TTL 电平与 EIA 电平转换关系示意图

3.3.1.2　连接器的机械特性

(1) 连接器　由于 RS-232C 并未定义连接器的物理特性，因此，出现了 DB-25 和 DB-9 各种类型的连接器，其引脚的定义也各不相同，下面分别介绍 DB-25 和 DB-9 两种主要连接器。

① DB-25 连接器　PC 和 XT 机采用 DB-25 型连接器，DB-25 型连接器定义了 25 根信号线，分为 4 组：

a. 异步通信的 9 个电压信号（含信号地 SG，Signal Ground），即 2，3，4，5，6，7，8，20，22；

b. 20mA 电流环信号 9 个（12，13，14，15，16，17，19，23，24）；

c. 空引脚 6 个（9，10，11，18，21，25），备用；

d. 保护地（Protective Earth，PE）1 个，作为设备接地端（1）。

DB-25 型连接器的外形及信号线分配如图 3-23 所示。

注意：20mA 电流环信号仅 IBM PC 和 IBM PC/XT 机提供，AT 机及以后机型，已不支持。

② DB-9 连接器　在 AT 机及以后，不支持 20mA 电流环接口，使用 DB-9 连接器，作为提供多功能 I/O 卡或主板上 COM1 和 COM2 两个串行接口的连接器。它只提供异步通信的 9 个信号。DB-9 型连接器的引脚分配与 DB-25 型引脚信号完全不同。因此，若与配接 DB-25 型连接器的 DCE 设备连接，必须使用专门的电缆线。通常，一些设备与 PC 机的 RS-232 口相连时，由于不使用控制信号，因此，只需三条接口线，即发送数据 TxD、接收数据 RxD 和电源地 GND。RS-232 传输线采用屏蔽双绞线。

(2) 最大直接传输距离　RS-232C 标准规定，若不使用 MODEM（Modulator and Demodulator），在码元畸变小于 4%的情况下，DTE 和 DCE 之间最大传输距离为 15m

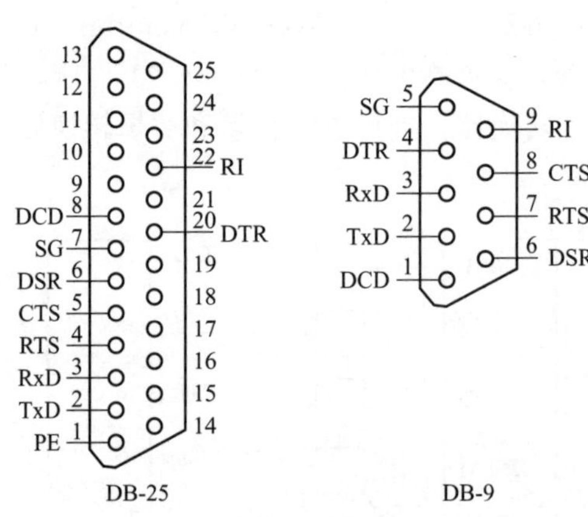

图 3-23　DB-25 型与 DB-9 型连接器的外形及信号线分配示意图

(50ft)，可见这个最大的距离是在码元畸变小于 4%的前提下给出的。为了保证码元畸变小于 4%的要求，接口标准在电气特性中规定，驱动器的负载电容应小于 2500pF，此时的通信速率低于 20kbit/s，其实，4%的码元畸变是很保守的，在实际应用中，约有 99%的用户是按码元畸变 10%～20%的范围工作的。因此，实际传输的最大距离会远超过 15m。美国 DEC（Digital Equipment Corporation）公司曾规定允许码元畸变为 10%，采用两种电缆测得信号的最大传输距离，实验结果如表 3-3 所示。其中 1＃电缆为屏蔽电缆，内有三对双绞线，每对由 22 AWG（American Wire Gauge）组成，外层覆以屏蔽网；2＃电缆为不带屏蔽的电缆，内有 22 AWG 的四芯电缆。AWG 指的是美国线标分类，数字越大，线越细，电阻越大。从实验结果可以看出，对于同一种电缆，随着距离的延长，电阻增加，信号衰减增强，传输波特率降低；外层覆屏蔽网的电缆对于信号的衰减起到缓冲作用，加屏蔽网的电缆传输距离明显优于未加屏蔽网的电缆，说明屏蔽电缆在串行通信中对高速波特率信号的传输起到了至关重要的作用。

表 3-3　不同波特率下信号的最大传输距离

波特率/Baud	1＃电缆传输距离/m	2＃电缆传输距离/m	波特率/Baud	1＃电缆传输距离/m	2＃电缆传输距离/m
110	1500	900	2400	300	150
300	1500	900	4800	300	75
1200	900	900	9600	75	75

多年来，随着 RS-232 器件以及通信技术的改进，RS-232 通信距离已经大大增加。采用 RS-232 增强器后可以将普通的 RS-232 口的通信距离直接延长到 1000m；如果采用射频技术，其传输半径可以达到 5000m。

3.3.1.3　RS-232C 的接口信号

RS-232C 标准接口有 25 条线，即 4 条数据线、11 条控制线、3 条定时线、7 条备用线和未定义线，常用的只有 9 根。

(1) 联络控制信号线　数据装置准备好（Data Set Ready，DSR）——有效时（ON）状态，表明 MODEM 处于可以使用的状态。

数据终端准备好（Data Terminal Ready，DTR）——有效时（ON）状态，表明数据终端可以使用。

这两个信号有时连到电源上，一上电就立即有效。这两个设备状态信号有效，只表示设备本身可用，并不说明通信链路可以开始进行通信了，能否开始进行通信要由下面的控制信号决定。这与家里的电话机非常相似，电话机有电可以打电话，但是拨的电话号码不一定通，相当于通信链路处于不确定状态。

请求发送（Request To Send，RTS）——用来表示 DTE 请求 DCE 发送数据，即当终端要发送数据时，使该信号有效（ON 状态），向 MODEM 请求发送。它用来控制 MODEM 是否要进入发送状态。

允许发送（Clear To Send，CTS）——用来表示 DCE 准备好接收 DTE 发来的数据，是对请求发送信号 RTS 的响应信号。当 MODEM 已准备好接收终端传来的数据，并向前发送时，使该信号有效，通知终端开始沿发送数据线 TxD 发送数据。

RTS/CTS 请求应答联络信号用于半双工 MODEM 系统中发送方式和接收方式之间的切换。在全双工系统中，因配置双向通道，故不需要 RTS/CTS 联络信号，使其变高。

接收线信号检出（Received Line Detection，RLSD）——用来表示 DCE 已接通通信链路，告知 DTE 准备接收数据。当本地的 MODEM 收到由通信链路另一端（远地）的 MODEM 送来的载波信号时，使 RLSD 信号有效，通知终端准备接收，并且由 MODEM 将接收下来的载波信号解调成数字数据后，沿接收数据线 RxD 送到终端。此线也叫做数据载波检出（Data Carrier Dectection，DCD）线。

振铃指示（Ringing，RI）——当 MODEM 收到交换台送来的振铃呼叫信号时，使该信号有效（ON 状态），通知终端，已被呼叫。

（2）数据发送与接收线　发送数据（Transmitted Data，TxD）——终端通过 TxD 将串行数据发送到 MODEM，（DTE→DCE）。

接收数据（Received Data，RxD）——终端通过 RxD 线接收从 MODEM 发来的串行数据，（DCE→DTE）。

（3）地线　有两根线 SG（Signal Ground）、PG（Protective Ground）——信号地和保护地信号线，无方向。

上述控制信号线何时有效、何时无效的顺序表示了接口信号的传送过程。例如，只有当 DSR 和 DTR 都处于有效（ON）状态时，才能在 DTE 和 DCE 之间进行传送操作。若 DTE 要发送数据，则预先将 DTR 线置成有效（ON）状态，等 CTS 线上收到有效（ON）状态的回答后，才能在 TxD 线上发送串行数据。这种顺序的规定对半双工的通信线路特别有用，因为半双工的通信需要确定 DCE 已由接收方向改为发送方向，这时数据才能开始发送。

如果将上述过程形容为打电话，DTE 与 DCE 相当于通信双方的电话机；DSR 和 DTR 相当于双方的电话机都处于上电状态；RTS 和 CTS 相当于建立通话，确认对方是自己想要找的人；TxD 和 RxD 相当于两人说话的具体内容。

3.3.2　RS-422 与 RS-485 标准

RS-422、RS-485 与 RS-232 不一样，其区别如表 3-4 所示。数据信号采用差分传输方式，也称作平衡传输，它使用一对双绞线，将其中一根线定义为 A，另一根线定义为 B。通常情况下，发送驱动器 A、B 之间的正电平在＋2～＋6V 之间，是一个逻辑状态，负电平在－2～－6V 之间，是另一个逻辑状态。另有一个信号地 C，在 RS-485 中还有一“使能”端，而在 RS-422 中这是可用可不用的。“使能”端用于控制发送驱动器与传输线的切断与连接。

当“使能”端起作用时，发送驱动器处于高阻状态，称作“第三态”，即它是有别于逻辑“1”与“0”的第三态。

表 3-4 RS-232、RS-422 与 RS-485 接口标准间的比较

规定		RS-232	RS-422	RS-485
工作方式		单端(非平衡)	差分(平衡)	差分(平衡)
节点数		1 收、1 发	1 发、10 收	1 发、32 收
最大传输电缆长度		15m	1200m(100kbit/s)	1200m(100kbit/s)
最大传输速率		20kbit/s	10Mbit/s，1Mbit/s@100m	10Mbit/s，1Mbit/s@100m
连接方式		一点对一点	一点对多点(4 线)	一点对多点(4 线)， 多点对多点(两线)
电气特性	逻辑 0	+3～+15V	以两线之间的电压 差为−2～−6V 表示	以两线之间的电压 差为−2～−6V 表示
	逻辑 1	−3～−15V	以两线之间的电压 差为+2～+6V 表示	以两线之间的电压 差为+2～+6V 表示

接收器也作与发送端相对的规定，收、发端通过平衡双绞线将 AA 与 BB 对应相连，在发送端，逻辑 1 表示 AB 两线之间的电压差为+2～+6V；逻辑 0 表示两线之间的电压差为−2～−6V。在接收端，当在 AB 两线之间有大于+200mV 的电平时，输出正逻辑电平，小于−200mV 时，输出负逻辑电平。接收器接收平衡线上的电平范围通常在 200mV～6V 之间。这样，随着线路的延长，电阻增加，传输信号在电线上开始衰减，由于采用差分电路，A 与 B 上的信号同时衰减，两者之差很容易保持一个固定值，这是差分驱动与单端驱动的本质差别。

3.3.2.1 RS-422 电气规定

RS-422 标准全称是“平衡电压数字接口电路的电气特性”，它定义了接口电路的特性。由于接收器采用高输入阻抗和发送驱动器，比 RS-232 具有更强的驱动能力，因此允许在相同传输线上连接多个接收节点，最多可接 10 个节点。即一个主设备（Master），其余为从设备（Salve），从设备之间不能通信，所以 RS-422 支持一点对多点的双向通信。接收器输入阻抗为 4kΩ，故发送端最大负载能力是 10×4kΩ+100Ω（终接电阻）。RS-422 四线接口由于采用单独的发送和接收通道，因此不必控制数据方向，各装置之间任何必需的信号交换均可以按软件方式（XON/XOFF 握手）或硬件方式（一对单独的双绞线）实现。

RS-422 的最大传输距离为 4000ft（约 1219m），最大传输速率为 10Mbps。其平衡双绞线的长度与传输速率成反比，在 100kbps 速率以下，才可能达到最大传输距离。只有在很短的距离下才能获得最高传输速率。一般 100m 长的双绞线上所能获得的最大传输速率仅为 1Mbps。RS-422 需要一终接电阻，要求其阻值约等于传输电缆的特性阻抗。在短距离传输时可不需要终接电阻，即一般在 300m 以下不需要终接电阻。终接电阻接在传输电缆的最远端。RS-422 转换器与 RS-422 设备之间的 4 条导线最好是铜芯双绞线，如远传可适当增加导线直径。RS-422 型转换器之间以及转换器与设备之间互连信号定义如表 3-5 所示。

3.3.2.2 RS-485 电气规定

由于 RS-485 是在 RS-422 基础上发展而来的，因此 RS-485 许多电气规定与 RS-422 相

表 3-5 RS-422 型转换器之间以及转换器与设备之间互连信号定义

两只 RS-422 型转换器相连		RS-422 型转换器与 RS-422 设备相连	
RS-422 转换器	RS-422 转换器	RS-422 转换器	RS-422 设备
第 1 脚(TDA)	第 4 脚(RDA)	第 1 脚(TDA)	R−
第 2 脚(TDB)	第 3 脚(RDB)	第 2 脚(TDB)	R+
第 3 脚(RDB)	第 2 脚(TDB)	第 3 脚(RDB)	T+
第 4 脚(RDA)	第 1 脚(TDA)	第 4 脚(RDA)	T−
第 5 脚(GND)	第 5 脚(GND)	第 5 脚(GND)	GND

似，如都采用平衡传输方式、都需要在传输线上接终接电阻等。RS-485 可以采用二线与四线方式，二线制可实现真正的多点双向通信。而采用四线连接时，与 RS-422 一样只能实现一点对多点的通信，即只能有一个主（Master）设备，其余为从设备，但它比 RS-422 有改进，无论是二线还是四线连接方式，总线都可以连接多达 32 个设备。

RS-485 通信线由两根双绞线组成，它通过两根通信线之间的电压差的方式来传递信号，因此称之为差分电压传输。差模干扰在两根信号线之间传输，属于对称性干扰。消除差模干扰的方法是在电路中增加一个偏值电阻，并采用双绞线。RS-485 的电气特性规定，在发送端，逻辑 1 以两线之间的电压差为＋2～＋6V 表示；逻辑 0 以两线之间的电压差为－2～－6V 表示；在传输过程中，由于电缆存在电阻，当距离增加时，电压在电缆上的压降增大，因此，在接收端，规定 A 线比 B 线高 200mV 以上即认为是逻辑 1，A 线比 B 线低 200mV 以上即认为是逻辑 0，这样，传输信号的稳定性大大增强。

RS-485 的最高传输速率为 10Mbps，但是，由于 RS-485 常常与 PC 机的 RS-232 口通信，因此实际上一般最高只有 115.2kbps，又由于太高的速率会使 RS-485 传输距离减小，因此往往以 9600bps 或更低速率传输。

在使用 RS-485 接口时，对于特定的传输线路，从发生器到负载，其数据信号传输所允许的最大电缆长度是数据信号速率的函数，这个长度数据主要受信号失真及噪声等影响。最大电缆长度与信号速率的关系曲线是使用 24AWG 铜芯双绞电话电缆（线径为 0.51mm），线间旁路电容为 52.5pF/m，终端负载电阻为 100Ω 时所得出。当数据信号速率降低到 90kbps 以下时，假定最大允许的信号损失为 6dBV，则电缆长度被限制在 1200m，实际上可达 3000m。平衡双绞线的长度与传输速率成反比，在 100kbps 速率以下，才可能使用规定最长的电缆长度，只有在很短的距离下才能获得最高速率传输，一般 100m 长双绞线最大传输速率仅为 1Mbps。

当使用不同线径的电缆时，计算得到的最大电缆长度是不相同的。例如：当数据信号速率为 600kbps 时，采用 24AWG 电缆，最大电缆长度是 200m；若采用 19AWG 电缆（线径为 0.91mm），则电缆长度可以大于 200m；若采用 28AWG 电缆（线径为 0.32mm），则电缆长度只能小于 200m。RS-485 的远距离通信建议采用屏蔽电缆，并且将屏蔽层作为地线。

RS-485 接口采用平衡驱动器和差分接收器的组合，抗噪声干扰性好；而且，总线收发器具有高灵敏度，能检测低至 200mV 的电压，故传输信号能在千米以外得到恢复；此外，RS-485 接口在总线上允许连接多达 128 个收发器，即 RS-485 具有多机通信能力，这样用户可以利用单一的 RS-485 接口方便地建立起设备网络。因此，长距离传输和多站能力等优点使其成为首选的串行接口。RS-485 采用半双工工作方式，任何时候只能有一点处于发送状态。因此，发送电路须由使能信号加以控制。RS-485 一般只需两根信号线，均采用屏蔽双绞线传输，用于多点互连时非常方便，可以省掉许多信号线。

RS-485 与 RS-422 的不同还在于其共模输出电压是不同的，RS-485 在－7～＋12V 之间，而 RS-422 在－7～＋7V 之间；RS-485 满足所有 RS-422 的规范，所以 RS-485 的驱动器可以用在 RS-422 网络中。RS-485 需要 2 个终接电阻，其阻值要求等于传输电缆的特性阻抗。在短距离传输时可不需要终接电阻，即一般在 300m 以下不需要终接电阻。终接电阻接在传输总线的两端。RS-485 型转换器之间以及转换器与设备之间互连信号定义如表 3-6 所示。

表 3-6　RS-485 型转换器之间以及转换器与设备之间互连信号定义

两只 RS-485 型转换器相连		RS-485 型转换器与 RS-485 设备相连	
RS-485 转换器	RS-485 转换器	RS-485 转换器	RS-485 设备
第 1 脚	第 1 脚	第 1 脚(TDA)	T－/R－或 485－
第 2 脚	第 2 脚	第 2 脚(TDB)	T＋/R＋或 485＋
第 5 脚	第 5 脚	第 5 脚(GND)	GND

RS-485 的国际标准并没有规定 RS-485 的接口连接器标准，所以采用接线端子或者 DB-9 或 DB-25 等连接器均可。目前，RS-485 接口是事实工业标准。

3.4 串口调试工具

掌握了串口直连线与串口交叉线的工作原理后，可以直观地目测连接线的种类，方便连接线的选择和购置，连接线准备好以后，需要对 PC 机串口进行测试，此时，串口调试工具是必不可少的。目前，用于串口调试的工具软件较多，通过网络可以下载授权或绿色版本使用，这些软件的功能基本相同，主要用于测试串口是否正常工作以及串行控制代码的准确性。由于测试过程简便快捷、直观有效，因此，已广泛应用于电子技术行业和测控行业的故障诊断，成为工程技术人员的必备工具。下面对几种常用的串口调试软件进行简要介绍，为广大初学者和技术人员提供借鉴与帮助。

3.4.1 串行通信口测试器

为了方便串口调试，应自制一个发-收一体的部件。首先，选择一个 9 针母头，如图 3-24 所示，然后将 9 针母头后部的 2 号引脚（接收数据引脚）与 3 号引脚（发送数据引脚）用导线焊接在一起，信号从 3 引脚发出又回到了 2 引脚，构成闭路循环，此时该串口可以实现自我通信。将 9 针母头插入计算机的 COM1 口，至此硬件准备工作完毕。

接下来，要准备一些常用的串口调试工具，用于串口调试的工具软件很多，在网上都可以下载，其界面虽有不同，但功能基本相似。此处介绍的串口调试工具名为“串行通信口测试器”，如图 3-25 所示。该软件没有复杂的菜单项，界面简洁，大致可分为四个主要功能区，即参数设置区、数据发送区、数据接收区和状态显示区。

3.4.1.1 参数设置区

参数设置区包括电脑串口选择、串口参数设置两项。程序启动后，软件会自动打开默认的串口号“COM1”，此时“打开串口”按钮不可用，点击“关闭串口”按钮后“打开串口”

图 3-24　9 针串口母头 2 引脚与 3 引脚连接图

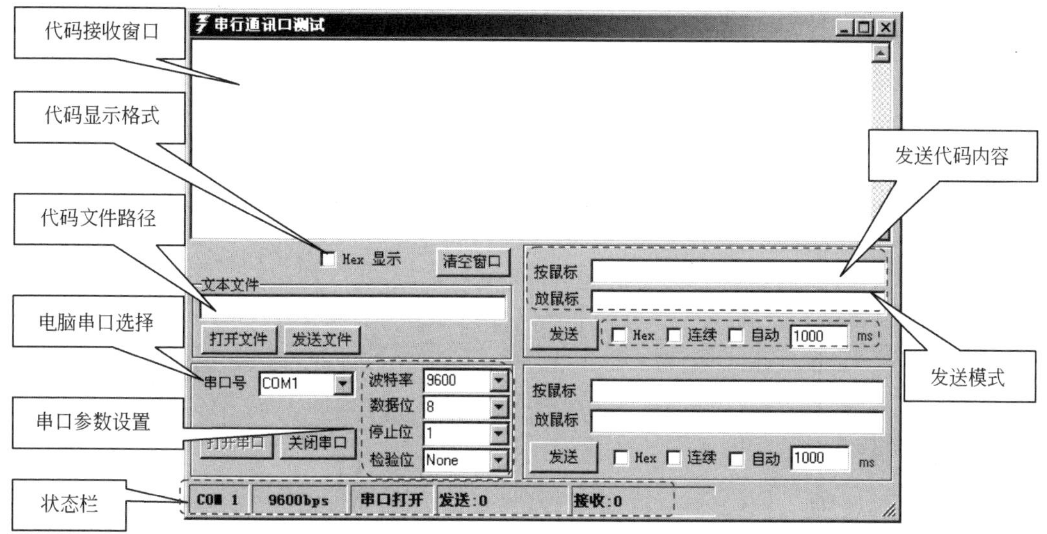

图 3-25　串行通信口测试器软件界面

按钮才会被激活。当从“串口号”中选择要打开的串口后便会自动打开，无须再点击“打开串口”按钮。串口参数设置共分四项，即波特率、数据位、停止位和检验位，通过下拉框可以选取每一项的相应参数。

3.4.1.2　数据发送区

该区包括两种数据发送方式，一种为文件发送，这种方式用于批量发送数据，将待发送的数据放在文本文件中。通过“打开文件”按钮选取相应的文件，其格式必须为文本格式，即可显示的字符方式，此时“文本文件”标题下方出现所要打开文件的完整路径，然后点击“发送文件”按钮，文件打开成功后会弹出“文件传送结束”信息菜单，在“代码接收窗口”内即可看到文件的内容，当文件较大时，可以通过窗口右侧的滑条上下移动进行浏览，如图 3-26 所示。

另一种数据发送方式为文本输入方式，即通过输入字符，点击按钮实现，如图 3-27 所示。“发送代码内容”包括“按鼠标”和“放鼠标”两项，“按鼠标”表示当鼠标左键在“发送”按钮上按下不动时要发送的内容，而“放鼠标”表示当鼠标左键在“发送”按钮上弹起时要发送的内容。复选项“Hex”表示发送的是 16 进制数；复选项“连续”表示在“发送”按钮上按下鼠标左键时一直发送；复选项“自动”表示以设定的“ms”值为时间间隔定时发送，省去了连续按下按钮的动作，在诊断串口时经常用到。例如，在“按鼠标”后面的文本框中输入“4142”，在“放鼠标”后面的文本框中输入“6162”，不选“Hex”一项，此时

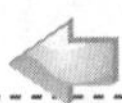

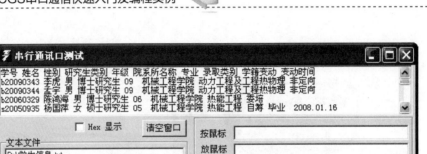

图 3-26　采用串口传送文件结果显示图

以字符方式传送，在“发送”按钮上按下鼠标左键，在“代码接收窗口”显示“4142”，在“发送”按钮上释放鼠标左键，在“代码接收窗口”显示“6162”。如果选中“Hex”一项，如图 3-27 所示，重复上述动作，则当按上鼠标左键时，显示“AB”，释放鼠标左键时，显示“ab”，说明此时是以 16 进制传输数据的，在“代码接收窗口”将 16 进制转化为字符显示，“41”对应的字符为“A”，“42”对应的字符为“B”，“61”对应的字符为“a”，“62”对应的字符为“b”。

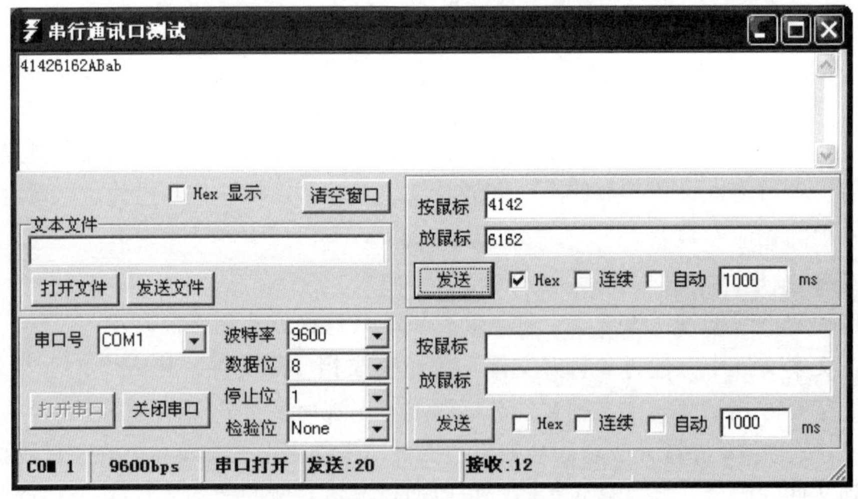

图 3-27　采用串口传送字符结果显示图

3.4.1.3　数据接收区

数据接收区根据代码显示格式的设置进行符号显示，当“Hex 显示”复选框选中后，代码接收窗口将接收到的数据转换为 16 进制显示，否则以字符方式显示。例如，发送字符“123”，“Hex 显示”复选框未选中时，代码接收窗口显示的也是“123”，选中“Hex 显示”复选框后，则显示“31　32　33”，即字符“123”对应的 16 进制代码，每个代码用空格隔开。图 3-28 给出了发送字符“I am a cat.”时不同代码显示格式所对应的显示结果，从图中可以看出，用“Hex 显示”可以方便地获得字符的 16 进制代码，而无须查阅 ASCII 表。

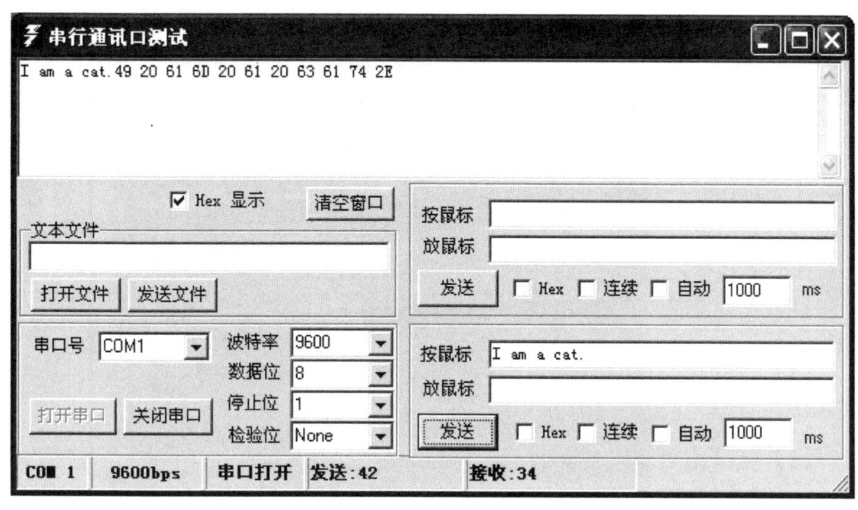

图 3-28 代码显示格式对比图

“清空窗口”按钮将“代码接收窗口”内的显示内容抹掉，恢复为空白状态。

3.4.1.4 状态显示区

状态显示区会实时显示目前操作的串口号、通信波特率、串口当前状态、已发送字符数和已接收字符数。对于同一台电脑的串口，如果将其发送数据引脚与接收数据引脚相连，可以通过发送与接收到的字符个数判断串口是否正常。当发送计数时，说明本机的串口没有问题，接收为 0 说明中间连接线路有问题，即计算机发送的字符无法通过中间连接线到达接收端，此时应检查中间线缆与接口的对应关系。

3.4.2 串口助手

串口助手是另一款测试串口通信的工具软件，如图 3-29 所示。通过使用，将其功能也分为四项，即串口设置、数据发送、数据接收和数据保存。显然，在这个串口测试软件中增加了数据的保存功能，并且每一项功能更加模块化。

(1) 串口设置 串口设置包括串口参数的配置、保存和调入，可以对操作过程信息进行记录。点击“串口配置”按钮，可以对端口号、通信波特率、数据位、停止位、奇偶校验位和流程控制进行设置。点击“保存配置”会弹出文件保存对话框，可以将上述串口配置信息保存为“.ini”文件，当点击“载入配置”按钮时可将该文件打开，直接调入配置信息。

(2) 数据发送 数据发送包括文件发送和输入发送两种。采用文件发送时，点击“选择文件”按钮，从弹出对话框中选取要打开的文本文件，然后点击“发送文件”按钮，文件信息直接显示在“接收区”。当采用输入发送时，在“发送区”输入要传送的数据，点击“发送数据”按钮，输入信息显示在上面的“接收区”。在数据发送过程中如果不勾选“HEX 发送”选项，则以字符方式发送，如果选中“HEX 发送”一项，则以 16 进制发送，但必须保证在发送区输入的是 16 进制数。勾选“连续发送”选项后，会以“间隔”内设置的 ms 数进行定时发送，无须点按“发送数据”按钮。每发送一个字符，“发送”计数器将累加 1；每接收一个字符，“接收”计数器将累加 1，“重新计数”按钮可以将“发送”与“接收”计数器清零。“清发送区”按钮可以将发送区内的信息清空。

(3) 数据接收 数据接收分为字符接收和 16 进制接收两种方式，默认状态为字符接收

图 3-29　串口助手显示界面

方式，当勾选“HEX 显示”时，在接收区收到的字符以 16 进制显示。当需要清空接收区时，可以通过点击“清接收区”按钮实现。

(4) 数据保存　接收到的数据可以通过“保存数据”按钮实现，但该软件并未指明数据保存在哪个文件。保存选项中的“追加保存”和“覆盖保存”决定了数据的保存形式，“追

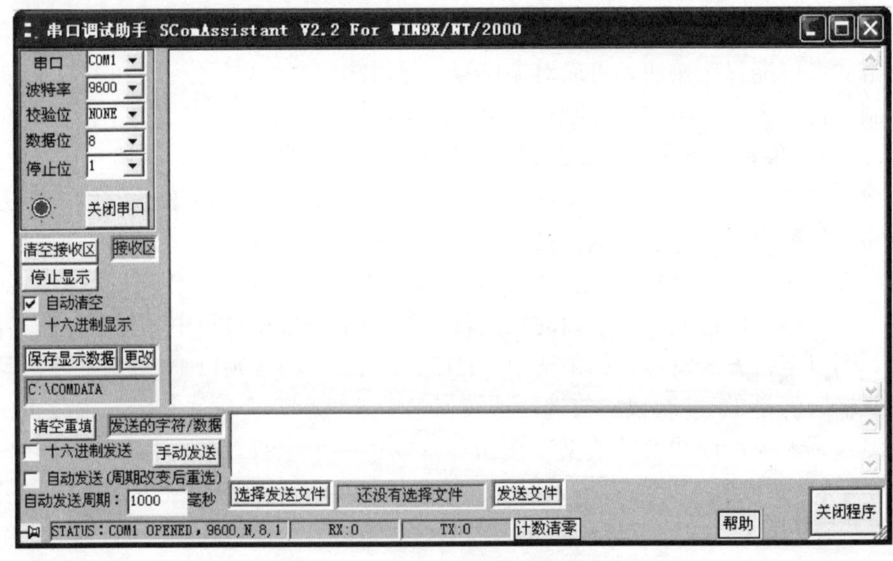

图 3-30　串口调试助手显示界面

加保存”是在以前数据的基础上继续添加；“覆盖保存”是抹掉以前的数据，以现有数据替换先前数据。

3.4.3 串口调试助手

串口调试助手功能较上述两款软件进行了较大的改进，其界面如图 3-30 所示。在功能方面，该软件除具有串口设置、数据发送、数据接收、数据保存和状态显示等功能外，还丰富了数据保存功能，这是该软件的特色之处。点击“更改”按钮，弹出文件保存路径，选择合适的目录，然后点击“保存显示数据”，此时，数据以“rec00.txt”文件名保存；当第二次保存时，数据以“rec01.txt”文件名保存；当第三次保存时，数据以“rec02.txt”文件名保存，依次类推。文件名不会重合，如果删掉前面的文件，则数据会以排序方式紧接数据文件名中“rec”后面的号码自动命名，具有一定的智能。

3.4.4 雪莉蓝串口调试助手

雪莉蓝串口调试助手与上述几种串口调试工具软件不同之处在于其增加了“线路状态”

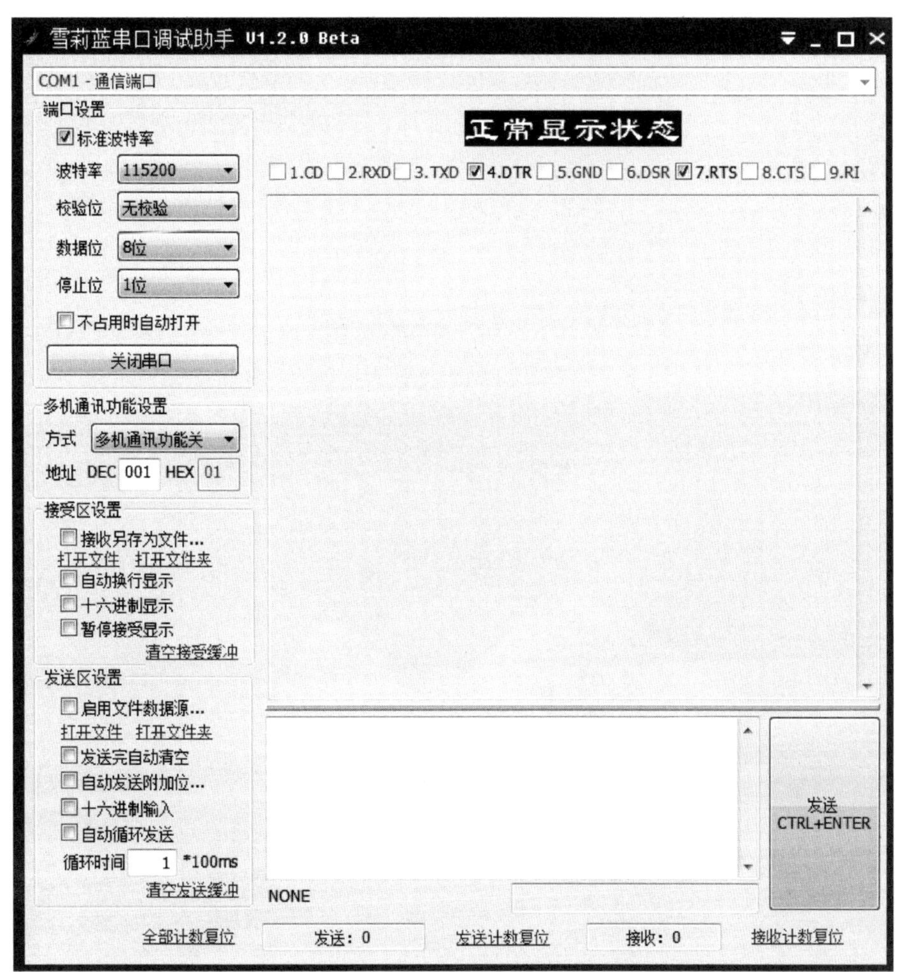

图 3-31 串口调试器显示界面

检测功能，在该项中共有 6 条检测线路，即 CD、DTR、DSR、RTS、CTS 和 RI。当打开串口后，会弹出如图 3-31 所示的提示信息，由于第 4 引脚与第 7 引脚为输出控制针，因此，用户可以通过点击前面的 CheckBox 按钮，如果前面的方框内勾选“√”，表明其电压为＋12V，否则为－12 V。打上“√”或去掉“√”，对应的引脚会呈现高电压与低电压；其他引脚为输入控制引脚，只能读引脚状态，无法对其进行控制。可见，该软件可以诊断线路的电压值，从而判断每一根线是否正常，其功能更加强大。

第 4 章

万能通信之自发自收——单机通信

为什么称之为万能通信？因为接下来的六章所介绍的内容是灵活运用串口通信函数、采用各种技巧解决“所有”串口通信问题，一旦通过其他方式无法实现用户设计的功能，都可以利用这几章介绍的知识予以解决，这种方法是“万能的”。自发自收是一种不借助任何仪表、不需要任何外部设备就能实现串口通信的方式，解决了用户没有下位机就不能编程的难题。很多读者在初步操作串口时，认为一定要购置硬件设备，实际上是没有必要的，而且，硬件设备五花八门，学会了一种，还会有千千万万种，本章介绍的技术就是打开这“千千万万”种锁的钥匙。

学习串口通信前，必须首先掌握串口的基本技能和通信技巧，本章采用串口自发自收程序展示通信过程。前几章的学习了解了标准 RS-232 串口中 9 根针的功能及电压特性，仅第 2 引脚与第 3 引脚具有数据通信功能，也就是说，在这两根引脚上传输的是数据，第 3 引脚向外送数据，第 2 引脚从外面接数据，可是这数据送给“谁”了呢？又从“谁”那接收了呢？显然，这里的“谁”就是外部的设备，包括智能仪表、传感器、控制器等，但是现在没有这些硬件，怎么办？有人提出，准备两台电脑，由 A 发给 B，再由 B 发给 A，这种方式当然可以，可是成本比购置一个硬件要高得多，除非具有这种条件，否则仍要准备相应的通信电缆，既麻烦，又不经济。既然串口具有发和收的功能，为什么不可以自己发自己收呢？当然可以，这一大胆的想法就是本章要讲的一个技巧，将标准 9 针串口的第 2 引脚与第 3 引脚用金属（跳线帽、杜邦线、导线、别针、订书钉等）相连，通过引脚短路便可实现物理上的发-收功能，电压信号从第 3 引脚发出，经短路金属又回到第 2 引脚，如图 4-1 所示，这是实现自发自收的前提。可参考二维码视频讲解。

标准 9 针串口通过 2、3 引脚短路连接实现自发自收，其他的串口如何连接呢？对于 TTL，其 TxD 与 RxD 用 3.3 V 或 5.0 V 表示逻辑 1，用 0.0 V 表示逻辑 0，将 TxD 与 RxD 短路即可；如果是简化的 RS-232，由于只有三个引脚，即 TxD、RxD 和 GND，与 TTL 一

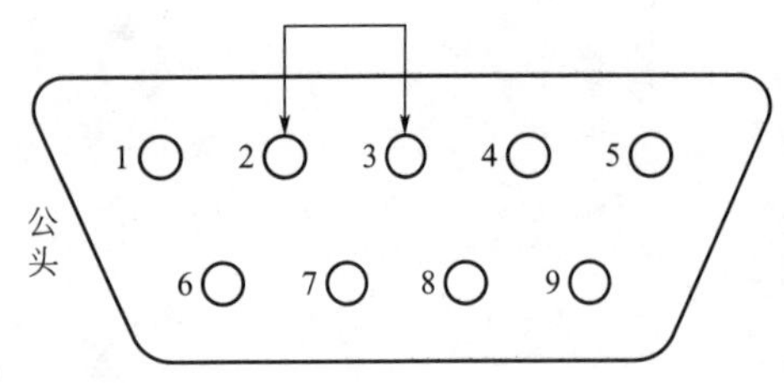

图 4-1 DB-9 针串口公头 2 引脚（接收）与 3 引脚（发送）短接图

样，只要将 TxD 与 RxD 短路便可实现自发自收功能，虽然其表示逻辑 1 和逻辑 0 的电平与 TTL 正好相反，并且电压范围较高，但由于是自发自收，并不涉及逻辑和电平转换，因此可以直接使用；RS-485 无法实现自发自收功能，这一点大家一定要注意，因为 RS-485 是通过 A＋与 B－的电压差发送信号的，也就是差分驱动，需要两条线路共同完成一次信号传输，所以 RS-485 不具备这一功能。

但是，对于大部分的用户而言，仍然存在一个问题，因为大家都使用笔记本电脑，在笔记本电脑上没有标准 9 针串口，只有 USB 接口，必须通过 USB 转 TTL、USB 转 RS-232 模块生成串口。这种转换器在市场上很多，最好购置旧一些的芯片，比如 PL2303 芯片，可以即插即用；如果采用新的芯片，如 CP210x，在很多机器上无法自动识别和安装，对于一般用户进行手动安装又有些困难。因此，建议初学者不采用。USB 转 RS-232 模块又分为两种，一种是转为标准 9 针串口，这种转换模块与台式机上的功能一致，如果采用第 1、4、6、7、8、9 等控制引脚作为输入输出，必须购置这类转换模块；另一种是只转为简化的 RS-232，具有 TxD、RxD 和 GND 三个引脚，仅能用于数据通信，而没有输入输出控制功能。可参考二维码视频讲解。

4.1 实时数据库

在“实时数据库”中定义脚本或构件关联所需的各种变量，也可以在编辑脚本及组态窗口中即时添加，系统会根据变量名字提示是否添加，用户便可依据实际情况选择类型进行定义。每个变量要求“见名知义”，方便在编辑脚本中使用，例如，BaudRate 表示波特率、DataBit 表示数据位，每个英文完整意思的单词首位要大写，便于区分各个字段的含义。变量的类型比较简单，选择字符型、开关型或数值值。变量注释一定要简要地说明该变量的用途，起到提示的作用。本例中定义的变量如图 4-2 所示，图中各变量按字母序列进行排序，便于查找，这也是变量采用英文命名的优势，如同字典序列一样。

变量是书写脚本程序与构件关联的基础，变量的定义完成后，接下来便是在窗口中对工艺流程进行美化与组态，比如，工艺控制的整个流程、阀门、管道等，本例中只是演示串口的收发，比较简单，仅在界面中布置了用户需要了解的串口参数的设置，如串口号、波特率、数据位、停止位和奇偶校验位等，图 4-3 给出了窗口中各个标签构件及与之相关联的变量名字。“设置串口参数”按钮按下后会执行相应的运行策略，一旦执行出现错误，对应的 CommError1、CommError2、CommError3、CommError4 等变量会赋予真值，提示发生错误，程序会停止，这相当于 VB、VC＋＋等软件的调试输出。每一个参数的后方还加有标签注释，为了提醒用户本参数的主要功能。下方的“发送字符串”及“接收字符串”演示用户输入信息后，点击“发送”按钮后的执行结果。可参考二维码视频讲解。

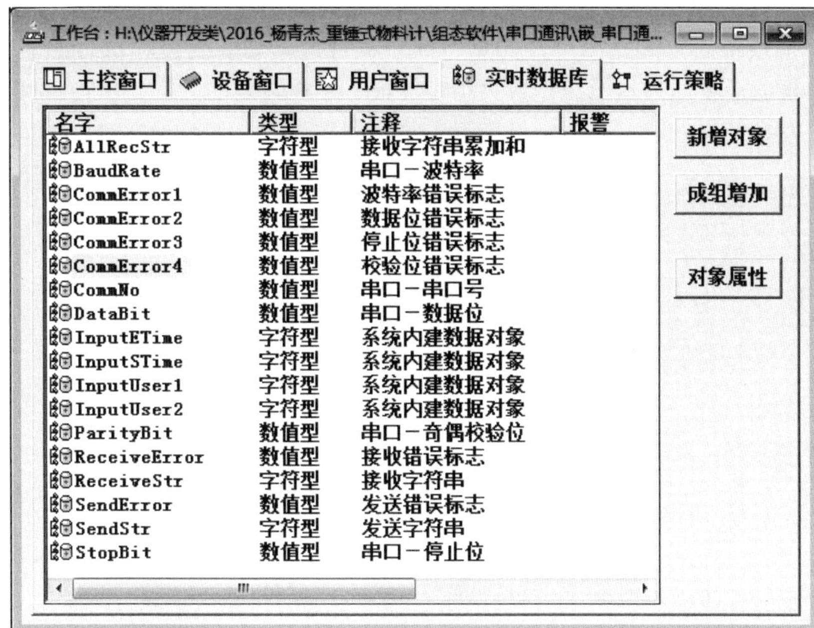

图 4-2 实时数据库中各变量定义明细图

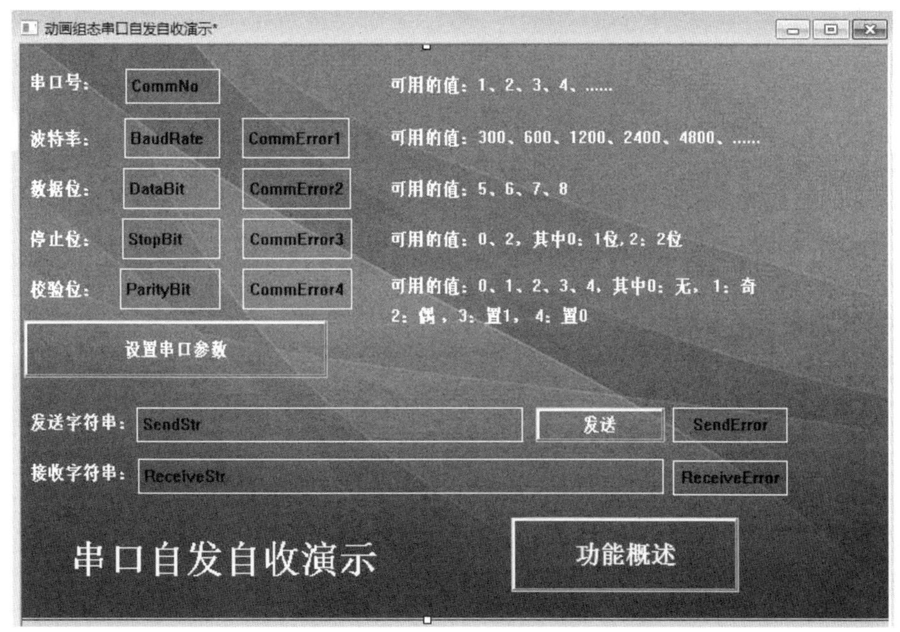

图 4-3 标签构件与变量关联图

4.2 运行策略

运行策略类似于窗口中的构件，区别在于构件看得见，有视觉效果，而策略在执行过程中是看不到的，相当于人的灵魂一样，在后台指挥程序运行。策略一般是通过点击按钮触发或者通过条件触发，例如，每隔一定时间定时触发、某个变量或表达式达到某个值触发。策

略的命名与变量类似，包括三个部分，即名字、类型和注释，如图 4-4 所示。启动策略、退出策略与循环策略都是系统固有的，用户仅能进行简单的修改，如改变循环执行的时间周期。用户策略由用户根据需要通过点击按钮或菜单来完成，用户策略的名字、执行条件和功能注释都可以自行开发和拓展，非常方便。可参考二维码视频讲解。

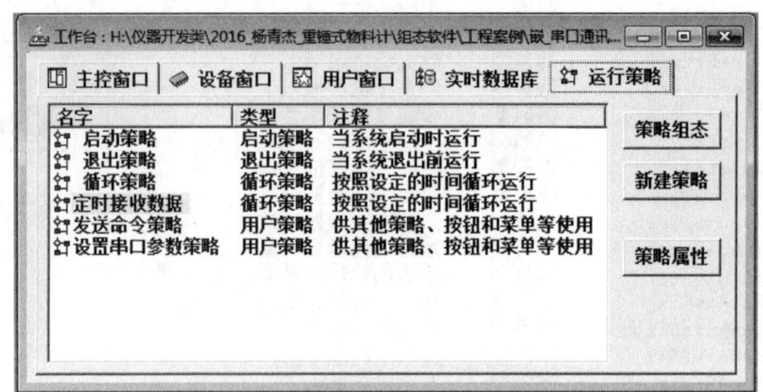

图 4-4　程序中各运行策略设计图

本例中设置了“定时接收数据”“发送命令策略”和“设置串口参数策略”。

“定时接收数据”策略相当于在一个定时器的作用下不断触发，定时器会自动复原，每隔一定时间触发一次，程序便可执行一次。

“发送命令策略”和“设置串口参数策略”为用户自行定义的策略，双击图 4-3 中的“设置串口参数”按钮，弹出图 4-5 所示“标准按钮构件属性设置”界面，在“执行运行策略块”前面打“√”，说明点击按钮后执行后面的策略，用户可以在下拉列表中从已经设置的所有策略中选择需要的策略。

图 4-5　按钮动作与策略关联窗口

4.2.1　设置串口参数策略

双击图 4-4 中的“设置串口参数策略”，弹出如图 4-6 所示的界面组态窗口，策略组态

图 4-6　设置串口参数策略

包括如下三个步骤。

第一步，策略定义，点击图标，出现如图 4-7 所示界面，这个界面可以定义策略的名字，如本例中为“设置串口参数策略”，后面可以通过引用这个名字实现对策略的执行，窗口下方可以加入策略的注释，完成对策略的基本描述。

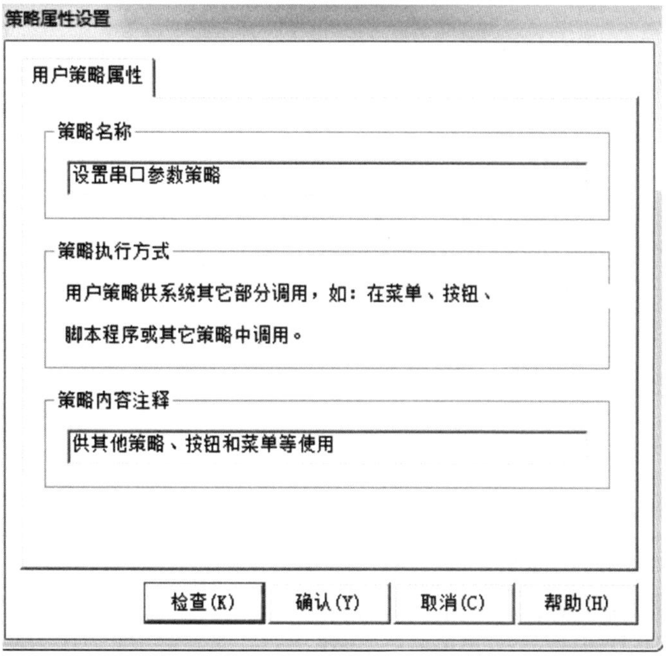

图 4-7　策略执行条件窗口

第二步，策略条件，点击图标，出现如图 4-8 所示界面，该界面用于输入条件表达式，表达式由变量及函数构成，条件表达式的结果为真（非 0）或假（0），根据条件表达式的值进行逻辑判断，例如，当条件为真时执行或当条件为假时执行，前面是表达式的计算，后面是表达式的逻辑。

第三步，脚本编写，点击图标，出现如图 4-9 所示界面，此处可以输入脚本语句，类似于 VB 的脚本语言，语法简单，而且可以通过快捷按钮输入，具有纠错功能，当出现语法或变量未定义时，系统提示错误，并可以弹出自动增加变量对话框，减轻了用户的编程负担。

脚本为用户提供了很大的灵活性，一些无法用变量及动作链接完成的任务，可以通过编写脚本指令实现，本例中运用系统提供的串口操作函数，完成了串口的设置、打开、发送和接收，不需要任何硬件驱动即可解决对串口的操作。

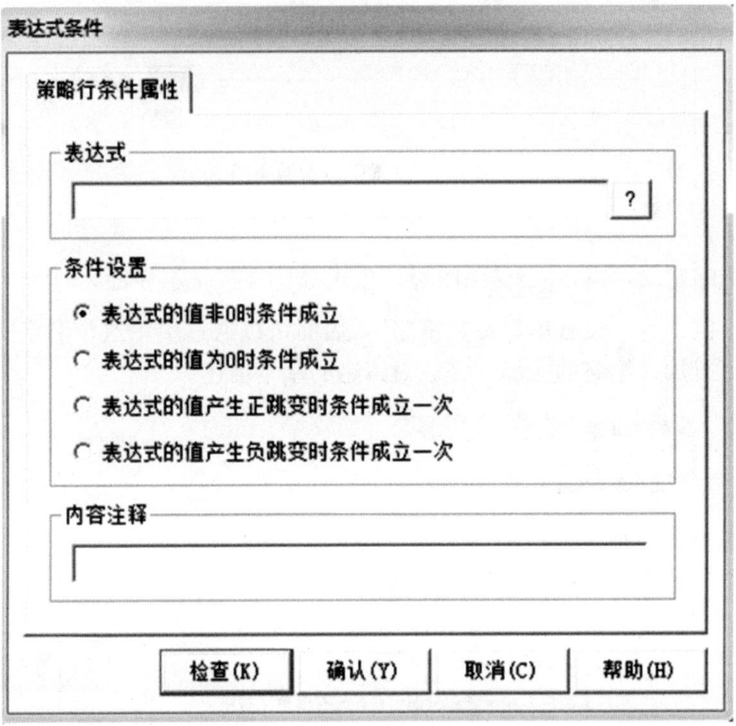

表达式条件

策略行条件属性

表达式

?

条件设置

- 表达式的值非0时条件成立
- 表达式的值为0时条件成立
- 表达式的值产生正跳变时条件成立一次
- 表达式的值产生负跳变时条件成立一次

内容注释

检查(K)　确认(Y)　取消(C)　帮助(H)

图 4-8　策略执行条件窗口

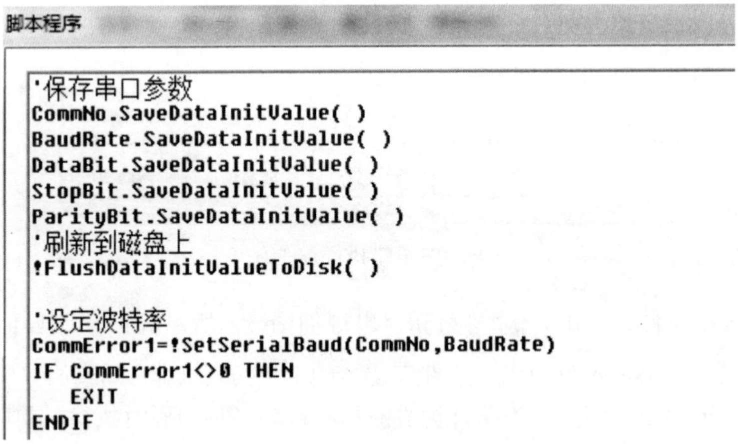

脚本程序

```
'保存串口参数
CommNo.SaveDataInitValue( )
BaudRate.SaveDataInitValue( )
DataBit.SaveDataInitValue( )
StopBit.SaveDataInitValue( )
ParityBit.SaveDataInitValue( )
'刷新到磁盘上
!FlushDataInitValueToDisk( )

'设定波特率
CommError1=!SetSerialBaud(CommNo,BaudRate)
IF CommError1<>0 THEN
   EXIT
ENDIF
```

图 4-9　策略执行脚本窗口

“设置串口参数策略”这段代码中，关键是了解串口操作函数的使用，这里，可以看到有 4 个对串口参数进行设置的基本函数，即：

① !SetSerialBaud（CommNo,BaudRate）　　设置串口波特率；

② !SetSerialDataBit（CommNo,DataBit）　　设置串口数据位；

③ !SetSerialStopBit（CommNo,StopBit）　　设置串口停止位；

④ !SetSerialParityBit（CommNo,ParityBit）　设置串口奇偶校验位。

由于 BaudRate、DataBit、StopBit、ParityBit 这 4 个变量与组态窗口的标签构件相关

联，用户在界面中输入相应的值时，根据串口实际通信参数进行设置。

程序初始化时，需要先将已经设置好的参数保存，每次设定一个参数，都要执行相应函数，函数执行结果会出现成功与失败两种情况，此处为了监测设置是否成功，定义了跟踪变量CommError1、CommError2、CommError3和CommError4。如果成功，对应变量值为真；如果失败，变量值为假。这4条设置参数指令只要有一条为假，则退出串口参数设置过程，说明操作失败。在MCGSE中对串口的操作不同于其他高级语言（VB、VC＋＋等），其功能简单，可以使用的操作函数非常少，例如，只有设置串口参数函数，却没有串口打开与关闭函数，用户只有利用现有的几个函数实现串口的自由通信。下面是对应“设置串口参数策略”的执行脚本程序。可参考二维码视频讲解。

* *

```
'保存串口参数
CommNo.SaveDataInitValue()
BaudRate.SaveDataInitValue()
DataBit.SaveDataInitValue()
StopBit.SaveDataInitValue()
ParityBit.SaveDataInitValue()
'刷新到磁盘上
!FlushDataInitValueToDisk()

'设定波特率
CommError1=!SetSerialBaud(CommNo,BaudRate)
IF CommError1<>0 THEN
   EXIT
ENDIF

'设定数据位
CommError2=!SetSerialDataBit(CommNo,DataBit)
IF CommError2<>0 THEN
   EXIT
ENDIF

'设定停止位
CommError3=!SetSerialStopBit(CommNo,StopBit)
IF CommError3<>0 THEN
   EXIT
ENDIF
```

```
'设定校验位
CommError4=!SetSerialParityBit(CommNo,ParityBit)
IF CommError4<>0 THEN
  EXIT
   ENDIF
```

* *

4.2.2 发送命令策略

“发送命令策略”是直接向串口输出一字符串，采用的命令是：

!WriteSerialStr（参数1，参数2）

函数意义：向串口写一个字符串。

返 回 值：开关型。返回值=0：调用正常；返回值〈〉0：调用不正常。

参 数 1：开关型，串口号，从1开始，串口1对应1；

参 数 2：字符型，写入的字符串。

实　　例：!WriteSerialStr（1，"ABCDEFG" ）。

实例说明：向串口1写入字符串"ABCDEFG"，括号必须为英文括号。

与这个函数功能相似的函数为：

!WriteSerial（参数1，参数2）

函数意义：向串口写入一个字节。

返 回 值：开关型。返回值=0：调用正常；返回值〈〉0：调用不正常。

参 数 1：开关型，串口号，从1开始，串口1对应1；

参 数 2：开关型，写入的字节。

实　　例：!WriteSerial（1，255）。

实例说明：向串口1写入255。

!WriteSerialStr（参数1，参数2）与!WriteSerial（参数1，参数2）的不同之处在于参数2，前者为字符串型，后者为开关型。因此，向串口写字符串时必须采用!WriteSerialStr（参数1，参数2）函数，脚本程序如下所示。

* *

```
'发送一串字符串
   SendError=!WriteSerialStr(CommNo,!StrFormat("%s%s%s",SendStr,!I2Ascii
(13),!I2Ascii(10)))
   IF SendError<>0 THEN
     EXIT
   ENDIF
   !beep()
```

* *

4.2.3　定时接收数据

定时接收数据就是每隔一定时间便从串口读入数据，实际上是从串口输入缓冲区取出数据放在 MCGSE 定义的变量中，由于计算机通信时间快，这里的时间间隔可以设为 500ms 或 200ms 等，本案例将其设为 100ms，时间设得过短，串口会在没有收到数据之前就进入下一次循环，浪费 CPU 的工作效率，所以时间间隔的设置尤为重要。

从串口接收数据采用循环策略，如图 4-10～图 4-12 所示，每隔 100ms 脚本程序执行一次。首先判断串口缓冲区内是否有字符，如果有则继续从串口读；如果没有，则退出本次循环。此处用到一个技巧，将每次读上来的字符串进行累加，读串口函数采用的是 !ReadSerialStr（串口号），读上来的数据存在 ReceiveStr 中，可以理解为寄存，就是暂时存储的意思，后面读上来的数据会覆盖以前的字符串。因此，需要另外一个变量 AllRecStr 保存旧的数据，然后与新的数据进行累加，这样，新旧两种字符串就会实时地显示在标签构件中，使用户体会到数据在不断地从串口读进来，下面是完整的从串口接收数据的脚本代码。

策略组态：定时接收数据
按照设定的时间循环运行
脚本程序

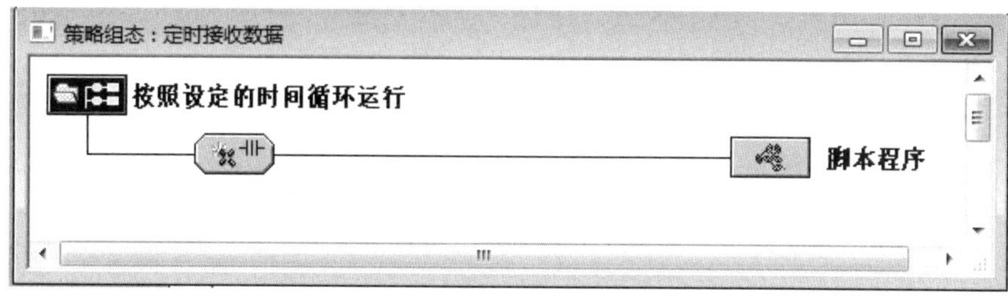

图 4-10　定时接收数据策略

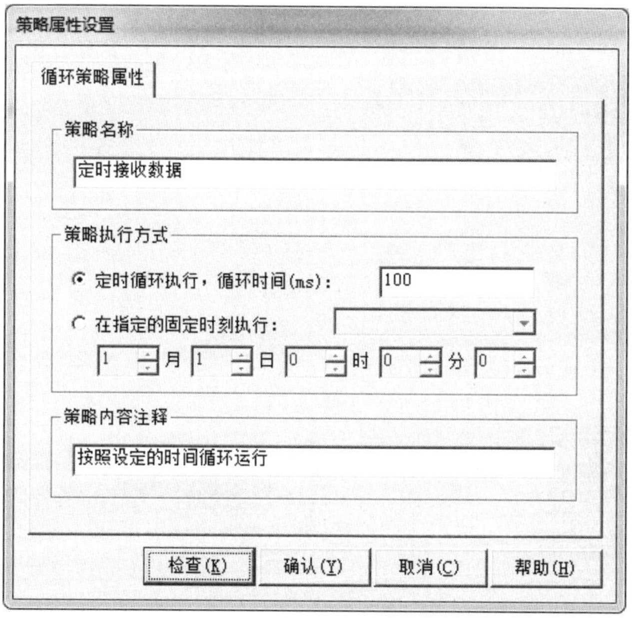

策略属性设置
循环策略属性
策略名称
定时接收数据
策略执行方式
定时循环执行，循环时间(ms)：
100
在指定的固定时刻执行：
1 月 1 日 0 时 0 分 0
策略内容注释
按照设定的时间循环运行
检查(K)
确认(Y)
取消(C)
帮助(H)

图 4-11　定时接收数据策略时间设定窗口

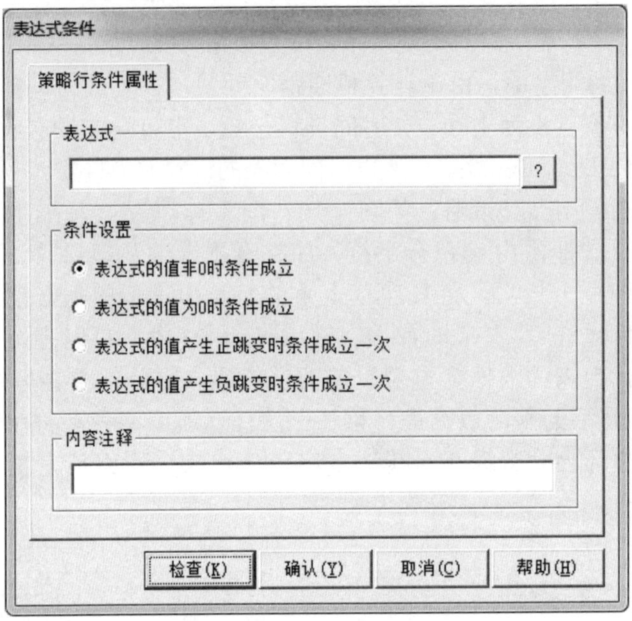

表达式条件

策略行条件属性

表达式

?

条件设置

表达式的值非0时条件成立

表达式的值为0时条件成立

表达式的值产生正跳变时条件成立一次

表达式的值产生负跳变时条件成立一次

内容注释

检查(K) 确认(Y) 取消(C) 帮助(H)

图 4-12　定时接收数据策略表达式条件设定窗口

＊＊

```
'串口未正确打开则退出
IF CommError1<>0 OR CommError2<>0 OR CommError3<>0 OR CommError4<
>0 THEN
  EXIT
ENDIF

'串口中无可读数据则退出
IF !GetSerialReadBufferSize(CommNo)<=0 THEN
  EXIT
ENDIF

'从串口读数据
ReceiveStr=!ReadSerialStr(CommNo)

'将读入的数据加入到总字符串中
AllRecStr=!StrFormat("%s%s",AllRecStr,ReceiveStr)

EXIT
```

＊＊

4.3　程序运行

程序编写完毕后，点击图 4-13 所示黑框框中的按钮，表示将程序下载至触摸屏或进行模拟执行过程，出现图 4-14 所示界面，选中“模拟运行”按钮，再点击“工程下载”按钮，此时，用户进行的是模拟运行，不需要使用触摸屏即可在笔记本或台式机上检测代码的对与错，如果出现问题，会显示不同颜色的字体提示用户有错误发生，此处为绿色，如图 4-15 所示，说明脚本程序没有问题，一切正常。再点击“启动运行”按钮，程序进入运行状态。可参考二维码视频学习。

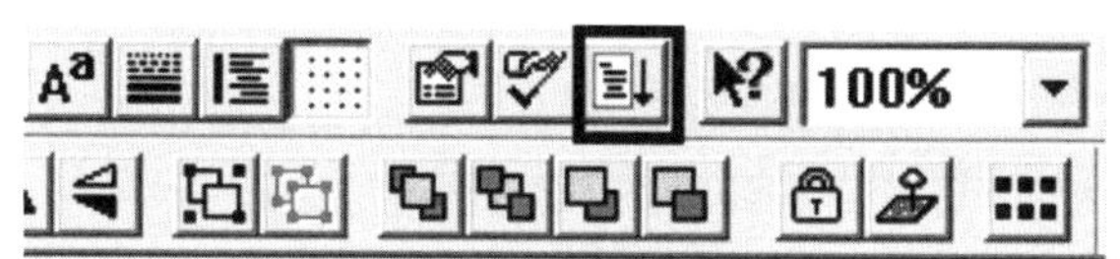

图 4-13　下载工程按钮

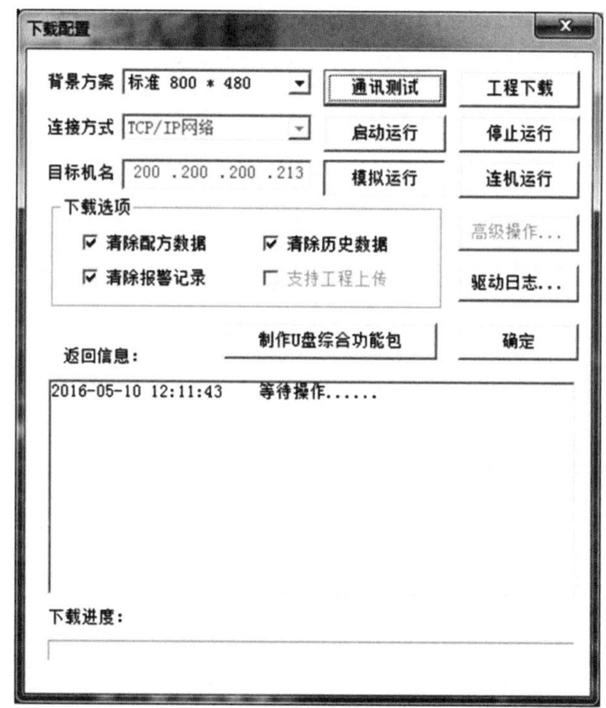

图 4-14　下载配置参数设定界面

程序执行后出现如图 4-16 所示界面，串口没有被打开，所以呈现红色；点击“设置串口参数”，程序执行成功，错误跟踪为绿色，如图 4-17 所示。在“发送字符串”窗口输入要发送的字符，为了考查程序的全面性，此处输入中文、字母、数字、符号相结合的字符串，图 4-18 为 MCGSE 提供的输入键盘，方便用户用手指输入，点击“确定”按钮后，如图 4-19 所示，再点击“发送”按钮，出现图 4-20 所示界面，可以看出，发送字符串从串口的第 3 引脚发出后，经过第 2 引脚回到输入缓冲区，然后读到字符串变量 ReceiveStr 中，实现了串口的自发自收过程。点击“功能概述”按钮可弹出另外一窗口，如图 4-21 所示，在

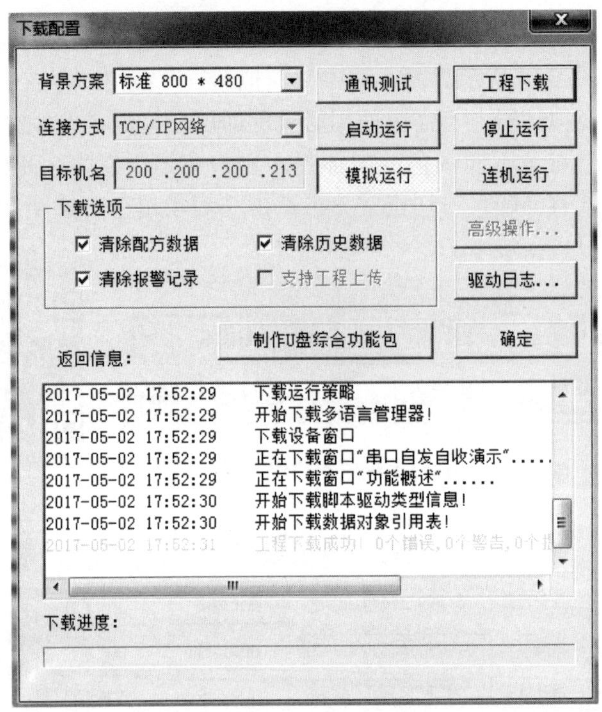

图 4-15 工程下载成功界面

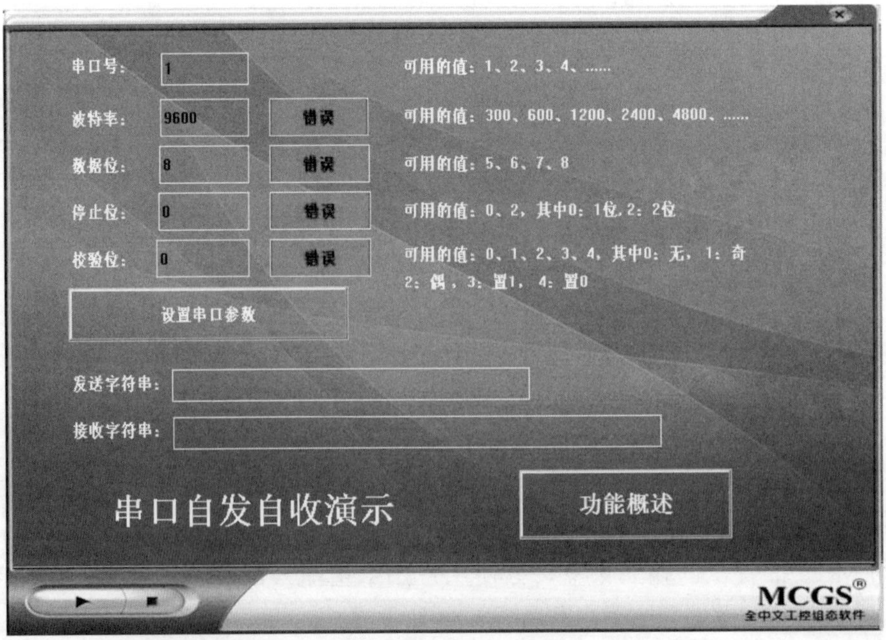

图 4-16 串口通信自发自收程序初始化界面

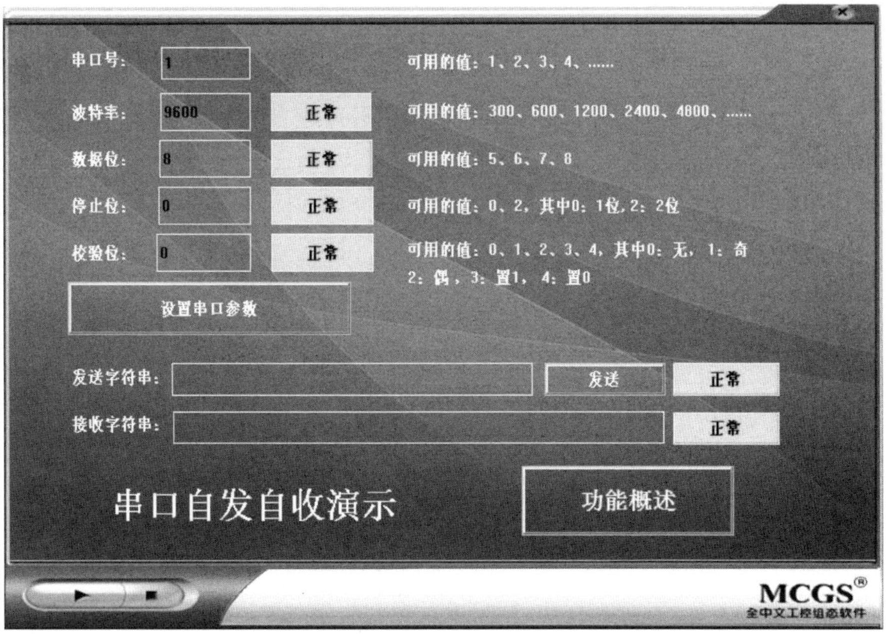

图 4-17　打开串口成功界面

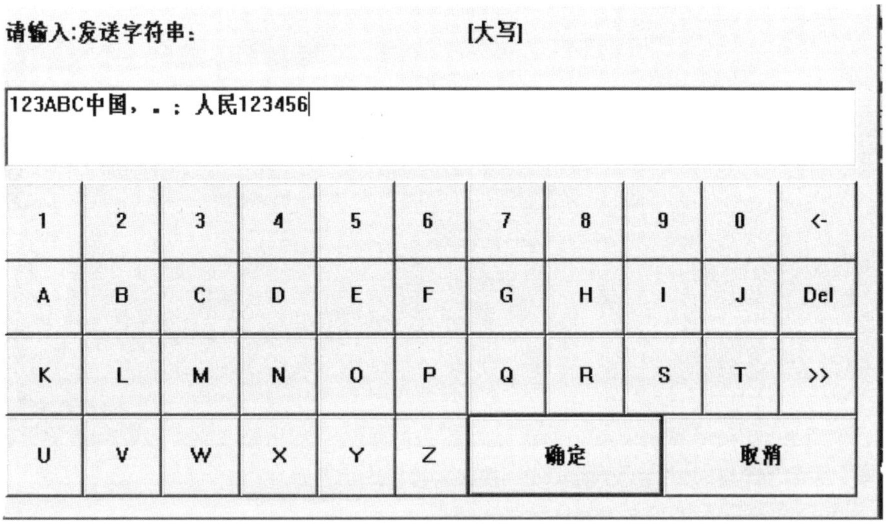

图 4-18　发送字符串输入信息界面

“功能概述界面”下点击“功能演示”按钮又可回到图 4-20 界面。点击图 4-22 中的“停止运行”按钮便可完成模拟运行，从而实现整个组态过程的调试。如果出现问题，重复上述过程，一直到解决问题为止。

至此，完成了串口自发自收的全过程。

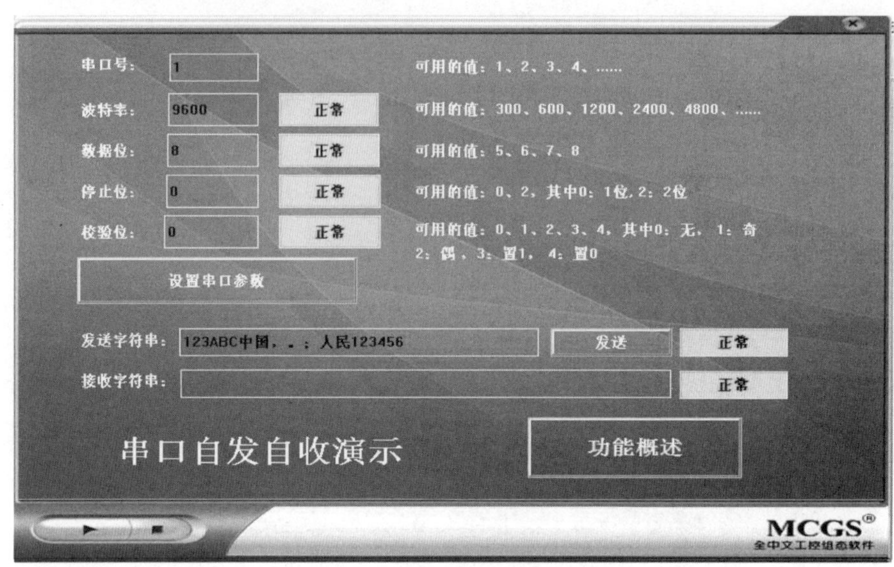

图 4-19　发送字符串输入完毕界面

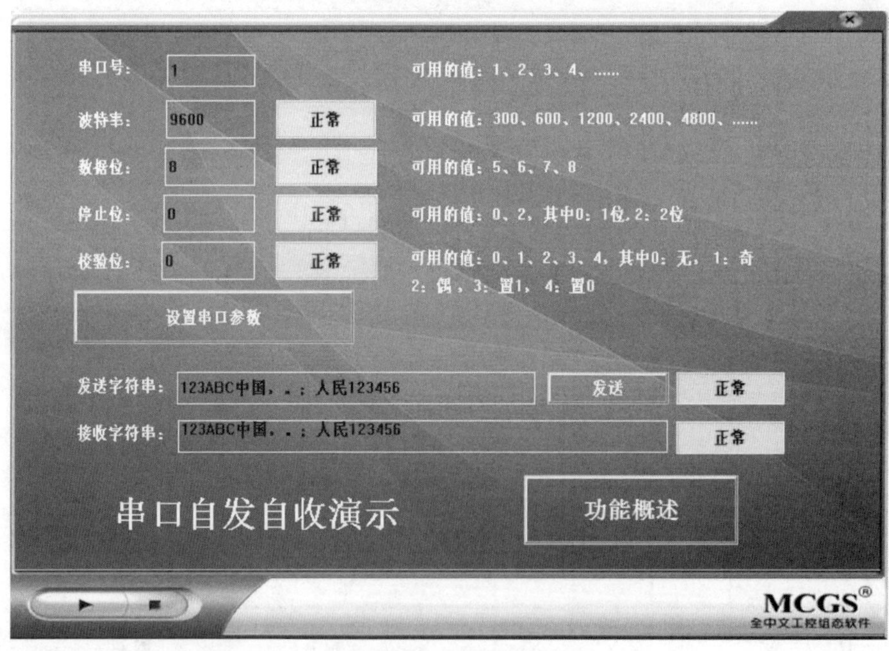

图 4-20　接收字符串成功界面

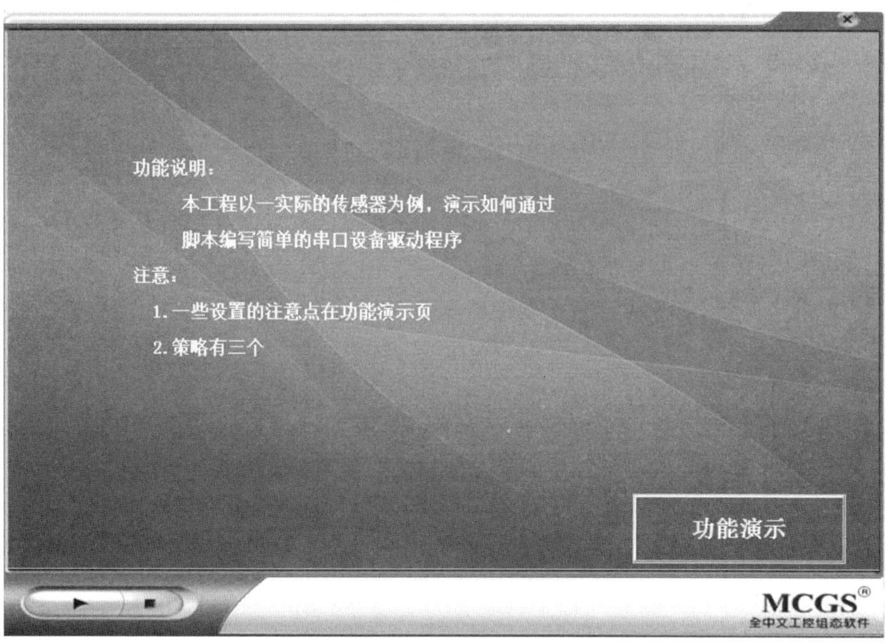

功能说明：
本工程以一实际的传感器为例，演示如何通过
脚本编写简单的串口设备驱动程序
注意：
1.一些设置的注意点在功能演示页
2.策略有三个
功能演示
MCGS®
全中文工控组态软件

图 4-21 功能概述界面

图 4-22 程序退出界面

第 5 章 万能通信之只收不发——转速测量

只收不发是指下位机定时向上位机发送数据，无须上位机下发指令，这种情况多限于价格低廉、成本仅十几元到几十元之间的变送器系列，例如，温度变送器、湿度变送器、温湿度变送器、速度变送器、流量变送器、位移变送器等。本章介绍从单片机上传数据给上位机的案例。

LKSC _ A 测速表是利用霍尔元件对磁场感应进行测速的传感器，采用的霍尔元件为 AH201，当磁铁靠近霍尔元件时，输出高电平；磁铁远离霍尔元件时，输出低电平。电平的高低可以通过计数器记录，输出到数码管，如图 5-1 所示。该测速表将测得的值通过 TTL 电平传给上位机，传感器上电后，LKSC _ A 便始终通过 TTL 串口向上位机上传数据，而上位机不需要向单片机发送指令，对于上位机而言，属于只收不发的一种通信状态。数据传输采用 ASCII 方式，接下来，按步骤进行连接与调试。

图 5-1　LKSC _ A 测速表实物图

(1) LKSC _ A 测速表检测　给 LKSC _ A 测速表供直流电 12V，正、负极性不能接反，用磁铁在 AH201 探头附近反复靠近与远离，交替产生和消隐磁场，使 AH201 以一定频率产生高电平与低电平，模拟转速。或者将磁铁粘贴在转轮上，使转轮旋转，磁铁会周期性地经过 AH201 探头，代表轮子的转速，此时数码管会显示转速值，如图 5-1 所示。LKSC _ A

测速表工作正常后，接下来建立与台式机的通信。

(2) 物理通信线路连接 为了获得数据通信格式及通信协议，首先应正确连接物理通信线路，如图 5-2 所示，台式机的串口输出为公头，通过“RS-232 转 TTL 接口”将 RS-232 电平转为 TTL 电平，此时仅留下发送、接收与地三根引脚，即只能传输数据，省去了控制信号针。在本例中，台式机 TTL 的 TxD 与单片机的 TxD 相连、RxD 与单片机的 RxD 相连、GND 与单片机的 GND 相连。读者可能感到奇怪，为什么不是台式机的 TxD 与单片机的 RxD 相连，这主要取决于厂家单片机内部结构与设置，本例中使用的 LKSC _ A 测速表经过测试发现只有这样连接才能进行通信。可参考二维码视频讲解。

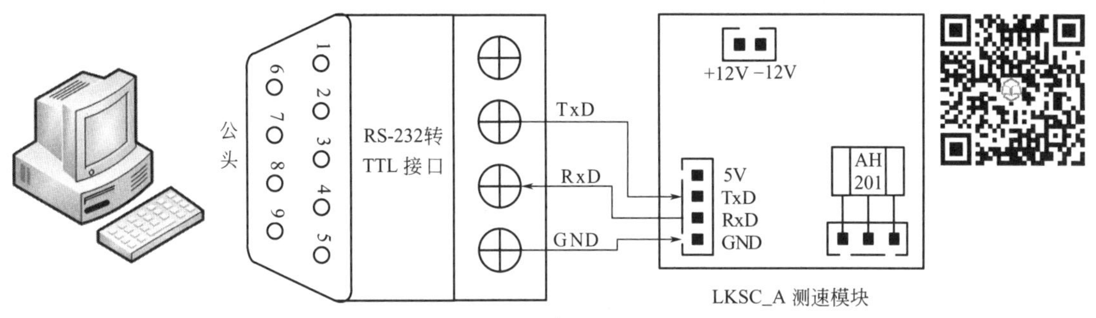

图 5-2 LKSC _ A 测速表与台式机连接示意图

(3) 设定串口号与串口参数 根据厂家给定的说明文档，其通信电平为 TTL，即电平为 3.3～5.0V，通信波特率为 4800，无奇偶校验位，8 个数据位，1 个停止位，串口参数的完整设置为“4800，N，8，1”。通信协议相当于台式机与单片机的一种约定，双方按相同的通信频道、数据传输方式进行交流，与人与人之间的对话一样，中国人与中国人可以互相交流，但是中国人与美国人就无法沟通，需要一个翻译，两者不在一个通信信道内。

(4) 确定通信数据格式 这个过程要借助串口调试工具，如图 5-3 所示，本例采用“串口助手”软件，与台式机通信，使用 COM1 串口，按“4800，N，8,1”设置串口通信参数，

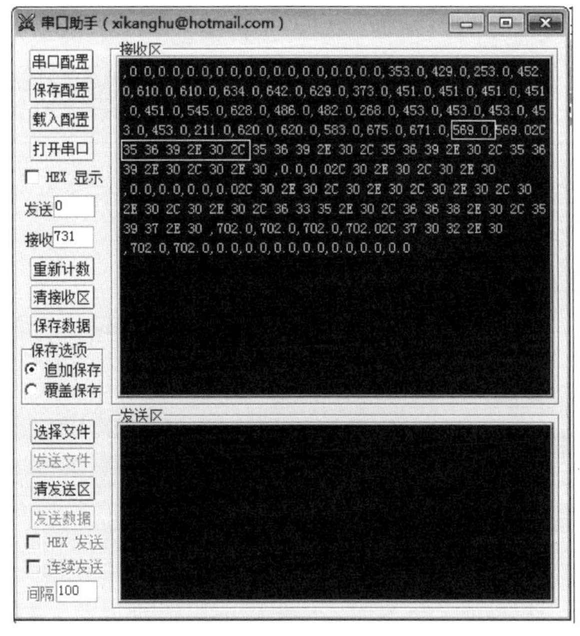

图 5-3 LKSC _ A 测速表上传数据实时显示图

在串口助手中点击“串口配置”按钮，在弹出的对话框中按条件进行设置，如图 5-4 所示。

图 5-4　串口参数设置界面

串口参数设好后，点击图 5-3 中的“打开串口”按钮，此时发现图中出现字符，“接收”标签后面的计数值会不断增加，说明单片机一直向台式机通过串口上传数据。如果“HEX 显示”前面不勾选“√”，则显示为 ASCII 码；如果勾选“√”，则显示为十六进制编码，其数据格式如图 5-5 所示，转速为 569.0 转/分，十六进制显示时为 35 36 39 2E 30 2C，每组数据之间都以逗号分隔。如果数据位数不同，例如，3.5，24.6，108.6，1492.0 等，在数码管中最多只能显示四位。因此，1492.0 仅能显示整数部分的 1492。如果转速低于四位数，则可以显示小数点后一位，但是，上传的数据格式却是统一的，即无论数大数小，小数点后保留一位，小数点前最少一位，数大了，向前扩展，而且，数与数之间是以逗号分开的。这样，在后续脚本编写中可以根据数据格式采集逗号分隔的不定长数据。数据每次上传，总是先有逗号，然后是数据，紧跟着又是逗号。可参考二维码视频讲解。

转速（转/分）						
ASCII	,	5	6	9	.	0
十六进制	2C	35	36	39	2E	30

图 5-5　数据格式分解图

5.1　变量定义与构件关联

变量是数据库中的成员，存储了底层硬件读入的数据信号，上层组态窗口可以通过构件与变量相关联，这样，硬件采集的数据就可以实时地在组态窗口显示出来，与用户形成人机界面。本程序中用到的变量、数据类型及其注释如表 5-1 所示。可参考二维码视频讲解。

表 5-1 程序中出现的变量定义

变量名	数据类型	注释
BaudRate	数值型	波特率
CommError1	数值型	波特率错误指示
CommError2	数值型	数据位错误指示
CommError3	数值型	停止位错误指示
CommError4	数值型	校验位错误指示
CommNo	数值型	串口号
Count	数值型	每条数据记录的编号
DataBit	数值型	数据位
FileName	字符型	数据文件的名字
ParityBit	数值型	奇偶校验位
ReceiveStr	字符型	从串口接收到的数据
SaveData	开关型	用于控制“开始保存”与“停止保存”按钮的显隐
StopBit	数值型	停止位
转速值	数值型	测得的霍尔元件的计数值

(1) 标签与变量关联 图 5-6 列出了组态窗口中出现的各个构件。“转速值”标签与“转速值”变量相关联，实时显示霍尔元件计数值，此处为转速值；窗口中右上角的时间标签与表达式“$Date+”“+$time”关联，用于实时显示系统时间。

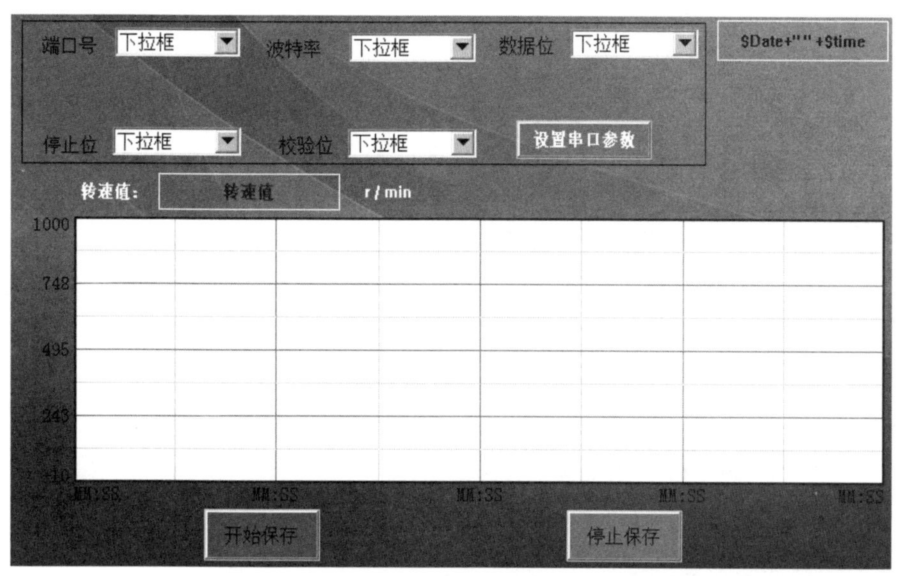

图 5-6 组态窗口中各构件与变量的关联图

(2) 下拉框与变量关联 下拉列表框分别与串口号、波特率、数据位、停止位和校验位关联，以波特率为例，双击“波特率”下拉框，弹出图 5-7 所示的界面，左图包括了下拉列表框基本属性与选项设置。基本属性中可以对构件进行命名、设置缺省内容、进行数据关联、设置背景颜色、设置字体颜色和字体等，根据使用用途可以设置下拉列表框的类型，比如下拉组合框、列表组合框、策略组合框和窗口组合框。右图中的选项设置可以设定下拉框

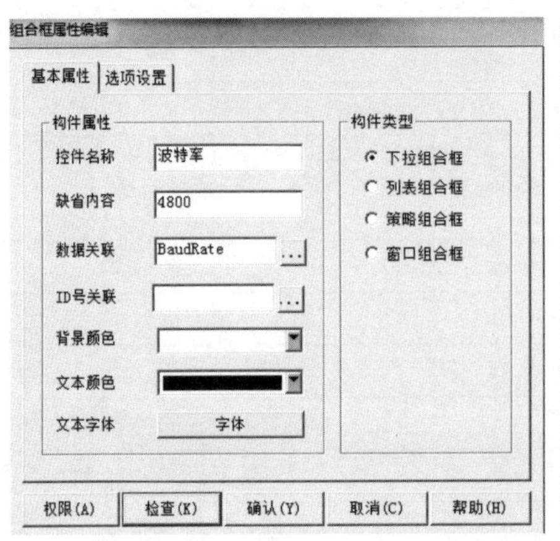

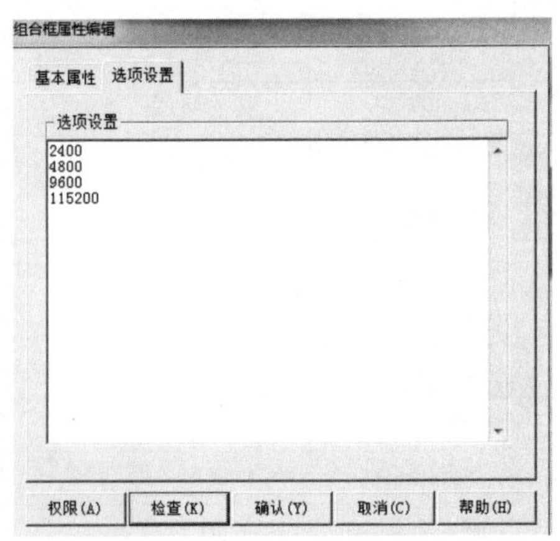

图 5-7　组合框参数设置图

中供用户选择的数据项，每输入一项按回车进入下一行输入，每一行数据对应下拉列表框中要显示的每条数据项，用户可以通过鼠标进行选择。可参考二维码视频讲解。

(3) 实时曲线变量关联　实时曲线构件用于实时显示变量的值、跟踪信号的状态变化，其属性设置包括基本属性、标注属性、画笔属性与可见度属性，如图 5-8 所示。标注属性可以设定实时曲线坐标轴的刻度标注颜色、标注间隔、时间格式、时间单位、最大值与最小值等信息；画笔属性用于每条实时曲线所关联的变量、曲线的颜色、线型等。可参考二维码视频讲解。

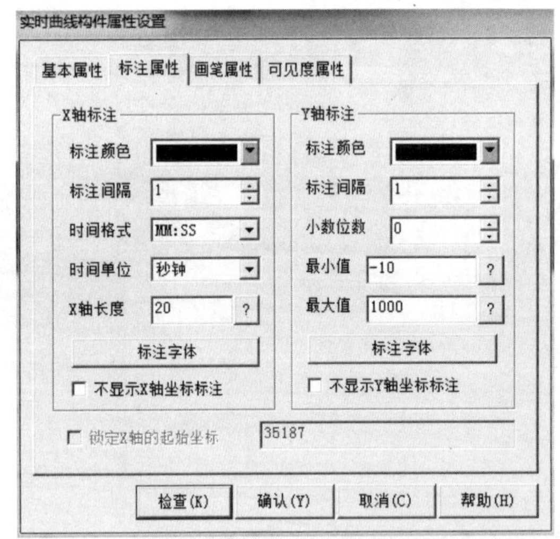

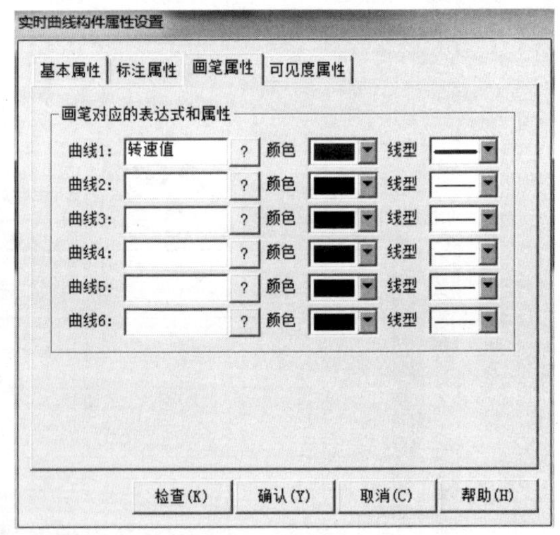

图 5-8　实时显示曲线与变量关联示意图

5.2　策略组态

本程序属于只收不发的案例，单片机通过 TTL 串口将数据经过 COM1 不断传到台式机，所以不需要添加发送指令策略，仅包括“设置串口参数策略”和“定时接收数据”两个策略，策略的执行可以通过按钮触发，也可以通过时钟触发。本例中“设置串口参数策略”通过点击图 5-6 中的“设置串口参数”按钮执行；“定时接收数据”策略通过定时器完成，即将策略设置为“循环策略”，如图 5-9 所示。

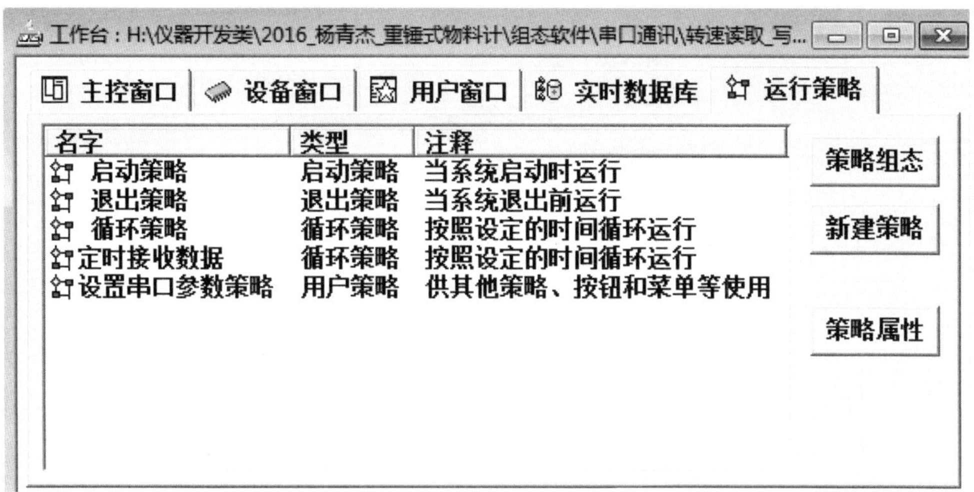

图 5-9　程序运行策略图

(1) 设置串口参数　双击图 5-9 中的“设置串口参数策略”行，弹出如图 5-10 所示界面，双击“脚本程序”图标，在对话框中输入程序脚本代码。可参考二维码视频讲解。

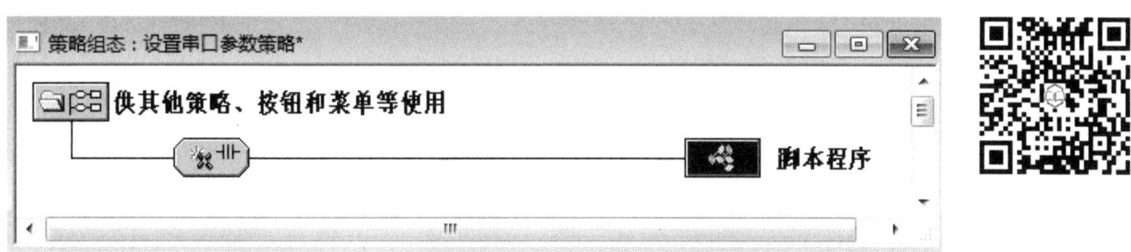

图 5-10　设置串口参数策略图

* *

```
'保存串口参数
CommNo. SaveDataInitValue( )
BaudRate. SaveDataInitValue( )
DataBit. SaveDataInitValue( )
StopBit. SaveDataInitValue( )
ParityBit. SaveDataInitValue( )
'刷新到磁盘上
!FlushDataInitValueToDisk( )

'设定波特率
CommError1=!SetSerialBaud(CommNo,BaudRate)
IF CommError1<>0 THEN
  EXIT
ENDIF
```

```
'设定数据位
CommError2=!SetSerialDataBit(CommNo,DataBit)
IF CommError2<>0 THEN
  EXIT
ENDIF

'设定停止位
CommError3=!SetSerialStopBit(CommNo,StopBit)
IF CommError3<>0 THEN
  EXIT
ENDIF

'设定校验位
CommError4=!SetSerialParityBit(CommNo,ParityBit)
IF CommError4<>0 THEN
  EXIT
ENDIF
```

* *

(2) 开始保存与停止保存按钮 “开始保存”与“停止保存”按钮采用相互显隐来约束用户的操作。用户点击“开始保存”按钮后，将SaveData变量置1，由于SaveData为非零值，因此按钮不可见，如图5-11所示，即用户点击“开始保存”按钮后，按钮消失，而图5-12中设置表明当SaveData变量为非零时“停止保存”按钮为可见。因此，SaveData变量的值决定了两个按钮同时只有一个是可见的，另一个为隐藏。通过点击“开始保存”与“停止保存”按钮可以对SaveData变量进行置位和清0。可参考二维码视频讲解。

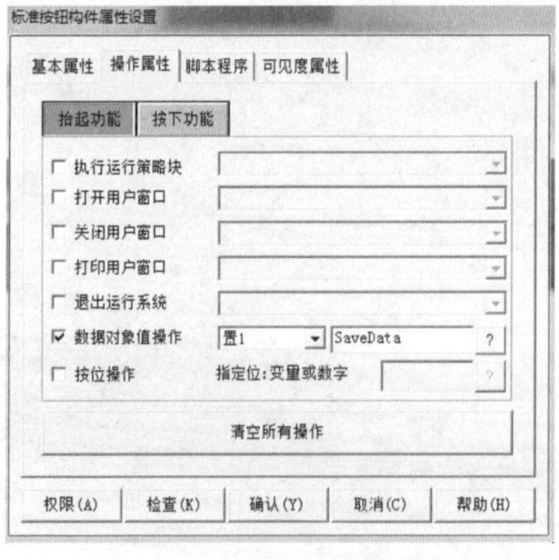

标准按钮构件属性设置
基本属性 操作属性 脚本程序 可见度属性
表达式
SaveData
当表达式非零时
按钮可见 按钮不可见
权限(A) 检查(K) 确认(Y) 取消(C) 帮助(H)

图5-11 开始保存按钮构件与数据对象值操作关联图

点击“开始保存”按钮后的脚本程序如下所示。

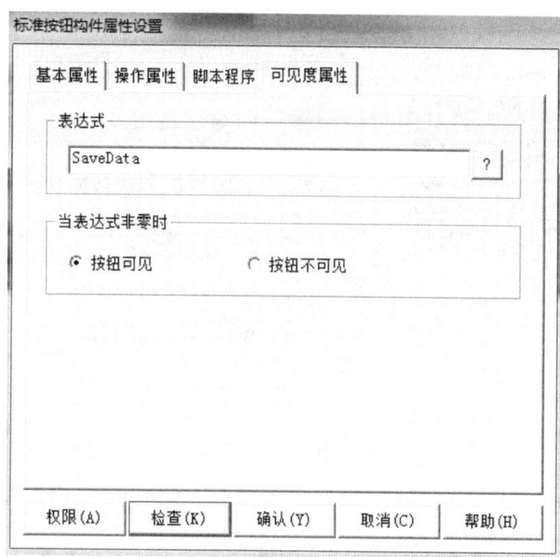

图 5-12 停止保存按钮构件与数据对象操作关联图

* *

```
Count=0
'程序下载到触摸屏时用此代码
'FileName="usb harddisk\Data_"+!str($Year)+"年"+!str($Month)+"月"+!str($Day)+"日_"+!str($Hour)+"时"+!str($Minute)+"分"+!str($Second)+"秒"+".txt"
'程序在台式机上运行时采用此代码
FileName="d:\Data_"+!Vstr($Year)+"年"+!str($Month)+"月"+!str($Day)+"日_"+!str($Hour)+"时"+!str($Minute)+"分"+!str($Second)+"秒"+".txt"
!FileWriteStr(FileName,1,"序号   时间   转速值(r/min)",1)
```

* *

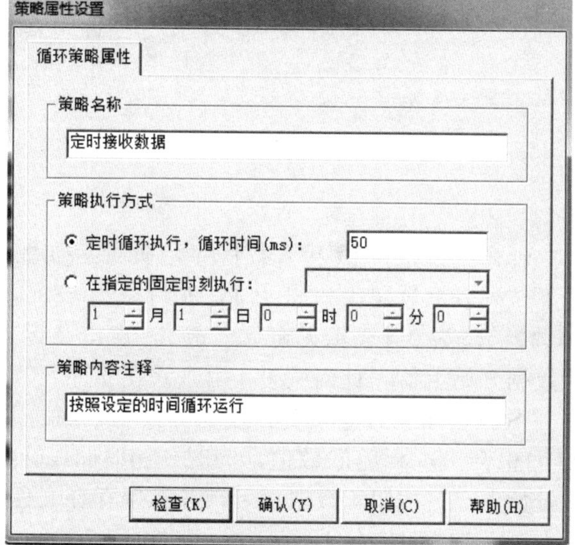

图 5-13 循环策略属性设置界面图

(3) 定时接收数据循环策略 定时接收数据采用循环策略，其循环条件如图 5-13 所示，每隔 50ms 执行一次循环脚本程序，对应的脚本界面如图 5-14 所示。可参考二维码视频讲解。

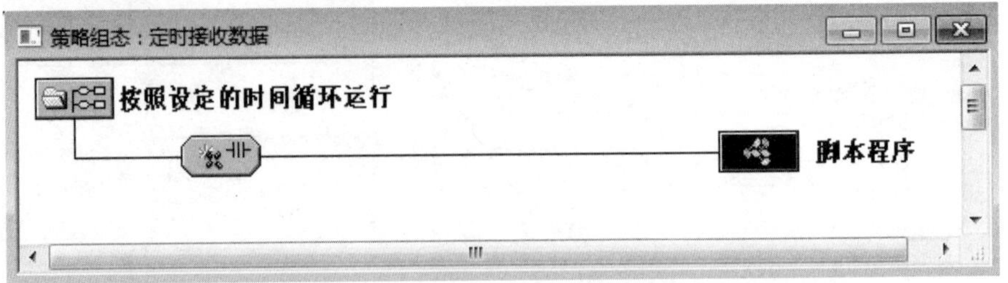

图 5-14 定时接收数据循环策略图

双击图 5-14 中的“脚本程序”图标，在对话框中输入下列代码。

* *

```
'串口未正确打开则退出
IF CommError1<>0 OR CommError2<>0 OR CommError3<>0 OR CommEr-
ror4<>0 THEN
    EXIT
ENDIF

'串口中无可读数据则退出
IF !GetSerialReadBufferSize(CommNo)<=0 THEN
    EXIT
ENDIF

'从串口读数据
ReceiveStr=!ReadSerialStr(CommNo)
ReceiveStr=!Right(ReceiveStr,!Len(ReceiveStr)-1)
转速值=!val(ReceiveStr)

EXIT
```

* *

5.3 程序执行

在台式机模拟环境下下载程序，执行后如图 5-15 和图 5-16 所示。通过下拉列表框选定串口号为 1，波特率为 4800，数据位为 8，停止位为 0，校验位为 0（表示无奇偶校验），点击“设置串口参数”，串口打开，数据开始上传，此时为 0，用磁铁在霍尔传感器前左右晃动（注意区分 N-S 极，如果转速不变，改变磁铁 N-S 面），LKSC _ A 测速表出现示数后，台式机运行界面也会出现相应的数值，同时，实时曲线开始记录，随着转速值的大小高低变化。点击“开始保存”按钮，数据在后台开始保存在文件中，本例中文件名为：d：\Data _ 2017 年 5 月 5 日 _ 18 时 5 分 12 秒. txt，如图 5-17 所示，方便用户对数据的后续处理与分析。可参考上方二维码视频讲解。

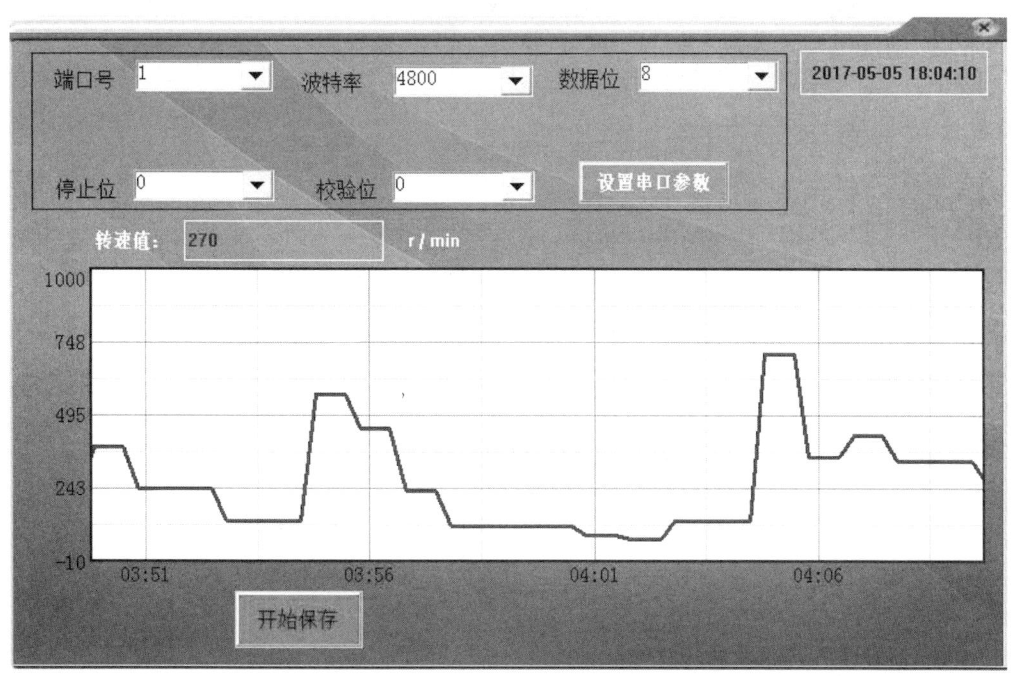

图 5-15　转速实时采集与曲线显示图

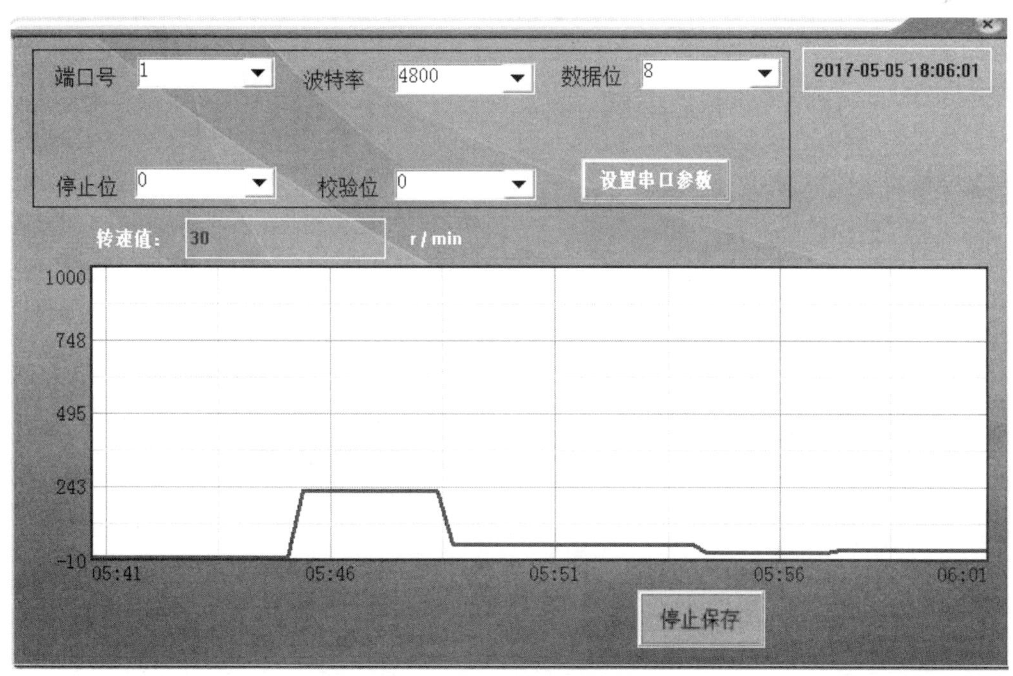

图 5-16　转速数据实时显示与保存图

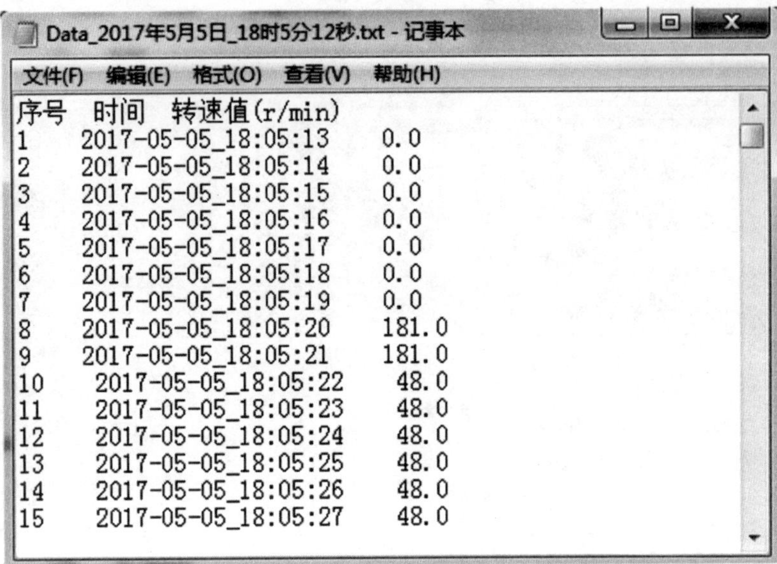

图 5-17 数据记录文件显示图

第 6 章

万能通信之只发不收——微型打印

只发不收串口通信多用于打印机，打印机通过控制线向上位机传输信号状态，上位机通过发送引脚 3 向打印机发送数据。

微型打印机串行接口引脚定义如表 6-1 所示，从数据发送方向分析，打印机属于只接收数据状态，如图 6-1 所示。台式机通过机箱后部的 DB-9 公头接口与数据线的 DB-9 母头接口连接，数据线另一端为圆形接口，共 6 根针，直接插入微型打印机 SPRT-T10BT 数据接口，至此完成数据线的连接。微型打印机的供电电压为直流 5V，电流为 3A，需要单独供电。

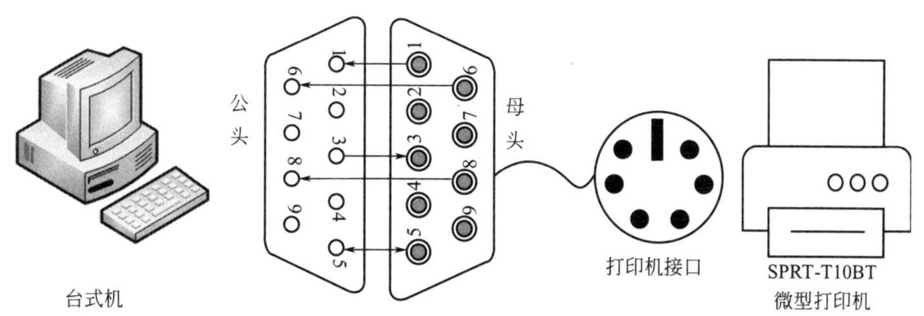

图 6-1　台式机与微型打印机 SPRT-T10BT 连接线路示意图

SPRT-T10BT 微型打印机实物如图 6-2 所示，插上电源后，长按“POWER”按钮，听到“滴答”声，“POWER”按钮下方的指示灯亮，说明打印机上电；按住“FEED”走纸按钮不放，打印机进行走纸操作，“FEED”是“喂”的意思，这里表示进纸。上述状态说明打印机上电工作良好，可以继续进行上位机的编程操作。

在 MCGSE 中对打印机的操作主要有两种形式，第一种为自由编程方式，用户自己封装每条指令，如制表、换行、走纸、边界设置等，形式自由，灵活多变，但是需要用户具有较扎实的编程基础；第二种为厂家提供的驱动方式，用户只需按已封装好的指令进行脚本编写便可实现打印，无须关心指令的构成、格式规范等，方便快捷。下面将对这两种操作形式分别进行详细介绍。可参考二维码视频讲解。

图 6-2　微型打印机 SPRT-T10BT 实物图

表 6-1　微型打印机串行接口引脚定义

针脚号	功能	说明
1	DCD	该信号高电平时，表示打印机正“忙”，不能接收数据； 当该信号为低电平时，表示打印机“准备好”，可以接收数据
3	TxD	打印机从主计算机接收数据
5	GND	信号地
6	DSR	该信号为“SPACE”状态表示打印机“在线”
8	CTS	该信号高电平时，表示打印机正“忙”，不能接收数据； 当该信号为低电平时，表示打印机“准备好”，可以接收数据

6.1　自由编程

自由编程是采用串口通信指令!WriteSerialStr（参数 1，参数 2）通过串口向打印机输送数据，用户使用脚本语言控制数据的输出格式，例如换行、走纸、造表等动作。这个函数中参数 2 为字符型变量，只要将表 6-2 所示的“ASCII”作为参数 2 输入即可灵活地控制打印机。例如，“ESC J n”这条指令表示走纸，“ESC”是指令前导符，一见到这三个字符，便知道后面紧跟的是指令字符；“J”可以理想为“Jump”的首字母，表示“跳跃”，进一步理解为“前进，进纸”，“n”表示进多少纸，在这里表示单位“点”，因为一个字是由若干个行与列组成的点阵构成的，行与行之间的距离相当于点到点的距离，比如 12×8 点阵，有 12 行，则打印机要打印 96 个点才能把这个字打出来。因此，可以理解为指令的基本结构是“前导符＋指令字母＋参数”，只要将这些作为字符参数写入!WriteSerialStr 的参数 2 中，便可以实现对打印机的控制。这些指令中，有些是实际操作指令，如换行、走纸、打印等；有些指令是设置指令，没有动作输出，只是对字符集、边界等参数的设置，根据用户需求灵活改变。

本例中窗口组态界面如图 6-3 所示，窗口包括两个标签构件和两个按钮构件，其中标签构件中的信息为要打印的信息，“驱动编程打印”按钮用于演示采用打印机驱动程序打印，“自由编程打印”按钮触发脚本指令进行打印。

表 6-2 SPRT-T10BT 微型打印机热敏微打命令速查

命令			说明
ASCII	字符型变量(McgsData)	字符型变量(Par)	
ESC 6	ESC 6	无	选择字符集 1
ESC 7	ESC 7	无	选择字符集 2
LF	LF	无	打印并换行
ESC J n	ESC J	n	换行 n 点行走纸
ESC 1 n	ESC 1	n	设置 n 点行间距
ESC p n	ESC p	n	设置 n 点字符间距
GS FF	GS FF	无	设置黑标定位打印(可选择)
ESC B n1 n2…NUL	ESC B	n1,n2,…,NUL	设置垂直造表值
VT	VT	无	执行垂直造表
ESC D n1 n2,…,NUL	ESC D	n1,n2,…,NUL	设置水平造表值
HT	HT	无	执行水平造表
ESC fm n	ESC f	m,n	打印空格或空行
ESC Q n	ESC Q	n	设置右限
ESC l n	ESC l	n	设置左限
ESC U n	ESC U	n	横向放大
ESC V n	ESC V	n	纵向放大
ESC W n	ESC W	n	横向纵向放大
ESC－n	ESC－	n	允许/禁止下划线打印
ESC＋n	ESC＋n	n	允许/禁止上划线打印
ESC i n	ESC i	n	允许/禁止反向打印
ESC c n	ESC c	n	允许/禁止反向打印
ESC & m n1 n2…n6	ESC &	m,n1,n2,…,n6	定义用户自定义字符
ESC %m1 n1m2 n2…mk nk NUL	ESC %	m1,n1,m2,n2,…,mk,nk,NUL	替换自定义字符
ESC：	ESC：	无	恢复字符集中的字符
ESC K n1 n2…data…	ESC K	n1,n2…data…	打印点阵图形
ESC'm n1 n2 n3…nk…CR	ESC'	m n1 n2 n3…nk…CR	打印曲线
ESC E nq nc n1 n2 n3... nk NUL	ESC E	nq,nc,n1,n2,n3…nk,NUL	打印条形码
ESC @	ESC @	无	初始化打印机
ESCm	ESCm	n	灰度打印
CR	CR	无	回车打印
FS &	FS &	无	进入汉字方式
FS.	FS.	无	退出汉字方式
FS W n	FS W	n	汉字横向纵向放大

续表

命令			说明
ASCII	字符型变量(McgsData)	字符型变量(Par)	
FS SO	FS SO	无	汉字横向放大一倍
FS DC4	FS DC4	无	取消汉字横向放大
FS－n	FS－	n	汉字允许/禁止下划线打印
FS＋ n	FS＋	n	汉字允许/禁止上划线打印
FS i n	FS i	n	汉字允许/禁止反向打印
ESC o n	ESC o	n	自动切刀
SYN	SYN	无	检测黑标位置

图 6-3 组态窗口设计界面图

采用脚本自由编程时，必须保证在设备组态窗口中没有串口驱动，如图 6-4 所示。否则，自由通信与驱动通信会发生串口访问冲突，无法实现打印，这一点非常重要！双击“自由编程打印”按钮，在对应的脚本输入框中输入下列代码。

＊＊

```
'设定波特率
!SetSerialBaud(1,9600)

'设定数据位
!SetSerialDataBit(1,8)

'设定停止位
!SetSerialStopBit(1,0)

'设定校验位
!SetSerialParityBit(1,0)
```

```
!WriteSerialStr(1,"单位:北京科技大学能环学院热能系"+!I2Ascii(13)+!I2Ascii(10))
!sleep(100)
!WriteSerialStr(1,"联系人:张辉"+!I2Ascii(13)+!I2Ascii(10))
!sleep(100)
!WriteSerialStr(1,"QQ:      2281480680"+!I2Ascii(13)+!I2Ascii(10))
!sleep(100)
!WriteSerialStr(1,"Email:zhanghui56@ustb.edu.cn"+!I2Ascii(13)+!I2Ascii(10)+!I2Ascii(13)+!I2Ascii(10))
!sleep(100)
```

* *

图 6-4　去掉通用串口父设备和微型打印机的设备窗口图

在模拟环境下载并运行程序，点击“自由编程打印”按钮，打印机会输出如图 6-5 所示的信息。

图 6-5　打印机输出结果图

6.2　驱动编程

驱动编程必须使用对应打印机的驱动程序，大部分微型打印机为热敏式，其驱动程序的公用性较强，即无论哪家的打印机，都可以使用一个固定驱动，减轻了用户的负担。如果遇到特殊打印机，必须获得这种打印机在 MCGSE 中的驱动。

首先，从设备工具箱中点击“通用串口父设备”，如图 6-6 所示，在设备窗口中加入“通用串口父设备”，这是对串口的设置，如果一个台式机具有几个串口，例如，COM1、COM2、COM3，则需要连续建立三个“通用串口父设备”。

“通用串口父设备”通信参数设置如图 6-7 所示，父设备通信参数设置应与设备的通信参数相同，默认值为“9600，8，1，N（无校验）”，每个参数的取值如表 6-3 所示。

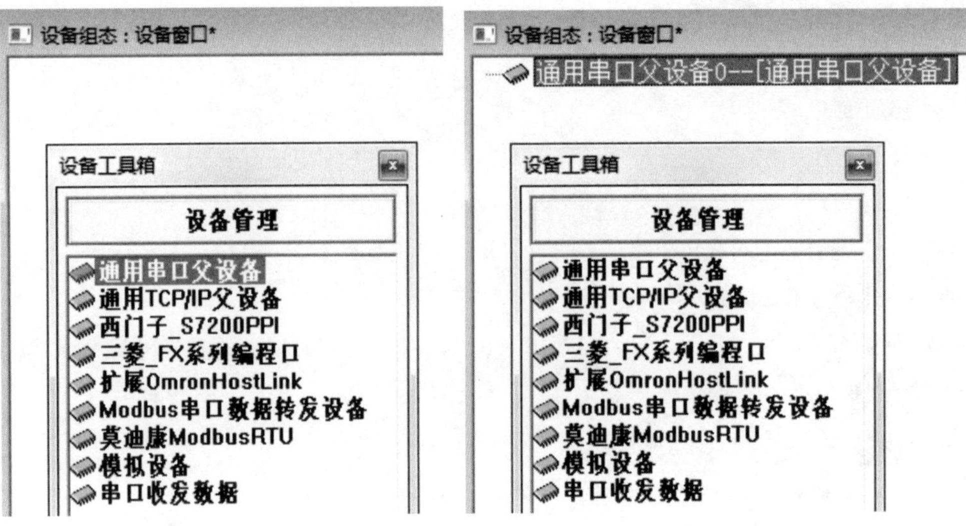

图 6-6　设备窗口增添通用串口父设备前后对比图

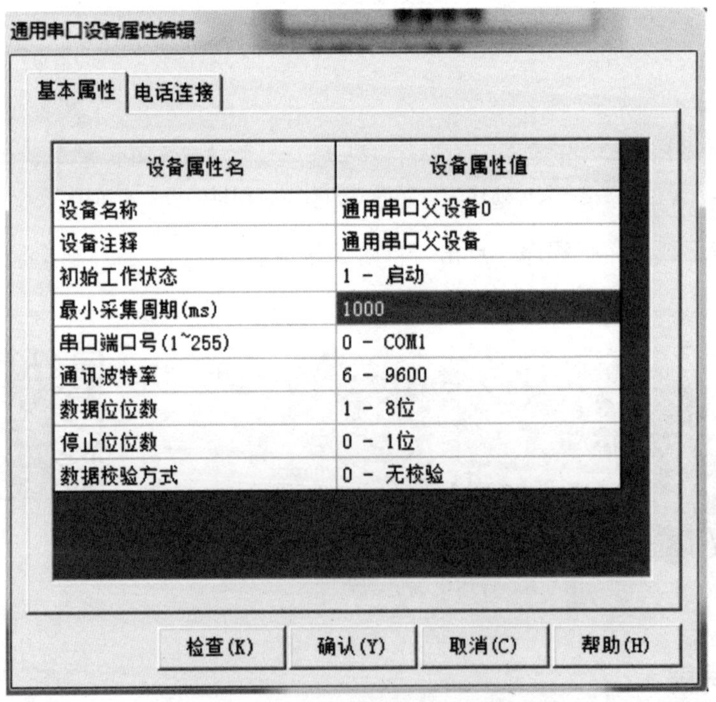

图 6-7　通用串口设备属性编辑窗口图

表 6-3　“通用串口父设备”通信参数设置

设置项	参数项
通信波特率	4800、9600(默认值)、19200、38400、57600、115200
数据位位数	7、8(默认值)
停止位位数	1(默认值)、2
奇偶校验位	无校验(默认值)、奇校验、偶校验

微型打印机驱动程序挂载在“通用串口父设备”下面，并不是每台机器都具有微型打印机驱动，需要手动安装，如图 6-8 所示。将驱动程序对应的文件拷贝至 MCGSE 安装目录，本例中是将 WH102. dll、WH102E. drv、WH102E _ ARMV4. drv、WH102. chm 四个文件拷至“D：\ MCGSE \ Program \ Drivers \ 通用设备 \ 微型打印机”目录下，然后在 MCGSE 系统中点击“设备管理”按钮，弹出如图 6-9 所示界面，找到驱动程序对应的目录，双击“微型打印机”，其驱动会自动装载到右边工具箱中，如图 6-10 所示。此后，用户可以直接从工具箱中通过双击该驱动加载到设备窗口，形成对设备的组态，工具箱提供了各种各样的驱动。例如，PLC 类包括世界各大厂家不同型号的驱动程序，最初使用 MCGSE 时，系统中没有安装这些驱动，必须与供应商或 PLC 生产厂商洽谈，获得这方面的驱动，拷贝至相应的目录中，然后在“设备管理”界面才能使用；除此之外，还有仪表类、变频器、模块类、通用设备（Modbus RTU、Modbus TCP 等）、用户定制设备等，这就要求用户具有一定的编程能力，因为并不是所有的设备都会提供驱动，尤其是那些价格低廉的变送器产品，而且即便是有数据格式，也不是标准的 Modbus。

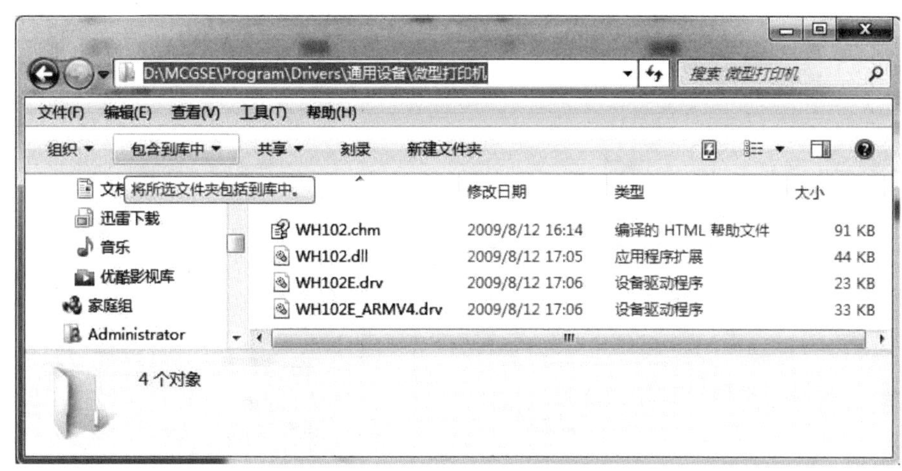

图 6-8　驱动程序文件存放位置图

图 6-11 给出了微型打印机加载前后的界面对比图，驱动加载后，双击设备窗口中的“设备 0——[通用串口父设备]”，弹出图 6-12 所示设备编辑窗口，在这个窗口中可以设置各个参数的值。要使 MCGSE 能正确操作设备，必须按如下的步骤来使用和设置本构件的属性：

（1）设备名称　可根据需要来对设备进行重新命名，但不能和设备窗口中已有的其他设备构件同名，如果重复会发生关联不是唯一性的错误。

（2）初始工作状态　用于设置设备的起始工作状态，设置为启动时，在进入 MCGSE 运行环境时，MCGSE 即自动开始对设备进行操作，设置为停止时，MCGSE 不对设备进行操作，但可以用 MCGSE 的设备操作函数和策略在 MCGSE 运行环境中启动或停止设备。

（3）最小采集周期　表示程序运行时，MCGSE 对设备进行操作的时间周期，单位为毫秒，默认为 100ms。由于此驱动没有需要采集的通道，另外为了便于观察设备命令的返回值，建议在测量时设置为 5000ms，即 5s。

（4）设备类型

0-针式（有缓冲）：主要适用于行点数不超过 255，且带有缓冲区的打印机。每行点数

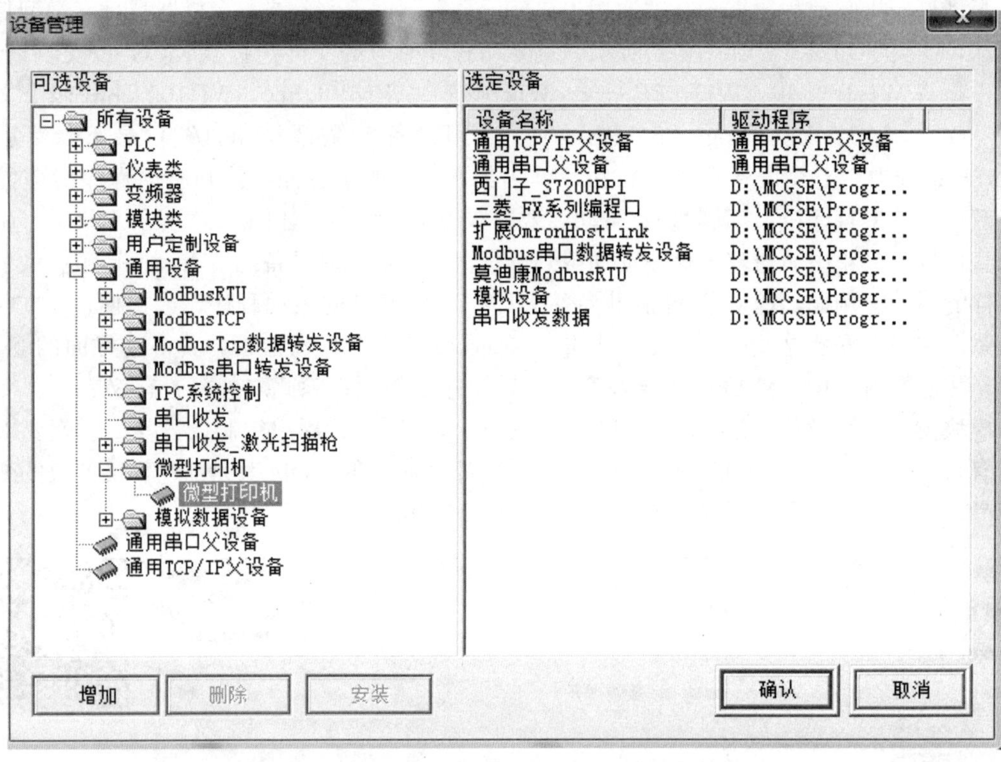

图 6-9　增添微型打印机前设备管理窗口图

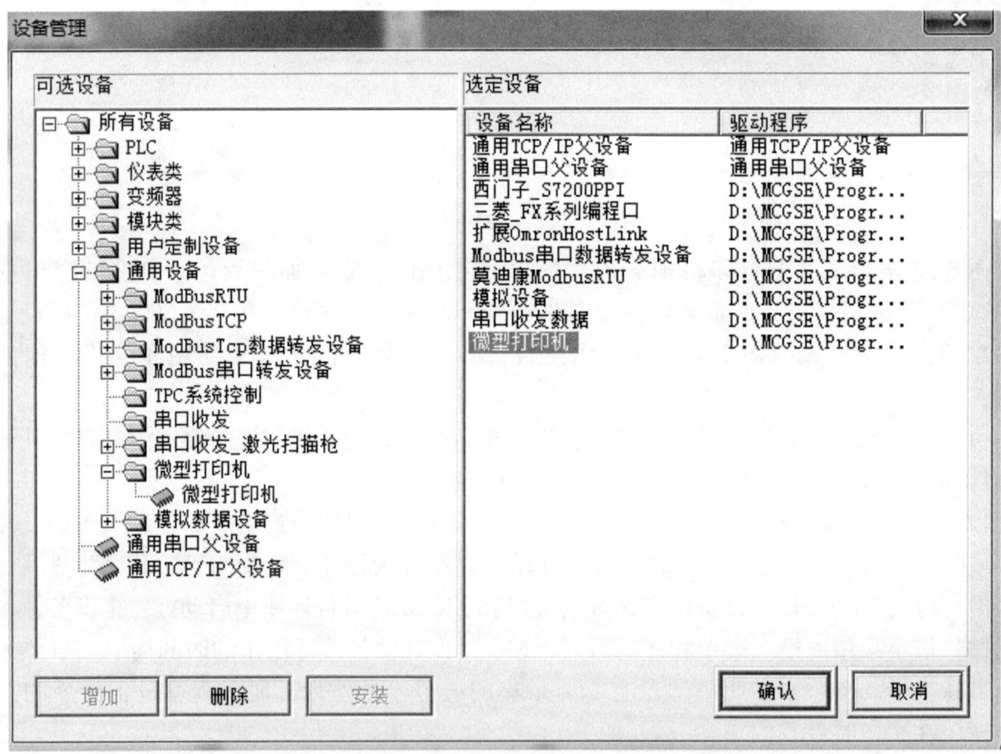

图 6-10　增添微型打印机后设备管理窗口图

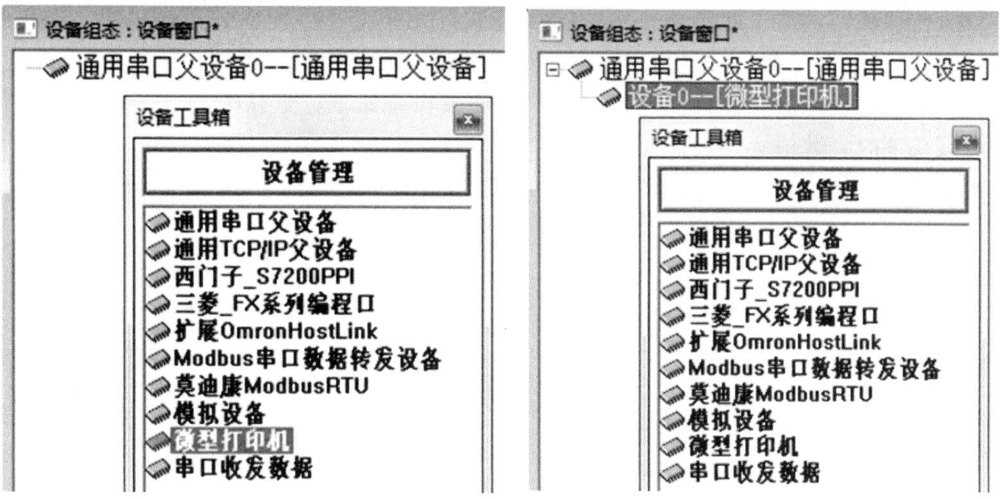

图 6-11　增添微型打印机设备前后设备窗口对比图

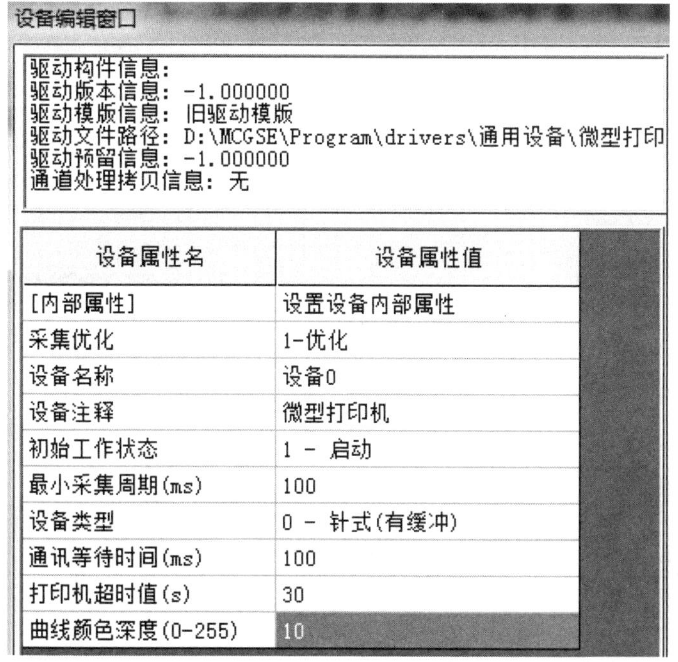

设备属性名	设备属性值
[内部属性]	设置设备内部属性
采集优化	1-优化
设备名称	设备0
设备注释	微型打印机
初始工作状态	1 - 启动
最小采集周期(ms)	100
设备类型	0 - 针式(有缓冲)
通讯等待时间(ms)	100
打印机超时值(s)	30
曲线颜色深度(0-255)	10

图 6-12　微型打印机设备编辑窗口图

为 240 个。

1-针式（无缓冲）：主要适用于行点数不超过 255，不带缓冲区的打印机。每行点数为 240 个。

2-热敏：主要适用于行点数超过 255，且带有缓冲区的打印机。主要特点是打印曲线命令使用高低位格式。每行点数为 384 个。

（5）通信等待时间　设备进行一次通信的最长时间，单位为毫秒。在通信等待时间内，如果通信还没有完成，则报错。因此，建议通信时间较长的设备，通信等待时间可设长一点，默认为 200ms。打印机为了降低成本，内部芯片较老，速度慢，所以等待时间要长一些。

(6) 打印机超时值 此属性只适用于1-针式（无缓冲）打印机，单位为秒。如果打印机执行单次打印的时间超过此值，通信状态将返回失败。

(7) 曲线颜色深度 此属性只适用于打印曲线设备命令，默认值为10。在触摸屏使用打印曲线功能时，此值建议设置为60。

本设备构件提供设备命令，用于对打印机设备进行相应的打印操作，设备命令的格式见表6-4。

表6-4 设备命令格式

设备命令	命令格式及参数意义	命令举例
设置命令 Set	Set(McgsData,Par1,Par2…) McgsData——字符型变量，表示格式设置的类别，该变量中的值将发送到打印机进行设置 Par1,Par2…——数值型变量，表示格式设置的参数	CmdStr="ESC Q" Data1=32 !SetDevice(设备0,6,"Set(CmdStr, Data1)") 设置西文字符设置右限为32
打印曲线命令 SaveScreen	SaveScreen(McgsData) SaveScreen(McgsData,Par1,Par2,Par3,Par4) McgsData——字符型变量，表示截图图形保存的位置，用于预览打印的图形 Par1,Par2…——数值型变量，截取需打印图形的左上角坐标及右下角坐标	!SetDevice(设备 0,6," SaveScreen(\harddisk\temp1.bmp)") 截取全屏的图形，将其保存在"\harddisk\temp1.bmp"，并打印此图形 !SetDevice(设备0,6," SaveScreen(c:\temp1.bmp,X1,Y1,X2,Y2)") 截取一块区域，左上角坐标为(X1,Y1)，右下角坐标为(X2,Y2)，将其保存在"c:\temp1.bmp"，并打印此图形
打印字符命令 Print	Print(McgsData) McgsData——字符型变量，该变量中的值将发送到打印机打印出来	Str="Printer Test\r" !SetDevice(设备0,6,"Print(Str)") 将字符"Printer Test\r"输入到打印机中打印

双击图6-3中的“自由编程打印”按钮，在弹出的脚本程序中输入下列代码。

```
* * * * * * * * * * * * * * * * * * * * * * * * * * * * * * * * * * * * * * * * * * * *
PrintStr="单位:北京科技大学能环学院热能系"+!I2Ascii(13)+!I2Ascii(10)
PrintStr=PrintStr+"联系人:张辉;"+!I2Ascii(13)+!I2Ascii(10)
PrintStr=PrintStr+"QQ:    2281480680"+!I2Ascii(13)+!I2Ascii(10)
PrintStr=PrintStr+"Email:zhanghui56@ustb.edu.cn"+!I2Ascii(13)+!I2Ascii(10)+!I2Ascii(13)+!I2Ascii(10)
!SetDevice(设备0,6,"Print(PrintStr)")
* * * * * * * * * * * * * * * * * * * * * * * * * * * * * * * * * * * * * * * * * * * *
```

第7章 万能通信之字节会话——流量测量

字节会话式串口通信是上位机与仪表通过逐字节发送与应答方式建立通信，上位机向下位机仪表发送一个字节，仪表向上位机返回一个应答字节，相当于两个人之间的一问一答；上位机继续向仪表发送字节，仪表继续返回响应，两者通过这种"会话"方式完成信息的交流。因此，逐字节会话式串口通信不遵循任何标准 Modbus 通信协议，需要用户按仪表厂家规定的指令格式进行数据校验、字节排序、数据打包、发送、延时、接收、数据解包、数据处理和超时重发等操作。编程人员一旦掌握了这种方法和技巧，可以对任何标准 Modbus 通信协议指令进行编写，而无须采用莫迪康驱动。可参考二维码视频讲解准确工作。

本章以 FS4001-200-CV-C 型号的微小流量气体质量流量传感器为例，通过分析指令格式，引导读者学会自行编程读取数据，传感器的参数如表 7-1 所示。

表 7-1　FS4001-200-CV-C 技术参数

参数	数值	单位	说明
最大流量	200	sccm	CO_2 介质
量程比	100∶1		
精度	±(1.5+0.5 FS)	%	使用前预热 1min
重复性	±0.25	%	
零点输出漂移	±30	mV	
输出漂移	±0.12	%/℃	
响应时间	4,8,16,33,65,131	ms	设置为 65ms
工作电源	8～24V DC,50mA		
通信方式	线性:RS-232/模拟 0.5～4.5V DC		RS-232
通信参数	38400,N,8,1		
最大流量压损	350	Pa	
最大工作压力	0.5	MPa	

续表

参数	数值	单位	说明
工作温度	－10～＋55	℃	
储存温度	－10～＋65	℃	
工作湿度	＜95％ RH(无结冰,无凝露)		
机械接口	可拆式软管接头		
标准校准气体	空气(20℃,101.325kPa)		
质量	15	g	

图 7-1 给出了质量流量传感器结构与接线方式，台式机具有标准 9 针串行通信接口，采用 DB-9 公头连接，根据传感器说明文档，给出具体的硬件连线方式与参数设置，如下所示：

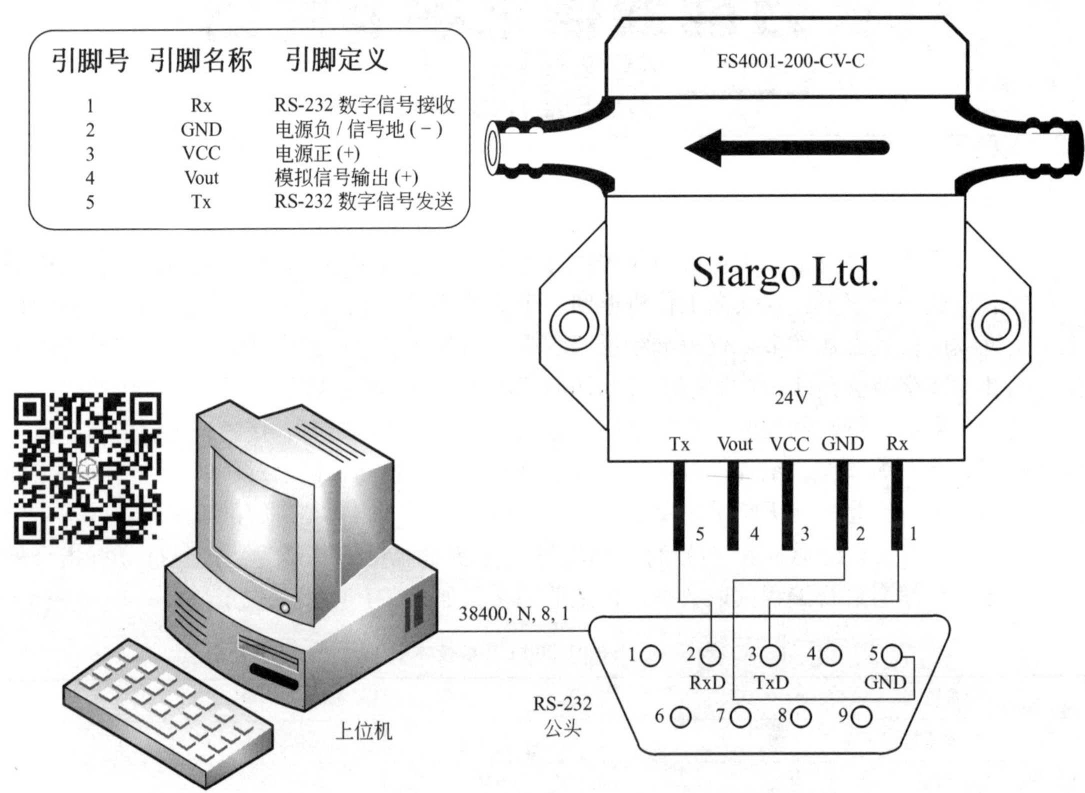

图 7-1 FS4001-200-CV-C 型微小质量流量传感器结构与接线示意图

① 台式机串行通信接口为 COM1。

② 台式机 COM1 第 5 根引脚与传感器第 4 根引脚相连；COM1 第 2 根引脚与传感器第 5 根引脚相连；COM1 第 3 根引脚与传感器第 1 根引脚相连。

③ 台式机 COM1 的通信参数设置为“38400，N，8，1”，通信波特率为 38400 Baud/s，8 个数据位，1 个停止位，无奇偶校验位。

7.1 操作模式与命令格式

该传感器具有 9 种操作模式，每种模式代表不同的功能，如图 7-2 所示。模式一可以连

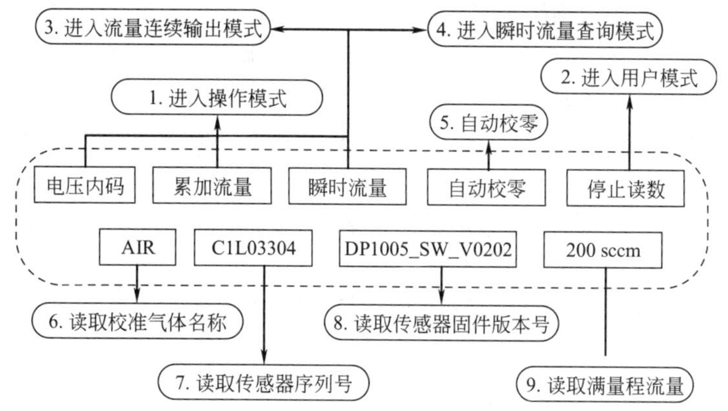

图 7-2 FS4001-200-CV-C 型微小质量流量传感器操作模式示意图

续读取传感器的瞬时流量、累积流量和对应瞬时流量的模拟电压内码值；模式二停止从传感器读取数据；模式三、模式四读取的是瞬时流量值，模式三是连续读取，模式四是查询读取，即在需要的时候发指令读取；模式五是对零点的校准，当气体不流经传感器时，流量为零，此时可以进行零点的校正；模式六、七和八分别是读取校准气体名称、传感器序列号和固件版本号；模式九读取传感器的满量程。

(1) 进入操作模式

① 上位机通过 RS-232 向传感器发送一个字节 0x9D。
② 传感器向上位机发送字节 0x9D。
③ 上位机通过 RS-232 向传感器发送一个字节 0x54。
④ 传感器向上位机发送字节 0x54。
⑤ 传感器进入操作模式。

返回字符串： IN OPERATION MODE… \ n \ r。

每隔 200ms 返回一组数据： V=vvvvvv \ nF= ffffffff \ nA=0 \ n； \ n；

V=vvvvvv 电压内码值；
F=ffffffff 瞬时注量（相当于 fffff. fff sccm）；
A=0 总流量。

(2) 进入用户模式

① 上位机通过 RS-232 向传感器发送一个字节 0x9D。
② 传感器向上位机发送字节 0x9D。
③ 上位机通过 RS-232 向传感器发送一个字节 0x00。
④ 传感器向上位机发送字节 0x00。
⑤ 传感器进入用户模式。

返回字符串： IN USER MODE… \ n \ r。

传感器停止发送数据。

(3) 进入流量连续输出模式

① 上位机通过 RS-232 向传感器发送一个字节 0x9D。
② 传感器向上位机发送字节 0x9D。
③ 上位机通过 RS-232 向传感器发送一个字节 0x56。
④ 传感器向上位机发送字节 0x56。

⑤ 传感器进入流量连续输出模式。

返回字符串：　　　　　　　　IN CUSTOMER MODE… \ n \ r。

每隔 200ms 返回一组数据：　　F=fffffff \ n； \ n；

F=fffffff　　瞬时注量（相当于 fffff. fff sccm）。

(4) 进入瞬时流量查询模式

① 上位机通过 RS-232 向传感器发送一个字节 0x9D。

② 传感器向上位机发送字节 0x9D。

③ 上位机通过 RS-232 向传感器发送一个字节 0x55。

④ 传感器向上位机发送字节 0x55。

⑤ 传感器立即从 RS-232 返回字符串。

返回字符串：fffffff　IN USER MODE… \ n \ r。

fffffff 代表瞬时流量，相当于 fffff. fff sccm。

IN USER MODE 代表进入用户模式。

(5) 自动校零

① 保证传感器管道中没有气体流动。

② 上位机通过 RS-232 向传感器发送一个字节 0x9D。

③ 传感器向上位机发送字节 0x9D。

④ 上位机通过 RS-232 向传感器发送一个字节 0xEE。

⑤ 传感器向上位机发送字节 0xEE。

⑥ 上位机通过 RS-232 向传感器发送一个字节 0x55。

⑦ 传感器向上位机发送字节 0x55。

⑧ 传感器将执行自动校零操作（执行时间小于 10ms），并且不会返回任何信息。

(6) 读取校准气体名称

① 上位机通过 RS-232 向传感器发送一个字节 0x9D。

② 传感器向上位机发送字节 0x9D。

③ 上位机通过 RS-232 向传感器发送一个字节 0x93。

④ 传感器向上位机发送字节 0x93。

⑤ 传感器返回由若干个 ASCII 字符组成的传感器信息，如下所示：

Copyright (C) 2004-2015，Siargo Inc. All Rights Reserved.

Firmware Version：DP1005 _ SW _ V0202

Series Numbers： * * C1L03304 * *

MICRO _ VOLT PER INDEX=156

DATA COMPRESSION RATE=8

DATA SIZE=96000

The below parameters are internal used only.

Calibration Gas：AIR

FilterDepth：8

ResponseTime：　65

GDCF：　670

Offset：　32881

MaxVout： 4500
MinVout： 500
MaxFlow： 200
MinFlow： 0
DAC0VOut0： 683
DAC0VOut1： 2694
IN USER MODE…

上述内容为返回的所有信息，其中：

Calibration Gas：AIR

这一行表示的是校准所使用的气体为空气。

(7) 读取传感器序列号

① 上位机通过 RS-232 向传感器发送一个字节 0x9D。

② 传感器向上位机发送字节 0x9D。

③ 上位机通过 RS-232 向传感器发送一个字节 0x92。

④ 传感器向上位机发送字节 0x92。

⑤ 传感器返回由若干个 ASCII 字符组成的传感器信息，如下所示：

Copyright (C) 2004-2015, Siargo Inc. All Rights Reserved.
Firmware Version：DP1005 _ SW _ V0202
Series Numbers： * * C1L03304 * *
MICRO _ VOLT PER INDEX=156
DATA COMPRESSION RATE=8
DATA SIZE=96000
The below parameters are internal used only.
Calibration Gas：AIR
FilterDepth：8
ResponseTime： 65
GDCF： 670
Offset： 32881
MaxVout： 4500
MinVout： 500
MaxFlow： 200
MinFlow： 0
DAC0VOut0： 683
DAC0VOut1： 2694
IN USER MODE…

上述内容为返回的所有信息，其中：

Series Numbers： * * C1L03304 * *

这一行表示的是传感器的序列号。

(8) 读取传感器固件版本号

① 上位机通过 RS-232 向传感器发送一个字节 0x9D。

② 传感器向上位机发送字节 0x9D。

③ 上位机通过 RS-232 向传感器发送一个字节 0xFD。

④ 传感器向上位机发送字节 0xFD。

⑤ 传感器返回由若干个 ASCII 字符组成的传感器信息，如下所示：

Copyright (C) 2004-2015，Siargo Inc. All Rights Reserved.

Firmware Version：DP1005 _ SW _ V0202

Series Numbers：* * C1L03304 * *

MICRO _ VOLT PER INDEX=156

DATA COMPRESSION RATE=8

DATA SIZE=96000

The below parameters are internal used only.

Calibration Gas：AIR

FilterDepth：8

ResponseTime： 65

GDCF： 670

Offset： 32881

MaxVout： 4500

MinVout： 500

MaxFlow： 200

MinFlow： 0

DAC0VOut0： 683

DAC0VOut1： 2694

IN USER MODE…

上述内容为返回的所有信息，其中：

Firmware Version：DP1005 _ SW _ V0202

这一行表示的是传感器固件的版本号。

(9) 读取满量程流量

① 上位机通过 RS-232 向传感器发送一个字节 0x9D。

② 传感器向上位机发送字节 0x9D。

③ 上位机通过 RS-232 向传感器发送一个字节 0x59。

④ 传感器向上位机发送字节 0x59。

⑤ 上位机通过 RS-232 向传感器发送一个字节 0x00。

⑥ 传感器向上位机发送字节 HH（表示高字节）。

⑦ 上位机通过 RS-232 向传感器发送一个字节 0x00。

⑧ 传感器向上位机发送字节 MM（表示次高字节）。

⑨ 上位机通过 RS-232 向传感器发送一个字节 0x00。

⑩ 传感器向上位机发送字节 LL（表示低字节）。

HH 代表满量程流量的最高字节，MM 代表满量程流量的次高字节，LL 代表满量程流量的最低字节。满量程流量的计算公式如下：

Fullscale=(HH×65536)+(MM×256)+LL

单位为 0.001 sccm。

例如：HH=0x03，MM=0x0D，LL=0x40，则

Fullscale=(0x03×65536)+(0x0D×256)+0x40=200.000 sccm。

7.2 变量组态与窗口组态

本节采用脚本编程，没有用到设备驱动，“设备窗口”所有的信息传递均发生在“实时数据库”与“用户窗口”和“运行策略”之间。变量是要传递信息的携带单元，用户窗口中的构件是人机交互的接口，运行策略是控制程序运行的管理者。表 7-2 列出了程序中所需要的全部变量，并对各个变量的类型进行了声明。

表 7-2 变量定义与类型

变量名称	类型			注释
AccumulationFlow		数值型		瞬时流量
AccumulationFlowStr			字符型	存储瞬时流量的字符串
BaudRate		数值型		波特率
CommNo		数值型		串口号
CountInBuffer	开关型			串口输入缓冲区的字节数
DataBit		数值型		数据位
EndPosition	开关型			在字符串中查找其他字符串时设置的尾指针
ErrorOfBaud	开关型			设置波特率发生错误
ErrorOfDataBit	开关型			设置数据位发生错误
ErrorOfParityBit	开关型			设置奇偶校验位发生错误
ErrorOfStopBit	开关型			设置停止位发生错误
FirmWare			字符型	传感器固件版本号
FirmWareStr			字符型	含有传感器固件版本号的字符串
Flag	开关型			遇到回车换行的标志
FullScale		数值型		传感器的满量程
Gas			字符型	校准气体名称
GasStr			字符型	含有校准气体名称的字符串
HH	开关型			满量程的高字节
I		数值型		循环中使用的计数变量
InstantaneousFlow		数值型		瞬时流量值
InstantaneousFlowStr			字符型	含有瞬时流量值的字符串
LenOfString	开关型			所处理字符串的长度
LL	开关型			满量程的低字节
MM	开关型			满量程的中字节
Mode	开关型			传感器的操作模式
ParityBit		数值型		奇偶校验位
SerialNo			字符型	传感器的序列号

续表

变量名称	类型			注释
SerialNoStr			字符型	含有传感器序列号的字符串
StartPosition	开关型			在字符串中查找其他字符串时设置的首指针
StopBit		数值型		停止位
Str1			字符型	临时字符串，用于处理一行数据
TempNumber	开关型			从串口读入字节时，要临时存储数据用的变量
TempStr			字符型	读上来的字符串存放的变量
UserMode			字符型	存储用户模式的字符串
Voltage		数值型		电压内码值
VoltageStr			字符型	存放电压内码值的字符串

图 7-3 给出了程序界面设计图。左上角为串口参数设置区，输入端口号、通信波特率、数据位、停止位和奇偶校验位等参数，点击“设置”按钮完成串口参数的写入。左边一列为不同操作模式对应的命令按钮，例如：点击“1. 操作模式”按钮即可执行发送“进入操作模式”指令字节；中间空白区域用于显示返回信息，方便用户观察；右边为自由表格，统计了各个模式对应的指令及功能，“数值”一列是通信返回值。自由表格节省了窗口的空间，能够清楚地表达各条指令的运行结果。可参考二维码视频讲解。

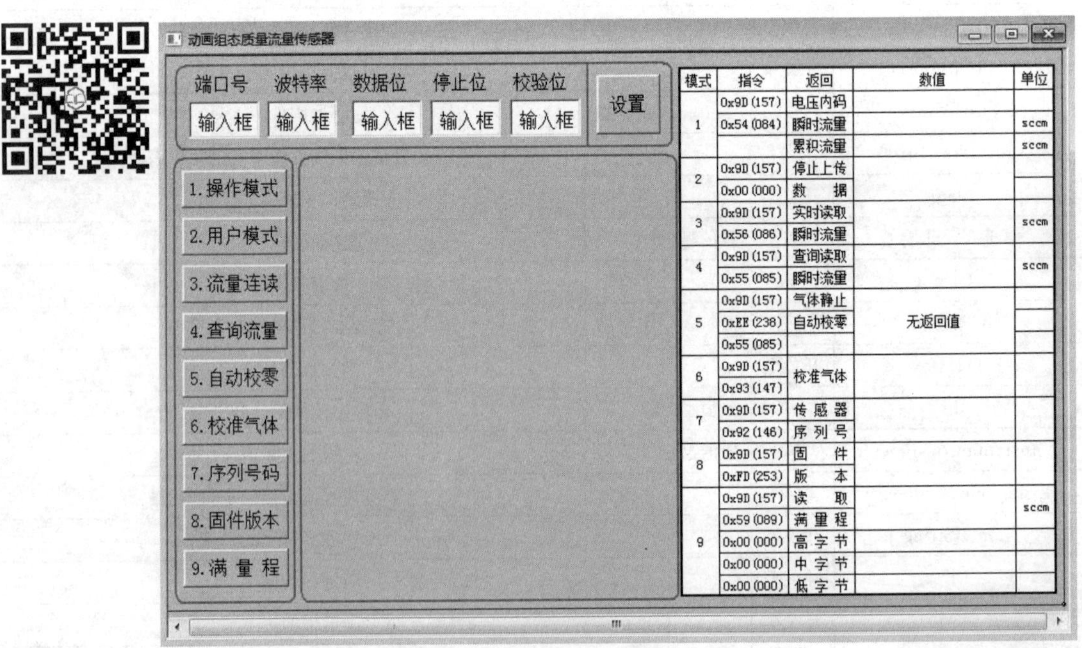

图 7-3 窗体组态界面设计图

在编辑状态下，双击自由表格，弹出如图 7-4 所示左图，出现了行号与列号，点击鼠标

1	模式	指令	返回	数值	单位
2	1	0x9D (157)	电压内码		
3		0x54 (084)	瞬时流量		sccm
4			累积流量		sccm
5	2	0x9D (157)	停止上传		
6		0x00 (000)	数　据		
7	3	0x9D (157)	实时读取		sccm
8		0x56 (086)	瞬时流量		
9	4	0x9D (157)	查询读取		sccm
10		0x55 (085)	瞬时流量		
11	5	0x9D (157)	气体静止		
12		0xEE (238)	自动校零	无返回值	
13		0x55 (085)			
14	6	0x9D (157)	校准气体		
15		0x93 (147)			
16	7	0x9D (157)	传 感 器		
17		0x92 (146)	序 列 号		
18	8	0x9D (157)	固　件		
19		0xFD (253)	版　本		
20	9	0x9D (157)	读　取		sccm
21		0x59 (089)	满 量 程		
22		0x00 (000)	高 字 节		
23		0x00 (000)	中 字 节		
24		0x00 (000)	低 字 节		

1*					
2*				Voltage	
3*				InstantaneousFlow	
4*				AccumulationFlow	
5*				UserMode	
6*					
7*				InstantaneousFlow	
8*					
9*				InstantaneousFlow	
10*					
11*					
12*					
13*					
14*				Gas	
15*					
16*				SerialNo	
17*					
18*				Firmware	
19*					
20*				FullScale	
21*					
22*				HH	
23*				MM	
24*				LL	

图 7-4　自由表格内各单元与变量关联示意图

变量选择

变量选择方式
◉ 从数据中心选择|自定义　○ 根据采集信息生成　确认　退出

根据设备信息连接
选择通讯端口　通道类型　数据类型
选择采集设备　通道地址　读写类型

从数据中心选择
选择变量　☑ 数值型　☑ 开关型　☑ 字符型　☑ 事件型　☐ 组对象　☑ 内部对象

对象名	对象类型
$Date	字符型
$Day	数值型
$Hour	数值型
$Minute	数值型
$Month	数值型
$PageNum	数值型
$RunTime	数值型
$Second	数值型
$Time	字符型
$Timer	数值型
$UserName	字符型
$Week	数值型
$Year	数值型
AccumulationFlow	数值型
AccumulationFlowStr	字符型
BaudRate	数值型
CommNo	数值型
CountInBuffer	开关型
DataBit	数值型
EndPosition	开关型
ErrorOfBaud	开关型
ErrorOfDataBit	开关型
ErrorOfParityBit	开关型
ErrorOfStopBit	开关型
Firmware	字符型
FirmWareStr	字符型
Flag	开关型
FullScale	数值型
Gas	字符型
GasStr	字符型

图 7-5　变量选择界面

右键后，开发者可以进行增加行列、删除行列等操作。点击右键后如果选择“连接［L］”选项，出现表格中各个单元格与变量的关联图，再点击鼠标右键，弹出图 7-5 所示的变量选择界面，从中挑选要关联的变量，这样，自由表格中的单元格与所选择的变量关联在一起，

变量值发生变化，单元格内容也相应发生变化。从图 7-4 中右图可以看出各个已关联的变量，单元格的宽度与高度可以通过调整左边与上边的阴影线来实现，将鼠标移至灰色边框处，会出现“十”字鼠标，开发人员可以自行调整，也可以利用工具栏中的“行等高”与“列等宽”按钮实现整体表格高度与宽度的调节。自由表格中也可以实现行与列的合并与拆分。如果删除单元格内的关联变量，则单元格与变量的关联也将终止。可参考二维码视频讲解。

7.3 数据解析

每种操作模式执行后，传感器返回特定的字符串，根据字符串的特点，将其中有用的部分裁剪出来，赋值给已定义的相关变量，这就是对字符串结构的分析与数据解包过程。数据解析需要了解返回字符串的某些特征，如字符串的长度、有规律性的分隔符、回车与换行出现的位置、空格的多少等等。

7.3.1 串口参数设置

串口参数设置是自由通信中必然要运用的环节，通过函数设定串口通信的波特率、数据位、停止位和奇偶校验位。在设定每个参数时，如果发生错误，需要通过蜂鸣提醒用户发生了故障，然后程序直接退出，详尽脚本代码如下所示：

＊＊

```
CommNo.SaveDataInitValue( )
BaudRate.SaveDataInitValue( )
DataBit.SaveDataInitValue( )
StopBit.SaveDataInitValue( )
ParityBit.SaveDataInitValue( )
'刷新到磁盘上
!FlushDataInitValueToDisk( )

'设定波特率
ErrorOfBaud=!SetSerialBaud(CommNo,BaudRate)
IF ErrorOfBaud<>0 THEN
    !beep()
    EXIT
ENDIF

'设定数据位
ErrorOfDataBit=!SetSerialDataBit(CommNo,DataBit)
IF ErrorOfDataBit<>0 THEN
    !beep()
    EXIT
```

```
ENDIF

'设定停止位
ErrorOfStopBit=!SetSerialStopBit(CommNo,StopBit)
IF ErrorOfStopBit<>0 THEN
    !beep()
    EXIT
ENDIF

'设定校验位
ErrorOfParityBit=!SetSerialParityBit(CommNo,ParityBit)
IF ErrorOfParityBit<>0 THEN
    !beep()
    EXIT
ENDIF
```

* *

7.3.2　进入操作模式

“进入操作模式”是不停地从传感器读取数据，包括电压内码值、瞬时流量和累积流量，如图 7-6 所示，其数据格式为：

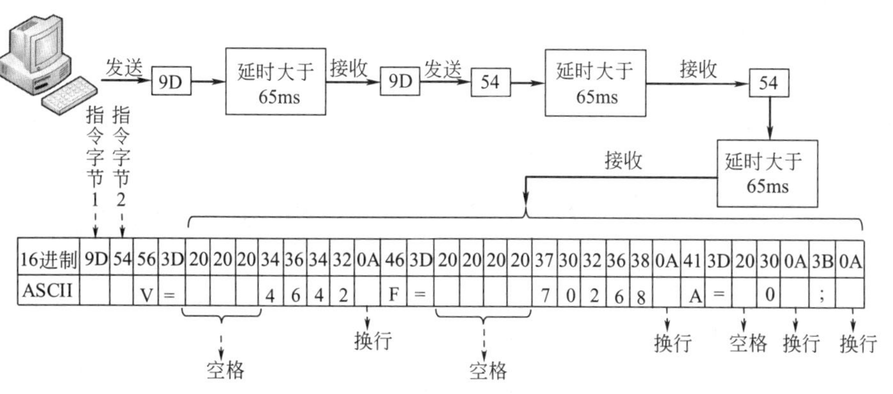

图 7-6　进入操作模式时主机接收到的字节序列解析示意图

V=　vvvvvv \ nF=　ffffffff \ nA=　0 \ n

① “V=”后面是一个空格，紧跟着 6 个表示电压内码值的数字，如果电压内码值不足 6 位，则前面用空格补齐，数字后面是换行符。

② “F=”后面是一个空格，紧跟着 8 个表示瞬时流量的数字，如果流量值不足 8 位，则前面用空格补齐，数字后面是换行符。

③ “A=”后面是一个空格，紧跟着 1 个表示累积流量的数字，接着是换行符。

④ 后面紧跟着分号，最后又出现一个换行符。

数据采集实例如图 7-7 所示，操作模式是连续读取数据的过程，数据从传感器上传到上

位机串口输入缓冲区，脚本程序通过读取串口缓冲区将字节数据取走，如果传感器一开始已经处于连续读取模式，则数据会不停地传至输入缓冲区，当用户开始读数据时，在输入缓冲区已经堆放着过去一段时间内的数据。因此，读上来的数据是早期的字节，而不是当时的数据，这就需要在用户读的时候，先清空输入缓冲区，再接收数据，此时的数才是“新鲜”的。为了能够连续读取，需要使用循环策略。循环策略是每隔一定时间操作一次，类似于定时器，时间到，触发一次，执行一次脚本程序，可是，当传感器设置在其他模式时，不需要连续读取，造成两者之间的矛盾。为了解决这一状况，设计一个变量“Mode”，只有当“Mode”变量为 1 和 3 时，即处于“进入操作模式”和“进入流量连续输出模式”时，需要执行循环策略的脚本。详细代码如下所示：

＊＊

```
    Mode=1'设置工作模式,用于循环策略中的条件选择

    '将串口输入缓冲区的字节全部读出来,清空缓冲区,这是对过去读上来的数据的清空
操作
    CountInBuffer=!GetSerialReadBufferSize(CommNo)
    I=1
    While I<=CountInBuffer
        TempNumber=!ReadSerial(CommNo)
        I=I+1
    EndWhile
    TempNumber=0

    '发送"进入操作模式"指令
    !WriteSerial(CommNo,157)
    !Sleep(100)
    !ReadSerial(CommNo)'从输入缓冲区中读取返回控制字节 0x9D(157),后续数据字节
前移

    !WriteSerial(CommNo,84)
    !Sleep(100)
    !ReadSerial(CommNo)'从输入缓冲区中读取返回控制字节 0x54(84),后续数据字节
前移
```

＊＊

7.3.3 进入用户模式

这种模式数据传输过程如图 7-7 所示，主机向传感器发送 16 进制数 9D 与 00，每发送一个字节，要等待传感器返回，然后发送下一字节，当 00 字节返回后，紧跟着返回字符串：

IN USER MODE……换行 回车

该字符串表明进入了用户模式，传感器停止向主机发送任何数据，这种模式相当于中断

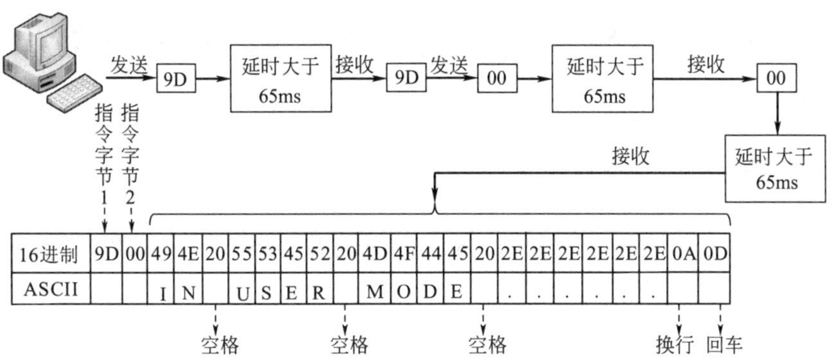

图 7-7 进入用户模式时主机接收到的字节序列解析示意图

了传感器的数据传输，即停止上传数据。

点击“2.用户模式”按钮，执行下述脚本程序。

* *

```
    Mode=2'将 Mode 变量设为模式 2,以便有条件地执行循环策略中的脚本代码

    '先进入用户模式,停止传感器向上位机传送数据,否则传感器会不停地向串口输入缓
冲区放数据
    !WriteSerial(CommNo,157)
    !Sleep(100)

    !WriteSerial(CommNo,00)
    !Sleep(100)
    '将串口输入缓冲区的字节全部读出来,清空缓冲区
    CountInBuffer=!GetSerialReadBufferSize(CommNo)
    I=1
    While I<=CountInBuffer
        TempNumber=!ReadSerial(CommNo)
        I=I+1
    EndWhile
    TempNumber=0

    '发送"进入用户模式"指令
    !WriteSerial(CommNo,157)
    !Sleep(100)
    !ReadSerial(CommNo)'从输入缓冲区中读取返回控制字节 0x9D(157),后续数据字节
前移

    !WriteSerial(CommNo,00)
    !Sleep(100)
```

```
    !ReadSerial(CommNo)'从输入缓冲区中读取返回控制字节 0x00(00),后续数据字节
前移

    !Sleep(2000)'等待一定时间,接收传感器上传的数据

    CountInBuffer=!GetSerialReadBufferSize(CommNo)'读串口输入缓冲区的字节数
    TempStr=""
    Str1=""
    I=1
    Flag=0
    While I<=CountInBuffer
        TempNumber=!ReadSerial(CommNo)'逐一从串口输入缓冲区读入字节
        IF ((TempNumber=13 or TempNumber=10)and Flag=0)THEN'判断第一次
出现回车换行
            TempStr=TempStr+Str1+!I2ASCII(13)+!I2ASCII(10)'将回车前的字符
串存到变量中
            Str1=""
            Flag=1
            I=I+1
        ELSE
            IF ((TempNumber=13 or TempNumber=10)and Flag=1)THEN
                Flag=1  '对连续出现的回车换行不做处理
                I=I+1
            ELSE
                Str1=Str1+!I2ASCII(TempNumber)
                Flag=0'对正常字符进行累加操作
                I=I+1
            ENDIF
        ENDIF
    EndWhile

    UserMode=TempStr'把从传感器读上来的字符串放到 UserMode 字符型变量中,
TempStr 属于共用
```

* *

7.3.4 进入流量连续输出模式

流量连续输出模式是不停地从传感器读取瞬时流量，如图 7-8 所示，其数据格式为：

F= ffffffff \n; \n

“F=”后面是一个空格，紧跟着 8 个表示瞬时流量的数字，如果流量值不足 8 位，则

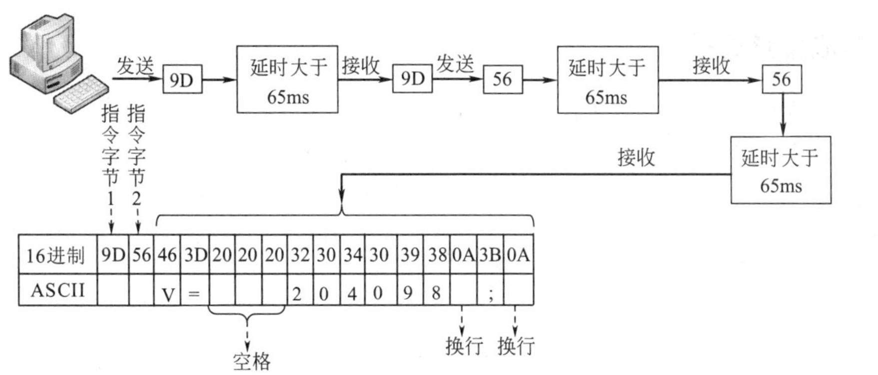

图 7-8　进入流量连续输出模式时主机接收到的字节序列解析示意图

前面用空格补齐，数字后面是换行符，接着是分号，最后又是换行符。

点击“3.流量连读”按钮，执行下述脚本程序，由于流量需要连续读出，下面的代码仅是向传感器发出了字节指令，连续读取数据由循环策略完成，在循环策略中根据“Mode”的值判断是否执行连续读取数据脚本。

＊＊

```
Mode=3'设置工作模式,用于循环策略中的条件选择，启动循环策略要执行的条件

'将串口输入缓冲区的字节全部读出来，清空缓冲区，对过去读上来的数据进行清空操作
CountInBuffer=!GetSerialReadBufferSize(CommNo)
I=1
While I<=CountInBuffer
    TempNumber=!ReadSerial(CommNo)'从输入缓冲区读取一个字节，这个字节同时从缓冲区消失
    I=I+1
EndWhile
TempNumber=0

'发送"进入流量连续输出模式"指令
!WriteSerial(CommNo,157)
!Sleep(100)
!ReadSerial(CommNo)'从输入缓冲区中读取返回控制字节 0x9D(157)，后续数据字节前移

!WriteSerial(CommNo,86)
!Sleep(100)
!ReadSerial(CommNo)'从输入缓冲区中读取返回控制字节 0x56(86)，后续数据字节前移
```

＊＊

7.3.5 进入瞬时流量查询模式

"进入瞬时流量查询模式"是向传感器发送查询指令字节"9D 55"，传感器返回"9D 55"后，紧接着继续返回瞬时流量的值，如图 7-9 所示，其数据格式为：

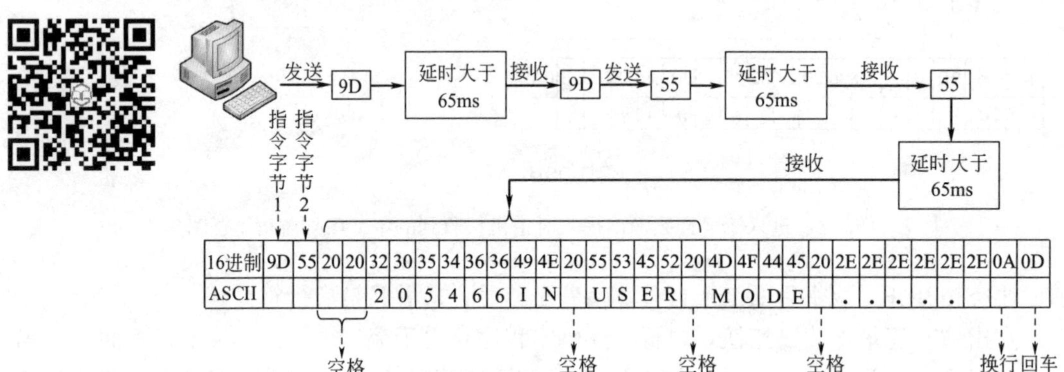

图 7-9 进入瞬时流量查询模式时主机接收到的字节序列解析示意图

ffffffffIN USER MODE 空格……换行 回车

"ffffffff"这 8 个数表示瞬时流量值，不足 8 位时前端用空格补齐，然后是"IN USER MODE"字符串，后面紧跟一个空格，接着是 6 个小数点，最后以换行符和回车符结尾。

点击"4.查询流量"按钮，执行下述脚本程序，这段代码首先要禁止连续显示。因此，前面的代码是要通过发送"进入用户模式"指令停止连续读取数据的状态，然后发送查询指令。

* *

```
Mode=4

'先进入用户模式，停止传感器向上位机传送数据
!WriteSerial(CommNo,157)
!Sleep(100)

!WriteSerial(CommNo,00)
!Sleep(100)
'将串口输入缓冲区的字节全部读出来，清空缓冲区
CountInBuffer=!GetSerialReadBufferSize(CommNo)
I=1
While I<=CountInBuffer
    TempNumber=!ReadSerial(CommNo)
    I=I+1
EndWhile
TempNumber=0
'发送"进入瞬时流量查询模式"指令
!WriteSerial(CommNo,157)
!Sleep(100)
!ReadSerial(CommNo)
```

```
!WriteSerial(CommNo,85)
!Sleep(100)
!ReadSerial(CommNo)

!Sleep(2000)

CountInBuffer=!GetSerialReadBufferSize(CommNo)
TempStr=""
Str1=""
I=1
Flag=0
While I<=CountInBuffer
    TempNumber=!ReadSerial(CommNo)
    IF ((TempNumber=13 or TempNumber=10)and Flag=0)THEN
        TempStr=TempStr+Str1+!I2ASCII(13)+!I2ASCII(10)
        Str1=""
        Flag=1
        I=I+1
    ELSE
        IF ((TempNumber=13 or TempNumber=10)and Flag=1)THEN
            Flag=1
            I=I+1
        ELSE
            Str1=Str1+!I2ASCII(TempNumber)
            Flag=0
            I=I+1
        ENDIF
    ENDIF
EndWhile

EndPosition=!inStr(1,TempStr,"IN USER MODE")
InstantaneousFlowStr=!Left(TempStr,!Len(TempStr)-EndPosition)
InstantaneousFlow=!val(InstantaneousFlowStr)/1000'除以 1000 获得以 sccm 为单位的流量值
```

* *

7.3.6 自动校零

“自动校零”模式主机与传感器之间只有指令发送与指令响应操作，如图 7-10 所示，主机向传感器发送“9D”字节，然后等待一段时间，时间长度大于 65ms，然后接收传感器返

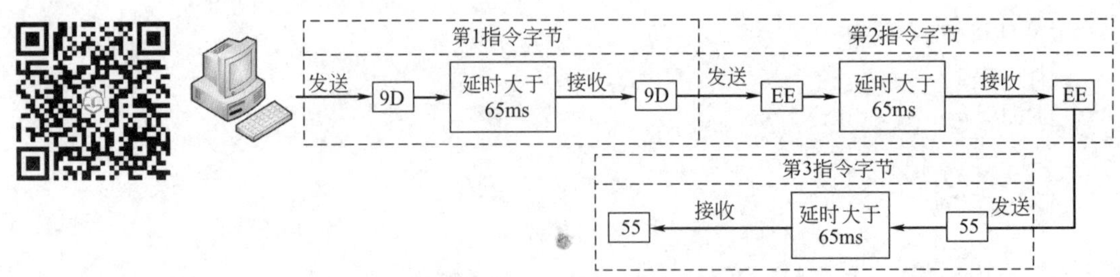

图 7-10 自动校零模式主机接收到的字节序列解析示意图

回的“9D”字节；再继续发送“EE”字节，接收“EE”字节；发送“55”字节，接收“55”字节。

点击“5.校准气体”按钮，执行下述脚本程序。自动校零模式没有测量数据的接收，在发送指令字节前先要停掉数据上传功能，此时需要执行一下“进入用户模式”指令，然后清空串口的输入缓冲区，再发送“自动校零”字节指令。

* *

```
Mode=5

'先进入用户模式，停止传感器向上位机传送数据
!WriteSerial(CommNo,157)
!Sleep(100)

!WriteSerial(CommNo,00)
!Sleep(100)
'将串口输入缓冲区的字节全部读出来，清空缓冲区
CountInBuffer=!GetSerialReadBufferSize(CommNo)
I=1
While I<=CountInBuffer
    TempNumber=!ReadSerial(CommNo)
    I=I+1
EndWhile
TempNumber=0

'发送"自动校零"指令
!WriteSerial(CommNo,157)
!Sleep(100)
!ReadSerial(CommNo)

!WriteSerial(CommNo,238)
!Sleep(100)
!ReadSerial(CommNo)
```

```
!WriteSerial(CommNo,85)
!Sleep(100)
!ReadSerial(CommNo)
```

* *

7.3.7　读传感器信息

读传感器信息包括读取校准气体名称、读取传感器序列号和读取传感器固件版本号，读取校准气体名称指令字节为“9D 93”；读取传感器序列号指令字节为“9D 92”；读取传感器固件版本号指令字节为“9D FD”。三种读取传感器信息指令虽然不同，但返回的字符串是一样的，如图 7-11 所示。固件版本号字符串以“0A 0D 0A 0D”结尾，序列号以“0A 0D 0A 0D”结尾，校准气体名称以“0D 0A 0D”结尾，为了分辨每一行，脚本程序将“0A”和“0D”按行结尾进行处理，第一次遇到这两个字符的任何一个都认为是行结尾，之后遇到的将其转化为空格。可参考二维码视频讲解。

潽 Copyright (C) 2004-2015, Siargo Inc. All Rights Reserved.

Firmware Version: DP1005_SW_V0202

Series Numbers: **C1L03304**

MICRO_VOLT PER INDEX = 156
DATA COMPRESSION RATE = 8
DATA SIZE = 96000
The below parameters are internal used only.
Calibration Gas: AIR
FilterDepth: 8
ResponseTime: 65
GDCF: 670
Offset: 32931
MaxVout: 4500
MinVout: 500
MaxFlow: 200
MinFlow: 0
DAC0VOut0: 683
DAC0VOut1: 2694
IN USER MODE ......

9D 93 20 43 6F 70 79 72 69 67 68 74 20 28 43 29 20 32 30 30 34 2D 32 30 31 35 2C 20 53 69 61 72 67 6F 20 49 6E 63 2E 20 41 6C 6C 20 52 69 67 68 74 73 20 52 65 73 65 72 76 65 64 2E 0D 0A 0D **20 46 69 72 6D 77 61 72 65 20 56 65 72 73 69 6F 6E 3A 20 44 50 31 30 30 35 5F 53 57 5F 56 30 32 30 32 0A 0D 0A 0D** **20 53 65 72 69 65 73 20 4E 75 6D 62 65 72 73 3A 20 2A 2A 43 31 4C 30 33 33 30 34 2A 2A 0A 0D 0A 0D** 20 4D 49 43 52 4F 5F 56 4F 4C 54 20 50 45 52 20 49 4E 44 45 58 20 3D 20 31 35 36 0D 0A 0D 20 44 41 54 41 20 43 4F 4D 50 52 45 53 53 49 4F 4E 20 52 41 54 45 20 3D 20 38 0D 0A 0D 20 44 41 54 41 20 53 49 5A 45 20 3D 20 39 36 30 30 30 0D 0A 0D 20 54 68 65 20 62 65 6C 6F 77 20 70 61 72 61 6D 65 74 65 72 73 20 61 72 65 20 69 6E 74 65 72 6E 61 6C 20 75 73 65 64 20 6F 6E 6C 79 2E 0D 0A 0D **20 43 61 6C 69 62 72 61 74 69 6F 6E 20 47 61 73 3A 20 41 49 52 20 20 20 0D 0A 0D** 20 46 69 6C 74 65 72 44 65 70 74 68 3A 20 38 0D 0A 0D 20 52 65 73 70 6F 6E 73 65 54 69 6D 65 3A 20 20 36 35 0D 0A 0D 20 47 44 43 46 3A 20 20 20 20 20 20 20 20 20 36 37 30 0D 0A 0D 20 4F 66 66 73 65 74 3A 20 20 20 20 20 20 33 32 39 33 31 0D 0A 0D 20 4D 61 78 56 6F 75 74 3A 20 20 20 20 20 34 35 30 30 0D 0A 0D 20 4D 69 6E 56 6F 75 74 3A 20 20 20 20 20 20 35 30 30 0D 0A 0D 20 4D 61 78 46 6C 6F 77 3A 20 20 20 20 20 20 32 30 30 0D 0A 0D 20 4D 69 6E 46 6C 6F 77 3A 20 20 20 20 20 20 20 20 30 0D 0A 0D 20 44 41 43 30 56 4F 75 74 30 3A 20 20 20 20 20 36 38 33 0D 0A 0D 20 44 41 43 30 56 4F 75 74 31 3A 20 20 20 20 32 36 39 34 0D 0A 0D 49 4E 20 55 53 45 52 20 4D 4F 44 45 20 2E 2E 2E 2E 2E 2E 0A 0D

图 7-11　读取传感器信息时主机接收到的字节序列解析示意图

（1）读取校准气体名称　点击“6. 校准气体”按钮后执行下述代码。

* *

```
Mode=6

'先进入用户模式,停止传感器向上位机传送数据
!WriteSerial(CommNo,157)
!Sleep(100)

!WriteSerial(CommNo,00)
!Sleep(100)
```

```
'将串口输入缓冲区的字节全部读出来，清空缓冲区
CountInBuffer=!GetSerialReadBufferSize(CommNo)
I=1
While I<=CountInBuffer
    TempNumber=!ReadSerial(CommNo)
    I=I+1
EndWhile
TempNumber=0
'发送"读取校准气体名称"指令
!WriteSerial(CommNo,157)
!Sleep(100)
!ReadSerial(CommNo)

!WriteSerial(CommNo,253)
!Sleep(100)
!ReadSerial(CommNo)

!Sleep(2000)

CountInBuffer=!GetSerialReadBufferSize(CommNo)
TempStr=""
Str1=""
I=1
Flag=0
While I<=CountInBuffer
    TempNumber=!ReadSerial(CommNo)
    IF ((TempNumber=13 or TempNumber=10)and Flag=0)THEN
        TempStr=TempStr+Str1+!I2ASCII(13)+!I2ASCII(10)
        Str1=""
        Flag=1
        I=I+1
    ELSE
        IF ((TempNumber=13 or TempNumber=10)and Flag=1)THEN
            Flag=1
            I=I+1
        ELSE
            Str1=Str1+!I2ASCII(TempNumber)
            Flag=0
            I=I+1
        ENDIF
    ENDIF
```

```
EndWhile

CountInBuffer=!GetSerialReadBufferSize(CommNo)
Str1=""
I=1
Flag=0
While I<=CountInBuffer
    TempNumber=!ReadSerial(CommNo)

    IF ((TempNumber=13 or TempNumber=10)and Flag=0)THEN
        TempStr=TempStr+Str1+!I2ASCII(13)+!I2ASCII(10)
        Str1=""
        Flag=1
        I=I+1
    ELSE
        IF ((TempNumber=13 or TempNumber=10)and Flag=1)THEN
            Flag=1
            I=I+1
        ELSE
            Str1=Str1+!I2ASCII(TempNumber)
            Flag=0
            I=I+1
        ENDIF
    ENDIF

EndWhile

StartPosition=!inStr(1,TempStr,"Calibration Gas:")
GasStr=!Right(TempStr,!Len(TempStr)-StartPosition+1)
LenOfString=!Len("Calibration Gas:")
EndPosition=!instr(1,GasStr,!I2ASCII(13)+!I2ASCII(10))
Gas=!Mid(GasStr,LenOfString+1,EndPosition-LenOfString)
```

* *

(2) 读取传感器序列号 点击“7.序列号码”按钮后执行下述代码。

* *

```
Mode=7

'先进入用户模式,停止传感器向上位机传送数据
```

```
!WriteSerial(CommNo,157)
!Sleep(100)

!WriteSerial(CommNo,00)
!Sleep(100)
'将串口输入缓冲区的字节全部读出来，清空缓冲区
CountInBuffer=!GetSerialReadBufferSize(CommNo)
I=1
While I<=CountInBuffer
    TempNumber=!ReadSerial(CommNo)
    I=I+1
EndWhile
TempNumber=0
'发送"读取传感器序列号"指令
!WriteSerial(CommNo,157)
!Sleep(100)
!ReadSerial(CommNo)

!WriteSerial(CommNo,253)
!Sleep(100)
!ReadSerial(CommNo)

!Sleep(2000)

CountInBuffer=!GetSerialReadBufferSize(CommNo)
TempStr=""
Str1=""
I=1
Flag=0
While I<=CountInBuffer
    TempNumber=!ReadSerial(CommNo)
    IF ((TempNumber=13 or TempNumber=10)and Flag=0)THEN
        TempStr=TempStr+Str1+!I2ASCII(13)+!I2ASCII(10)
        Str1=""
        Flag=1
        I=I+1
    ELSE
        IF ((TempNumber=13 or TempNumber=10)and Flag=1)THEN
            Flag=1
```

```
            I=I+1
        ELSE
            Str1=Str1+!I2ASCII(TempNumber)
            Flag=0
            I=I+1
        ENDIF
    ENDIF
EndWhile

CountInBuffer=!GetSerialReadBufferSize(CommNo)
Str1=""
I=1
Flag=0
While I<=CountInBuffer
    TempNumber=!ReadSerial(CommNo)

    IF ((TempNumber=13 or TempNumber=10)and Flag=0)THEN
        TempStr=TempStr+Str1+!I2ASCII(13)+!I2ASCII(10)
        Str1=""
        Flag=1
        I=I+1
    ELSE
        IF ((TempNumber=13 or TempNumber=10)and Flag=1)THEN
            Flag=1
            I=I+1
        ELSE
            Str1=Str1+!I2ASCII(TempNumber)
            Flag=0
            I=I+1
        ENDIF
    ENDIF

EndWhile

StartPosition=!inStr(1,TempStr,"Series Numbers:")
SerialNoStr=!Right(TempStr,!Len(TempStr)-StartPosition+1)
LenOfString=!Len("Series Numbers:")
EndPosition=!instr(1,SerialNoStr,!I2ASCII(13)+!I2ASCII(10))
SerialNo=!Mid(SerialNoStr,LenOfString+1,EndPosition-LenOfString)
```

* *

(3) 读取传感器固件版本号 点击“8.固件版本”按钮后执行下述代码。

* *

```
Mode=8

'先进入用户模式，停止传感器向上位机传送数据
!WriteSerial(CommNo,157)
!Sleep(100)

!WriteSerial(CommNo,00)
!Sleep(100)
'将串口输入缓冲区的字节全部读出来，清空缓冲区
CountInBuffer=!GetSerialReadBufferSize(CommNo)
I=1
While I<=CountInBuffer
    TempNumber=!ReadSerial(CommNo)
    I=I+1
EndWhile
TempNumber=0
'发送"读传感器固件版本号"指令
!WriteSerial(CommNo,157)
!Sleep(100)
!ReadSerial(CommNo)

!WriteSerial(CommNo,253)
!Sleep(100)
!ReadSerial(CommNo)

!Sleep(2000)

CountInBuffer=!GetSerialReadBufferSize(CommNo)
TempStr=""
Str1=""
I=1
Flag=0
While I<=CountInBuffer
    TempNumber=!ReadSerial(CommNo)
    IF ((TempNumber=13 or TempNumber=10)and Flag=0)THEN
        TempStr=TempStr+Str1+!I2ASCII(13)+!I2ASCII(10)
        Str1=""
```

```
            Flag=1
            I=I+1
        ELSE
            IF ((TempNumber=13 or TempNumber=10)and Flag=1)THEN
                Flag=1
                I=I+1
            ELSE
                Str1=Str1+!I2ASCII(TempNumber)
                Flag=0
                I=I+1
            ENDIF
        ENDIF
EndWhile

CountInBuffer=!GetSerialReadBufferSize(CommNo)
Str1=""
I=1
Flag=0
While I<=CountInBuffer
    TempNumber=!ReadSerial(CommNo)

    IF ((TempNumber=13 or TempNumber=10)and Flag=0)THEN
        TempStr=TempStr+Str1+!I2ASCII(13)+!I2ASCII(10)
        Str1=""
        Flag=1
        I=I+1
    ELSE
        IF ((TempNumber=13 or TempNumber=10)and Flag=1)THEN
            Flag=1
            I=I+1
        ELSE
            Str1=Str1+!I2ASCII(TempNumber)
            Flag=0
            I=I+1
        ENDIF
    ENDIF

EndWhile

StartPosition=!inStr(1,TempStr,"Firmware Version:")
```

```
FirmWareStr=!Right(TempStr,!Len(TempStr)-StartPosition+1)
LenOfString=!Len("Firmware Version:")
EndPosition=!instr(1,FirmWareStr,!I2ASCII(13)+!I2ASCII(10))
Firmware=!Mid(FirmWareStr,LenOfString+1,EndPosition-LenOfString)
```

* *

7.3.8 读取满量程流量

“读取满量程流量”模式主机与传感器之间通过命令与响应字节完成通信控制功能，如图 7-12 所示，主机向传感器发送“9D”字节，然后等待一段时间，时间长度大于 65ms，然后接收传感器返回的“9D”字节；再继续发送“59”字节，接收“59”字节；发送“00”字节，接收“HH”字节，表示满量程的最高字节；发送“00”字节，接收“MM”字节，表示满量程的中字节；发送“00”字节，接收“LL”字节，表示满量程的最低字节。点击“9. 满量程”按钮，执行下述脚本程序。

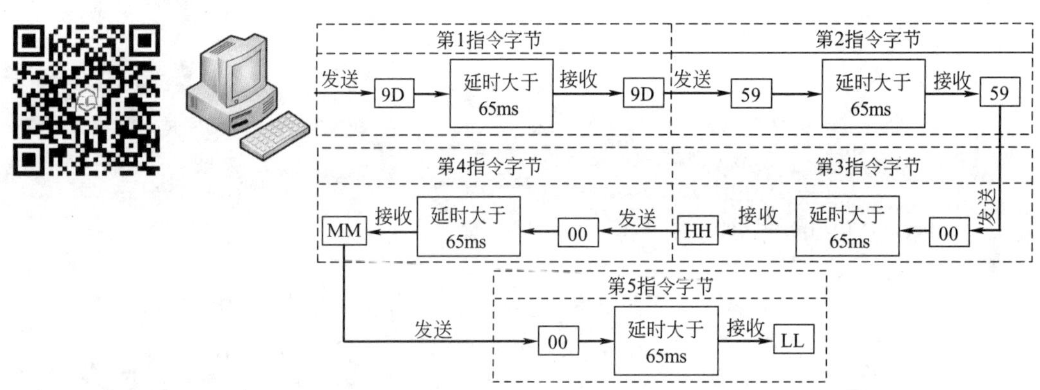

图 7-12 读取满量程流量时主机接收到的字节序列解析示意图

* *

```
Mode=9
'先进入用户模式,停止传感器向上位机传送数据
!WriteSerial(CommNo,157)
!Sleep(100)

!WriteSerial(CommNo,00)
!Sleep(100)
'将串口输入缓冲区的字节全部读出来,清空缓冲区
CountInBuffer=!GetSerialReadBufferSize(CommNo)
I=1
While I<=CountInBuffer
    TempNumber=!ReadSerial(CommNo)
    I=I+1
```

```
EndWhile
TempNumber=0

'发送"读取满量程流量"指令
!WriteSerial(CommNo,157)
!Sleep(100)
!ReadSerial(CommNo)

!WriteSerial(CommNo,89)
!Sleep(100)
!ReadSerial(CommNo)

!WriteSerial(CommNo,00)
!Sleep(100)
HH=!ReadSerial(CommNo)

!WriteSerial(CommNo,00)
!Sleep(100)
MM=!ReadSerial(CommNo)

!WriteSerial(CommNo,00)
!Sleep(100)
LL=!ReadSerial(CommNo)

FullScale=(HH*65536+MM*256+LL)/1000
```

* *

7.4 循环策略

本程序大部分代码是通过点击按钮实现的，只有模式 1 和模式 3 每隔 200ms 读取一次

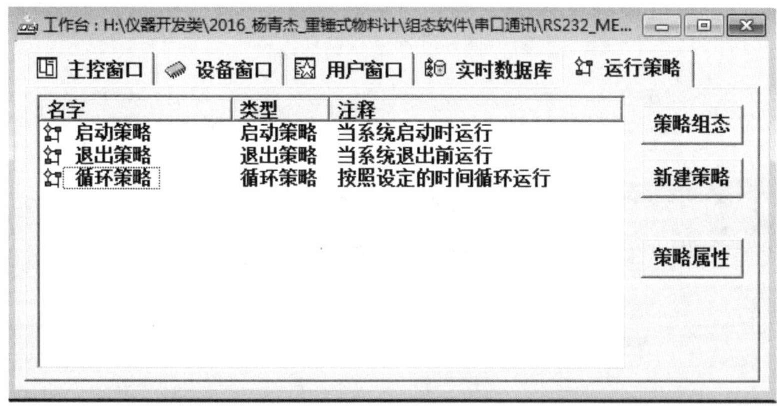

图 7-13 循环策略设计窗口

串口输入缓冲区的数据，这种读取是一种被动式读取，无论上位机读不读，传感器接到模式1和模式3的指令后，都会一直向上位机发送数据，数据会占据输入缓冲区，此时，上位机一定要清空缓冲区，然后读新进来的数据，这样才真正实现了实时读取数据，如果不清空输入缓冲区的内容，则读上来的是以前“老旧”的数据。循环策略添加在“运行策略”窗口中，如图7-13所示。

图7-14是循环策略对应的属性、条件和执行脚本设计窗口，在其属性设置中，将循环时间设为200ms，如图7-15所示，每隔200ms执行一次脚本程序中的代码。

图7-14 循环策略条件与脚本程序设计窗口

策略属性设置
循环策略属性
策略名称
循环策略
策略执行方式
定时循环执行，循环时间(ms)： 200
在指定的固定时刻执行：
1 月 1 日 0 时 0 分 0
策略内容注释
按照设定的时间循环运行
检查(K) 确认(Y) 取消(C) 帮助(H)

图7-15 循环策略属性窗口

循环策略对应脚本代码如下：

* *

```
IF ((Mode=1)OR (Mode=3))THEN
    CountInBuffer=!GetSerialReadBufferSize(CommNo)
    TempStr=""
    Str1=""
    I=1
    While I<=CountInBuffer
```

```
    TempNumber=!ReadSerial(CommNo)
    IF (TempNumber=59)THEN
        TempStr=TempStr+Str1+!I2ASCII(13)+!I2ASCII(10)
        Str1=""
        I=I+1
    ELSE
        IF (TempNumber=13 or TempNumber=10)  THEN
            Str1=Str1+!I2ASCII(32)
            I=I+1
        ELSE
            Str1=Str1+!I2ASCII(TempNumber)
            I=I+1
        ENDIF
    ENDIF
    EndWhile
    IF  Mode=1 THEN
        StartPosition=!inStr(1,TempStr,"V=")
        VoltageStr=!Right(TempStr,!Len(TempStr)-StartPosition+1)
        LenOfString=!Len("V=")
        EndPosition=!instr(1,VoltageStr,!I2ASCII(13)+!I2ASCII(10))
        Voltage=!val(!Mid(VoltageStr,LenOfString+1,EndPosition-LenOfString))

        StartPosition=!inStr(1,TempStr,"F=")
        InstantaneousFlowStr=!Right(TempStr,!Len(TempStr)-StartPosition+1)
        LenOfString=!Len("F=")
        EndPosition=!instr(1,InstantaneousFlowStr,!I2ASCII(13)+!I2ASCII(10))
  InstantaneousFlow=!val(!Mid(InstantaneousFlowStr,LenOfString+1,EndPosition-
LenOfString))/1000

        StartPosition=!inStr(1,TempStr,"A=")
        AccumulationFlowStr=!Right(TempStr,!Len(TempStr)-StartPosition+1)
        LenOfString=!Len("A=")
        EndPosition=!instr(1,AccumulationFlowStr,!I2ASCII(13)+!I2ASCII(10))
          AccumulationFlow=!val(!Mid(AccumulationFlowStr,LenOfString+1,
EndPosition-LenOfString))
    ENDIF

    IF  Mode=3 THEN
        StartPosition=!inStr(1,TempStr,"F=")
```

```
            InstantaneousFlowStr=!Right(TempStr,!Len(TempStr)-StartPosition+1)
            LenOfString=!Len("F=")
            EndPosition=!instr(1,InstantaneousFlowStr,!I2ASCII(13)+!I2ASCII(10))

    InstantaneousFlow =! val (! Mid ( InstantaneousFlowStr, LenOfString + 1, EndPosition -
LenOfString))/1000
        ENDIF

        !Sleep(180)
    ENDIF
```

* *

程序运行后，点击界面中左侧按钮，传感器的信息上传到自由表格中对应的单元格中，如图 7-16 所示。当点击了模式 1 和模式 3 后，图 7-17 中对应单元格实时更新数据，为了形成一种连续的感觉，界面上数据的显示要停留一段时间，这段时间为 180ms，对应上述脚本程序中的“!Sleep（180）”这个函数，显然，180ms 与循环策略循环时间 200ms 相一致，数据更新与数据显示步调相近，产生连续的显示感觉。如果时间设得过小，显示的数据会忽隐忽现，造成眼花缭乱的感觉。实际上，这里用到了一个编程技巧，因为数据不断地上传，而人的眼睛对变化的物体感应在 80ms 以下就无法分辨动与静，以为是连续的，如同看电影一样，但是，当间隔时间大于 80ms，本例中选用 180ms，则数据会一直跳至界面上，用户会有很强烈的感觉，为了保证读数据与显示数据同步，这里经过大量的测试发现，停留时间 180ms 和循环时间 200ms 最为合适，这个过程需要编程人员通过调试来实现，没有固定的规律可循，只要掌握这种方法即可。

模式	指令	返回	数值	单位
1	0x9D(157)	电压内码	0	
	0x54(084)	瞬时流量	154.671	sccm
		累积流量	0	sccm
2	0x9D(157)	停止上传	0	
	0x00(000)	数　据		
3	0x9D(157)	实时读取	154.671	sccm
	0x56(086)	瞬时流量		
4	0x9D(157)	查询读取	154.671	sccm
	0x55(085)	瞬时流量		
5	0x9D(157)	气体静止	无返回值	
	0xEE(238)	自动校零		
	0x55(085)			
6	0x9D(157)	校准气体	AIR	
	0x93(147)			
7	0x9D(157)	传 感 器	**C1L03304**	
	0x92(146)	序 列 号		
8	0x9D(157)	固　件	DP1005_SW_V0202	
	0xFD(253)	版　本		
9	0x9D(157)	读　取	200	sccm
	0x59(089)	满 量 程		
	0x00(000)	高 字 节	3	
	0x00(000)	中 字 节	13	
	0x00(000)	低 字 节	64	

图 7-16　读取传感器信息运行界面

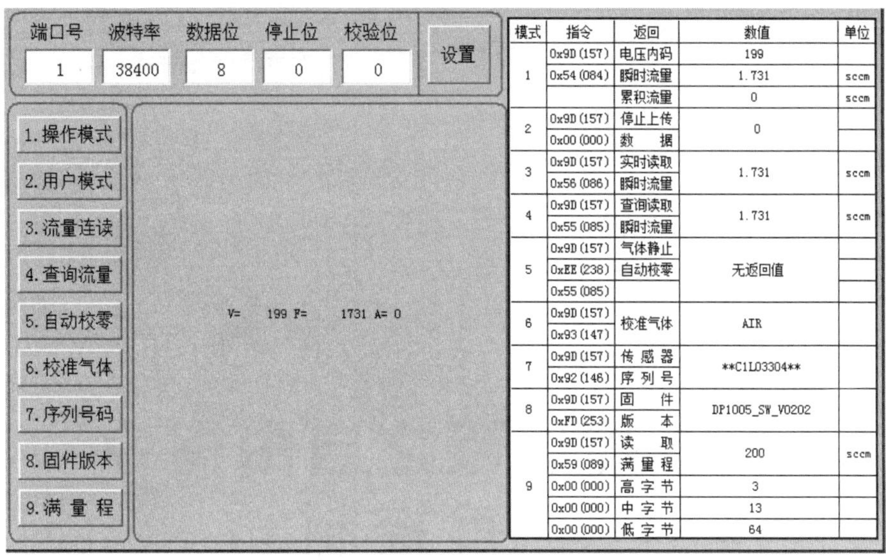

图 7-17　实时读取传感器瞬时流量、电压内码值和累积流量界面

·第 8 章·

万能编程之自由指令——温度控制

自由指令也称为自定义校验串口通信，是指不遵循标准 Modbus 通信协议标准的 CRC 校验方式，由仪表厂家自己规定校验规范。这种通信虽然增强了仪表的可靠性，保护了生产厂商利益，但给广大用户带来了较大的麻烦。本章以厦门宇电公司 AI518P 智能温控仪表为例，其早期产品采用了自定义校验模式，校验算法相对简单，在 MCGSE 中无法采用莫迪康 RTU 驱动，只有自行编制脚本进行数据采集。

图 8-1 为采用 AI（Artificial Intelligence）仪表对炉温进行监测与控制的工作原理示意

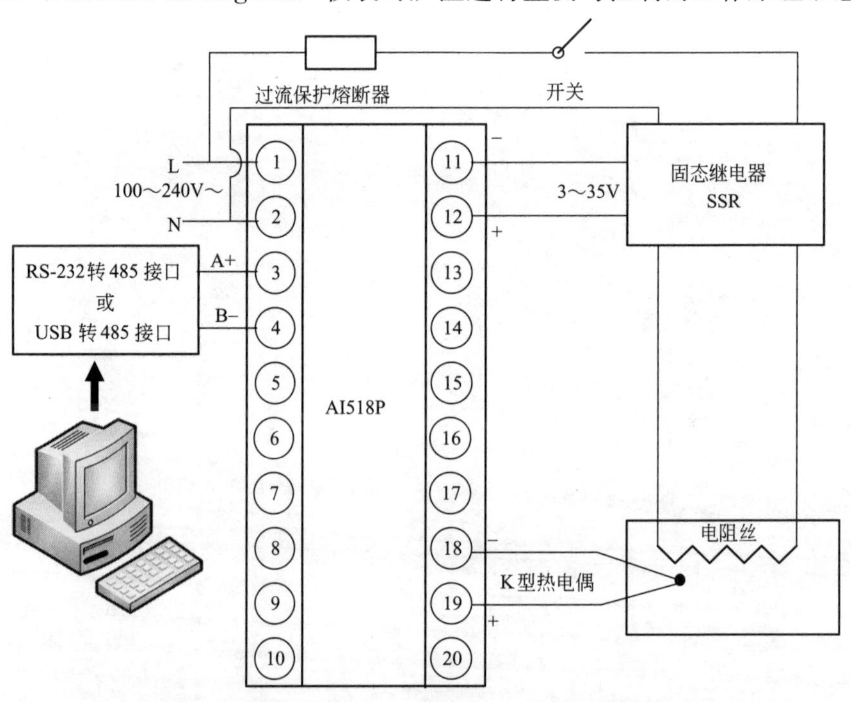

图 8-1　AI518P 仪表对炉温进行实时监测与控制的工作原理示意图

图，加热炉的温度经 K 型热电偶传入 AI518P 的测温模块，在仪表上显示测量温度（PV 值，Present Value）和炉温控制温度（SV 值，Set Value），通过串口通信可以将 PV 值和 SV 值上传至上位机，同时，AI 仪表可以根据设定温度和实际测量温度的差值输出相应信号控制固态继电器 SSR（Solid State Relay），从而改变电阻丝的加热电流，实现温度调节，其控制过程由 AI 仪表自身的控制算法实现。上位机通过 RS-232 转 485 接口或 USB 转 485 接口设定仪表 SV 值、升降温速率和启停时间。

8.1 硬件参数设置

AI518P 仪表内部设置了不同的功能参数，如表 8-1 所示，这些参数可以通过仪表面板键盘进行更改，也可由上位机编程进行读写，每个参数都有一个编号，用 16 进制表示，如“InP 输入规格”编号为“0BH”，本例中设为“0”，表示采用的是 K 型热电偶。编号相当于这个参数在单片机数据存储区的存放地址，由于数据类型有差别，比如整型占用 4 个字节，字符型占 2 个字节，浮点型占 4 个字节，导致各个参数在存储区的地址稍有区别。“CtrL 控制方式”设为“APID”表示采用 AI 人工智能调节。P、I、d、CtI 等参数为 AI 人工智能调节算法的控制参数。可参考二维码视频讲解。

表 8-1 AI518P 仪表参数功能

编号	参数	说明	参数值	编号	参数	说明	参数值
00H	SV1	给定值	给定值	13H	OPH	输出上限	100
01H	HIAL	上限报警	3200	14H	AF	功能选择	32
02H	LoAL	下限报警	−999	15H	ADDR	通信地址	3
03H	DHAL	偏差上限报警	3200	16H	FILt	数字滤波	1
04H	DLAL	偏差下限报警	−999	17H	Loc	参数封锁	0
05H	AHYS	报警回差	2.0	18H	Srun	运行状态	Run
06H	CtrL	控制方式	APID	19H	CHYS	控制回差	2.0
07H	P	比例带	25.0	1AH	At	自整定选择	off
08H	I	积分时间	200	1BH	SPL	给定值下限	−999
09H	d	微分时间	50.0	1CH	SPH	给定值上限	3200
0AH	CtI	控制周期	2.0	1DH	Fru	单位及电源频率	50C
0BH	InP	输入规格	0	1EH	Act	正/反作用	rE
0CH	dPt	小数点位置	0.0	1FH	AdIS	报警指示	on
0DH	SCL	刻度下限值	0.0	20H	Aut	冷输出类型	SSR
0EH	SCH	刻度上限值	1000	21H	P2	冷输出比例带	25.0
0FH	AOP	报警输出选择	3331	22H	I2	冷输出积分时间	200
10H	SCb	传感器修正	1.0	23H	d2	冷输出微分时间	50.0
11H	Opt	输出方式	SSR	24H	CtI2	冷输出周期	2.0
12H	OPL	输出下限	0	25H	Et	事件输入类型	None

AI518P 仪表使用异步串行通信接口 RS-485，可将 1～101 台的仪表同时连接在一个通信接口上，每台仪表的地址代号由仪表内部参数 Addr 设定。台式机（上位机）与 AI518P

仪表的设置如下：

① 台式机采用 COM1 串行通信接口，上位机与 AI 仪表通信时，将 RS-232 转 RS-485 接口连接至上位机 COM1 串口，RS-485 接线与 AI 仪表③、④端子相连，A 接 A，B 接 B（如图 8-1 所示）。

② 通信波特率可调为 1200～19200Baud/s（波特率为 19200 时需配置高速光耦的通信模块）。数据格式为 8 位数据，无奇偶校验位，1 个停止位。台式机串口通信参数设置为“9600，N，8，1”。

③ AI518P 仪表波特率设为 9600。

④ AI518P 仪表地址设为 3，与表 8-1 相一致。

8.2 数据格式

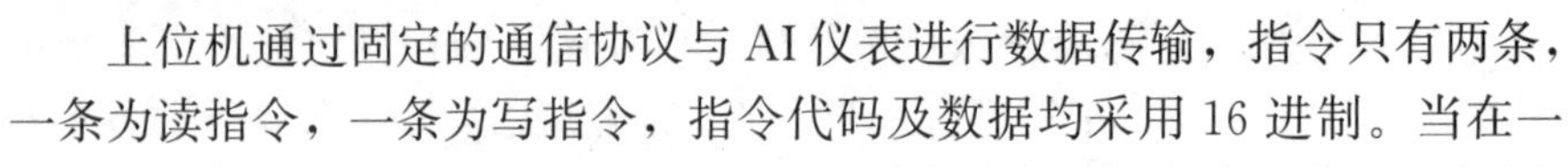

上位机通过固定的通信协议与 AI 仪表进行数据传输，指令只有两条，一条为读指令，一条为写指令，指令代码及数据均采用 16 进制。当在一个通信接口上连接多台 AI 仪表时，需要给每台 AI 仪表编一个互不相同的代号，其有效地址编码为 0～100。

通信协议的读写指令格式如下：

(1) 发送读指令　地址代号＋52H（82）＋要读参数的代号＋0＋0＋CRC 校验码。

读指令的 CRC 校验码为：要读参数的代号×256＋82＋ADDR。

(2) 发送写指令　地址代号＋43H(67)＋要写参数的代号＋写入数低字节＋写入数高字节＋CRC 校验码。

写指令的 CRC 校验码则为：要写的参数代号×256＋67＋要写的参数值＋ADDR。

ADDR 为仪表地址编号值，范围是 0～100（注意不要加上 80H）。CRC 为各二进制 16 位整数加法后得到的余数（溢出部分不处理），余数为 2 个字节，其低字节在前，高字节在后。表 8-2 列出了读/写指令的格式构造过程和实例。

表 8-2　AI 仪表通信协议读/写指令格式构造

<table>
<tr><td>指令格式</td><td colspan="2">地址代号</td><td>读/写代码</td><td>读/写
参数代码</td><td colspan="2">读/写数据</td><td colspan="2">CRC 码</td></tr>
<tr><td>编码顺序</td><td>第 1 字节</td><td>第 2 字节</td><td>第 3 字节</td><td>第 4 字节</td><td>第 5 字节</td><td>第 6 字节</td><td>第 7 字节</td><td>第 8 字节</td></tr>
<tr><td>读指令</td><td>80H＋
地址编号</td><td>80H＋
地址编号</td><td>52H(82)</td><td>00H～56H</td><td>0</td><td>0</td><td>CRC 低字节</td><td>CRC 高字节</td></tr>
<tr><td rowspan="2">读实例</td><td>83H</td><td>83H</td><td>52H</td><td>0BH</td><td>00H</td><td>00H</td><td>55H</td><td>0BH</td></tr>
<tr><td colspan="8">读入地址编号为 3 的 AI 仪表所使用的热电偶的类型。仪表地址代号为：80H＋3H＝83H，热电偶类型参数为“Sn 输入规格”，读代码为 82，参数代码为 0BH，即 11，则：CRC 为 11×256＋82＋3＝2901＝0B 55H。
发送指令：83 83 52 0B 00 00 55 0B
返回指令：15 01 E8 03 00 60 00 00 00 65</td></tr>
<tr><td>写指令</td><td>80H＋
地址编号</td><td>80H＋
地址编号</td><td>43H(67)</td><td>00H～56H</td><td>数据低字节</td><td>数据高字节</td><td>CRC 低字节</td><td>CRC 高字节</td></tr>
<tr><td rowspan="2">写实例</td><td>81H</td><td>81H</td><td>43H</td><td>00H</td><td>D2H</td><td>04H</td><td>16H</td><td>05H</td></tr>
<tr><td colspan="8">仪表地址＝1，要写入参数代码 00H，要写入的参数内容 SV 设定值＝1234（十六进制＝4D2），CRC 为 00×256＋67＋1234＋1＝1302＝05 16H。
发送指令：81 81 43 00 D2 04 16 05</td></tr>
</table>

注：表中数字后面的“H”表示十六进制。

(3) 返回指令　无论是读还是写，仪表都返回以下数据：

测量值 PV＋设定值 SV＋输出值 MV 及报警状态＋所读/写参数值＋CRC 校验码。

CRC 校验码为测量值 PV＋设定值 SV＋（报警状态×256＋输出值 MV）＋所读/写参数值＋ADDR，按整数加法相加后得到的余数。

其中 PV、SV 及所读参数值均为整数格式，各占 2 个字节，低字节在前，高字节在后；MV 占一个字节，数值范围为 0～220；报警状态占一个字节；CRC 校验码占 2 个字节，低字节在前，高字节在后；共 10 个字节，如下例所示：

发送指令：83 83 52 0B 00 00 55 0B。

返回指令：15 01 E8 03 00 60 00 00 00 65。

15 01 表示测量值 PV，01 15（H），十进制为 277，再除以 10 即为测量值 27.7℃。

E8 03 表示设定值 SV，03 E8（H），十进制为 1000，再除以 10 即为设定值 100.0℃。

8.3　组态过程

在 MCGSE 中，建立脚本程序及构件关联所需的变量，如图 8-2 所示，在图中标示了每个变量的名字、数据及注释。由于无法采用莫迪康 ModbusRTU 驱动，对指令的校验要根据数据通信格式进行自行计算，本例中是简单的求和校验，指令中对数据和校验码的存储顺序与莫迪康有所区别，例如，对 PV 的存放为低字节在前，高字节在后，15 01 实际上是 01 15，解码程序需要进行相应的调整。

名字	类型	注释
Address	开关型	AI518P仪表地址
Alarm	开关型	报警指示
CountInBuffer	开关型	串口输入缓冲区内字节的个数
CRC	开关型	循环冗余校验码
I	开关型	计数用临时变量
InputETime	字符型	系统内建数据对象
InputSTime	字符型	系统内建数据对象
InputUser1	字符型	系统内建数据对象
InputUser2	字符型	系统内建数据对象
MV	开关型	AI518P仪表的MV值
Parameter	开关型	要读的AI518P仪表的参数
PV	数值型	当前测得的温度值
PVhigh	开关型	PV值的高字节
PVLow	开关型	PV值的低字节
Str1	字符型	用于存储每个字节的字符型变量
SV	数值型	设定的温度值
SVHigh	开关型	SV值的高字节
SVLow	开关型	SV值的低字节
TempNumber	开关型	临时用于存储开关型数据的变量
TempStr	字符型	存储从串口读上来的字符串

图 8-2　各变量定义及类型设定组态图

在组态窗口中设置各个标签、文本和按钮构件，与对应的变量和表达式关联，例如，设定值与 PV 变量关联，CRC 低字节与 CRCmod 256 表达式关联，尽量减少按钮或运行策略

脚本的使用。图 8-3(a) 为构件组态完毕后窗口界面图，各个标签构件中显示了与之对应的关联变量，“仪表地址”文本框构件与“Address”关联，“读写参数”文本框构件与“Parameter”关联。

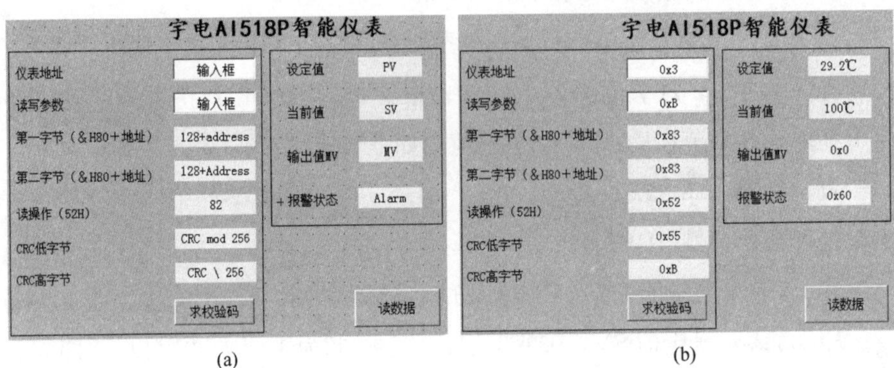

图 8-3 窗口组态界面（a）与运行结果图（b）

启动策略（图 8-4）是为一些需要初始化的变量或程序设计的，本例中需要对串口参数进行设置，其脚本程序代码如下：

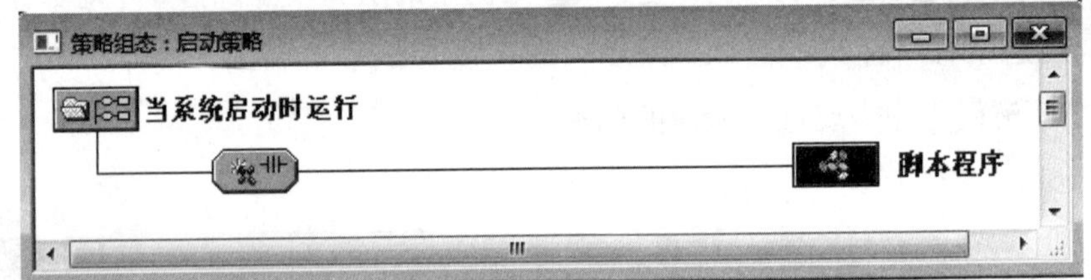

图 8-4 启动策略界面图

```
*********************************************
!SetSerialBaud(1,9600)
!SetSerialDataBit(1,8)
!SetSerialStopBit(1,0)
!SetSerialParityBit(1,0)
*********************************************
```

“求校验码”按钮是对 AI518P 仪表各个字节进行校验的脚本触发程序，如图 8-5 所示，按数据格式说明对各个字节进行了求和运算，获得由两个字节构成的 CRC，在显示时，采用取余和取整两种运算分别获得 CRC 的高字节与低字节，并使各个字节以十六进制形式显示。“读数据”按钮对应执行脚本程序如下所示：

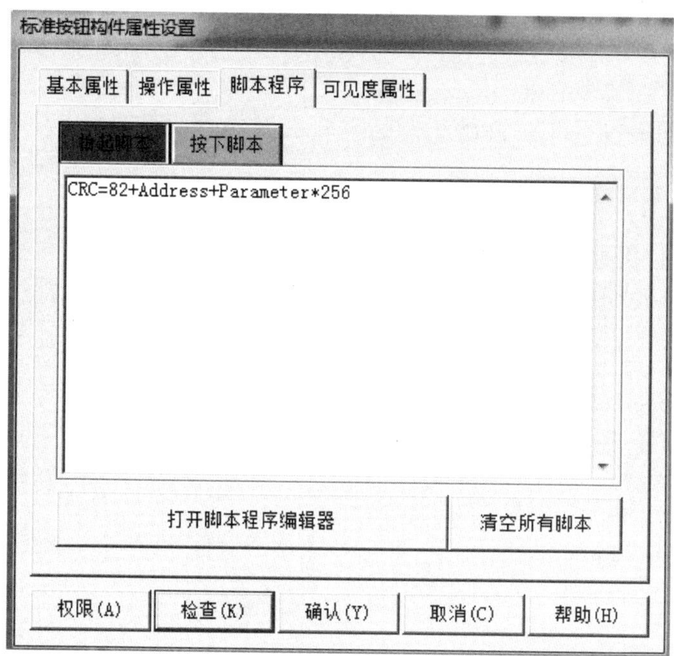

图 8-5 “求校验码”按钮对应的脚本程序设置框图

* *

TempStr="" '保存接收数据的字符串

!WriteSerial(1,Address+128) '向串口写入一个 16 进制的字节 128+Address,Address 表示仪表地址

!sleep(1)

!WriteSerial(1,Address+128) '向串口写入一个 16 进制的字节 128+Address,Address 表示仪表地址

!sleep(1)

!WriteSerial(1,82)'向串口写入一个 16 进制的字节 82,表示进行读操作

!sleep(1)

!WriteSerial(1,11)'向串口写入一个 16 进制的字节 11,表示要读 AI518P 仪表的参数

!sleep(1)

!WriteSerial(1,00)'向串口写入一个 16 进制的字节 00,本指令为读,所以没有要读的值

!sleep(1)

!WriteSerial(1,00)'向串口写入一个 16 进制的字节 00,本指令为读,所以没有要读的值

!sleep(1)

```
!WriteSerial(1,85)'向串口写入一个 16 进制的字节 85,CRC 的低字节
!sleep(1)

!WriteSerial(1,11)'向串口写入一个 16 进制的字节 11,CRC 的高字节
!sleep(1)

!Sleep(50)  '等待下位机处理完数据
CountInBuffer=!GetSerialReadBufferSize(1)'检查串口输入缓冲区的字节个数
TempStr=""
I=0
While I<CountInBuffer
  TempNumber=!ReadSerial(1)  '每次从串口读入一个字节
  if I=0 THEN
      PVLow=TempNumber  '获得第 1 路温度高字节数据
  ENDIF
  if I=1 THEN
      PVhigh=TempNumber  '获得第 1 路温度低字节数据
  ENDIF
  if I=2 THEN
      SVLow=TempNumber  '获得第 2 路温度高字节数据
  ENDIF
  if I=3 THEN
      SVHigh=TempNumber  '获得第 2 路温度低字节数据
  ENDIF

  if I=4 THEN
      MV=TempNumber  '获得 MV 的值
  ENDIF

  if I=5 THEN
      Alarm=TempNumber  '获得报警状态的值
  ENDIF

  Str1=!I2Hex(TempNumber)

  if I=CountInBuffer then
    TempStr=TempStr+Str1
  else
    TempStr=TempStr+Str1+" "
```

```
        Endif

        I=I+1
    EndWhile

    PV=(PVHigh * 256+PVLow)/10   '计算当前值PV,计算得到的数除以10即为温度的值
    SV=(SVHigh * 256+SVLow)/10   '计算设定值SV,计算得到的数除以10即为温度的值
    EXIT
```

* *

第 9 章

万能通信之Modbus——温度测量

Modbus 协议接口完全可以通过 MCGSE 提供的莫迪康 ModbusRTU 驱动完成通信，但本章利用以前知识，也可以通过自由通信来完成数据采集。以聚英电子公司 DAM-PT02 双路温度采集卡为例，说明通过 RS-485 协议进行模拟量读入时的过程和技巧，默认通信格式为“9600，N，8，1”。可参考二维码视频讲解“准备工作”。

名　　称：Pt100 双路温度采集卡；

型　　号：JY-DAM-PT02；

温度范围：−200～320℃；

供电电压：DC 7～30V；

通信方式：RS-485 通信隔离，标准 Modbus 协议，支持 ASCII/RTU 格式；

波特率：默认值 9600，可选 2400，4800，9600，19200，38400（RS-485 不支持 115200）；

地址设置：采用拨码开关，实物图如图 9-1(a) 所示。支持 5 位寻址地址，五个拨码全都拨到“ON”位置时，为地址“1”；五个拨码全都拨到“OFF”位置时，为地址“32”；

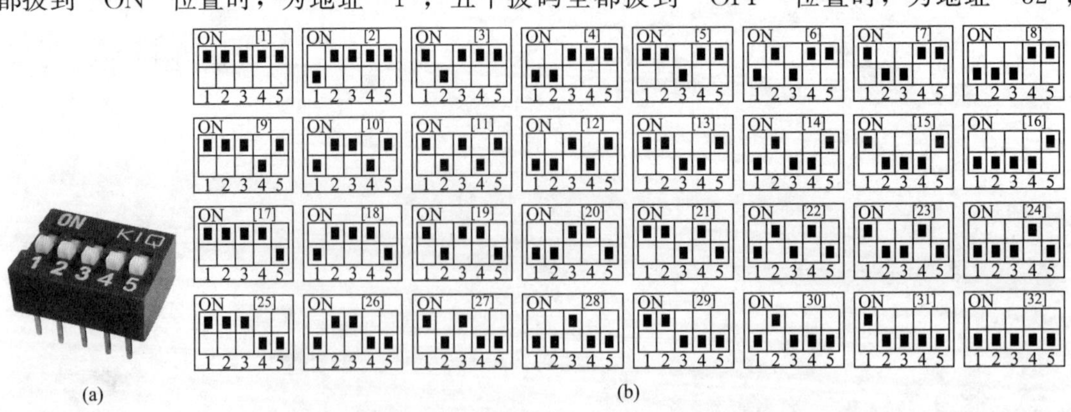

图 9-1　拨码开关实物图（a）与组合地址设置图（b）

最左边 1 为二进制最低位，如图 9-1(b) 所示。本例设为广播地址 FE（254），当总线上只有一个设备时，无须关心拨码开关地址，直接使用 254 地址即可，当总线上有多个设备时通过拨码开关选择为不同地址，发送控制指令时通过地址区别。

9.1 硬件连接与指令生成

台式计算机的串口为 COM1，连接一个 RS-232 转 RS-485 接口，将 RS-232 电平转换为 RS-485 电平，如图 9-2 所示。多个 DAM-PT02 并联，所有的 A＋端子相连，所有的 B－端子相连，屏蔽线与 GND 相连，但不是必需的。首先测试不同波特率是否可以控制，在通信误码率大的情况下必须将屏蔽线与 GND 相接。DAM-PT02 双路温度采集卡指令解析与常用指令查询分别如表 9-1 和表 9-2 所示。

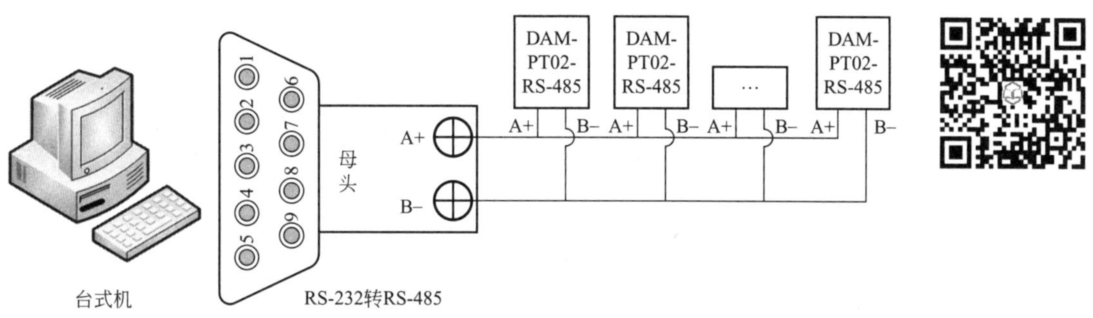

图 9-2 多个 DAM-PT02 双路温度采集卡接线图

表 9-1 DAM-PT02 双路温度采集卡指令解析

指令功能	字段	含义	备注
查询第 1 路温度	发送指令:FE 04 00 00 00 01 25 C5 功　　能:查询第 1 路温度的值		
	FE	设备地址	这里为广播地址
	04	04 功能	读取输入寄存器指令
	00 00	起始地址	要读取的第 1 路模拟量寄存器地址(第 1 路)
	00 01	查询数量	要查询的模拟量的数量
	25 C5	CRC16	前 6 个字节数据的 CRC16 校验和
	返回指令:FE 04 02 0B 7A 2B F7 功　　能:返回第 1 路温度的值		
	FE	设备地址	这里为广播地址
	04	04 功能	读取输入寄存器指令,如果出错,返回 82H
	02	字节数	返回信息的字节数
	0B 7A	查询的 AD 字	第一个字节为温度高字节,第二个为低字节, 将 16 进制转化为 10 进制,再除以 100,即为温度值
	2B F7	CRC16	前 5 个字节数据的 CRC16 校验和

表 9-2 DAM-PT02 常用指令查询

指令功能	发送指令 RTU 格式(16 进制)	返回指令 RTU 格式(16 进制)
查询第 1 路温度	FE 04 00 00 00 01 25 C5	FE 04 02 0B 7A 2B F7,0B7A(2938),29.38℃
查询第 2 路温度	FE 04 00 01 00 01 74 05	FE 04 02 0E 13 E8 89,0E 13 (3603),36.03℃
读波特率指令	FE 03 03 E8 00 01 10 75	FE 03 02 00 00 AC 50
读串口号指令	FE 03 03 EA 00 01 B1B5	FE 03 02 00 01 6D 90,00 01 (1),地址为 1
读 2 路温度指令（广播地址）	FE 04 00 00 00 02 65 C4	FE 04 04 0B 93 0B D1 C1 EE 第 1 路温度:0B 93(2963),29.63℃ 第 1 路温度:0B D1(3025),30.25℃
读 2 路温度指令（地址 1）	01 04 00 00 00 02 71 CB	01 04 04 0B 8E 0B 84 9E D8 第 1 路温度:0B 8E(2958),29.58℃ 第 1 路温度:0B 84(2948),29.48℃

9.2 逐字节发送

逐字节发送是将一条指令分成一个一个的字节，通过向串口一次发送一个字节或读取一个字节来完成指令的下载与上传，用到的函数为!WriteSerial（参数 1，参数 2）和! ReadSerial（参数 1）。

(1) !WriteSerial（参数 1，参数 2）

① 函数意义：向串口写入一个字节。

② 返回值：开关型。返回值=0：调用正常，返回值<>0：调用不正常。

③ 参数 1：开关型，串口号，从 1 开始，串口 1 对应 1，串口 2 对应 2，……。

④ 参数 2：开关型，写入的字节。

⑤ 实例：!WriteSerial（1,255）。

⑥ 实例说明：向串口 1 写入 255。

(2) !ReadSerial（参数 1）

① 函数意义：从串口读取一个字节。

② 返回值：开关型。读取的字节。

③ 参数：参数 1，开关型，串口号，从 1 开始，串口 1 对应 1，串口 2 对应 2，……。

④ 实例：!ReadSerial（1）。

⑤ 实例说明：从串口 1 读取一个字节。

从表 9-2 可知，DAM-PT02 的地址为 1，因此，对应指令为：

发送指令：01 04 00 00 00 02 71 CB；

接收指令：01 04 04 XX XX XX XX CRC1 CRC2（XX 表示实时读上来的温度值）。

9.3 变量定义及窗口组态

在“实时数据库”窗口建立相应的应用变量，一方面与显示标签构件关联；

另一方面用于脚本中的运算与中间存储，各个变量的定义及类型说明如表 9-3 所示。

表 9-3 数据库中定义的各个变量的定义及类型说明

变量名称	变量类型	功能说明
BaudRate	开关型	串口波特率
CommError1	开关型	串口波特率设置错误标志
CommError2	开关型	串口数据位错误标志
CommError3	开关型	串口停止位错误标志
CommError4	开关型	串口校验位错误标志
CommNo	开关型	串口号
DataBit	开关型	串口数据位
ErrorCount	开关型	发送字节指令时出错标志计数
I	开关型	对接收到的字节进行计数的变量
ParityBit	开关型	串口奇偶校验位
SendError	开关型	每次写字节指令返回的状态
StopBit	开关型	串口停止位
Str1	字符型	中间临时存储变量
Temperature1	数值型	第 1 路温度值
Temperature1High	开关型	第 1 路温度值的高位字节
Temperature1Low	开关型	第 1 路温度值的低位字节
Temperature2	数值型	第 2 路温度值
Temperature2High	开关型	第 2 路温度值的高位字节
Temperature2Low	开关型	第 2 路温度值的低位字节
TempNumber	开关型	在串口输入缓冲区内存在的字节个数
TemNumber1	开关型	从串口读入的字节个数
TempStr	字符型	存放全部接收数据的字符串

变量定义后，需要显示的变量与用户窗口中的标签构件进行关联，如图 9-3 所示。

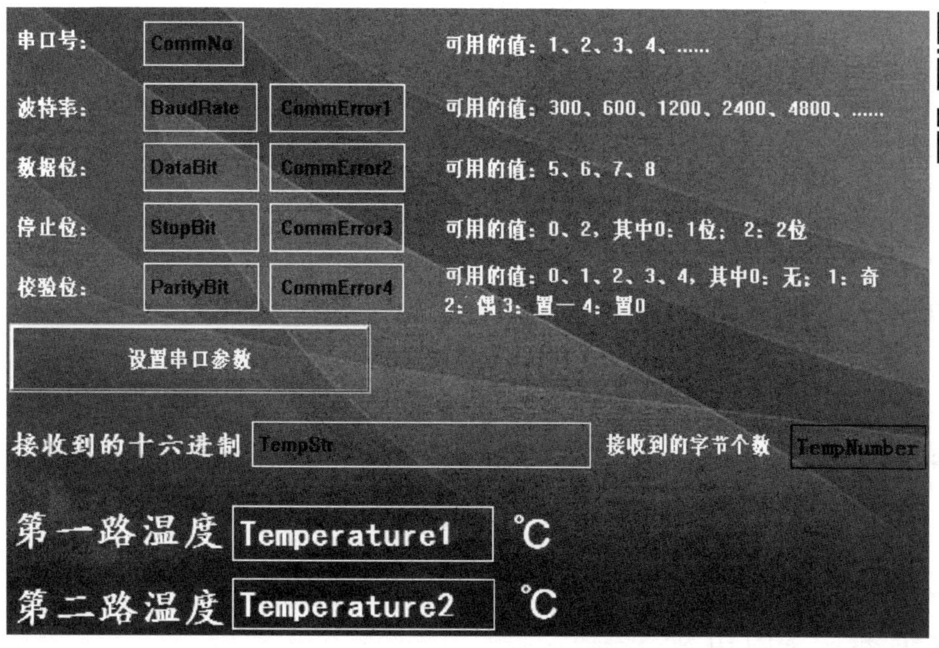

图 9-3 窗口组态中各个变量与标签构件关联图

9.4 策略组态及脚本程序

本程序中通过点击用户窗口中的“设置串口参数”按钮执行“设置串口参数策略”；“定时发送指令”策略为循环策略，每200ms执行一次。如图9-4所示。

主控窗口 | 设备窗口 | 用户窗口 | 实时数据库 | 运行策略

名字	类型	注释
启动策略	启动策略	当系统启动时运行
退出策略	退出策略	当系统退出前运行
循环策略	循环策略	按照设定的时间循环运行
定时发送指令	循环策略	按照设定的时间循环运行
设置串口参数策略	用户策略	供其他策略、按钮和菜单等使用

策略组态　新建策略　策略属性

图9-4　运行策略中定时发送指令与设置串口参数策略窗口

设置串口参数策略脚本程序代码如下：

*

```
CommNo.SaveDataInitValue()
BaudRate.SaveDataInitValue()
DataBit.SaveDataInitValue()
StopBit.SaveDataInitValue()
ParityBit.SaveDataInitValue()
'刷新到磁盘上
!FlushDataInitValueToDisk()

'设定波特率
CommError1=!SetSerialBaud(CommNo,BaudRate)
IF CommError1<>0 THEN
   EXIT
ENDIF

'设定数据位
CommError2=!SetSerialDataBit(CommNo,DataBit)
IF CommError2<>0 THEN
   EXIT
ENDIF

'设定停止位
CommError3=!SetSerialStopBit(CommNo,StopBit)
IF CommError3<>0 THEN
```

```
    EXIT
  ENDIF

  '设定校验位
  CommError4=!SetSerialParityBit(CommNo,ParityBit)
  IF CommError4<>0 THEN
    EXIT
  ENDIF
```

* *

定时发送指令策略脚本程序代码如下：

* *

```
  '检查串口是否打开
  IF CommError1<>0 OR CommError2<>0 OR CommError3<>0 OR CommEr-
ror4<>0 THEN
    '!beep()
    EXIT
  ENDIF
  '变量初始化
      ErrorCount=0'每发送一个字节返回错误的状态，对错误进行计数
      TempStr="" '保存接收数据的字符串
      SendError=!WriteSerial(1,1) '向串口写入一个16进制的字节01，表示1号
地址
      if SendError<>0 then  '如果发生错误，记录错误的次数
        ErrorCount=ErrorCount+1
      endif
      SendError=!WriteSerial(1,4)  '向串口写入一个16进制的字节04，表示读取寄存器
      if SendError<>0 then
        ErrorCount=ErrorCount+1
      endif
      !sleep(5)
      SendError=!WriteSerial(1,0)'向串口写入一个16进制的字节00，表示起始地
址高字节
      if SendError<>0 then
        ErrorCount=ErrorCount+1
      endif
      SendError=!WriteSerial(1,0)'向串口写入一个16进制的字节00，表示起始地
址低字节
```

```
        if SendError<>0 then
          ErrorCount=ErrorCount+1
        endif
        !sleep(5)
        SendError=!WriteSerial(1,0)'向串口写入一个16进制的字节00,表示字节个数
高字节
        if SendError<>0 then
          ErrorCount=ErrorCount+1
        endif
        SendError=!WriteSerial(1,2)'向串口写入一个16进制的字节02,表示字节个数
低字节
        if SendError<>0 then
          ErrorCount=ErrorCount+1
        endif
        !sleep(5)
        SendError=!WriteSerial(1,113)'向串口写入一个16进制的字节113,表示校验
码低字节
        if SendError<>0 then
          ErrorCount=ErrorCount+1
        endif
        SendError=!WriteSerial(1,203)'向串口写入一个16进制的字节203,表示校验
码高字节
        if SendError<>0 then
          ErrorCount=ErrorCount+1
        endif
      !Sleep(50)'等待下位机处理完数据
      TempNumber=!GetSerialReadBufferSize(CommNo)'检查串口输入缓冲区的字节
个数
      TempStr=""
      I=0
      While I<TempNumber
          TempNumber1=!ReadSerial(CommNo)'每次从串口读入一个字节
          if I=3 THEN
              Temperature1High=TempNumber1  '获得第1路温度高字节数据
          ENDIF
          if I=4 THEN
              Temperature1Low=TempNumber1  '获得第1路温度低字节数据
          ENDIF
```

```
            if I=5 THEN
               Temperature2High=TempNumber1  '获得第 2 路温度高字节数据
            ENDIF
            if I=6 THEN
               Temperature2Low=TempNumber1  '获得第 2 路温度低字节数据
            ENDIF
            Str1=!I2Hex(TempNumber1)
            if I=TempNumber then
              TempStr=TempStr+Str1
            else
              TempStr=TempStr+Str1+" "
            Endif
            I=I+1
          EndWhile
        Temperature1=(Temperature1High * 256+Temperature1Low)/100  '计算第 1
路温度
        Temperature2=(Temperature2High * 256+Temperature2Low)/100 '计算第 2 路
温度
     EXIT
```

*

程序下载并执行，运行结果如图 9-5 所示。

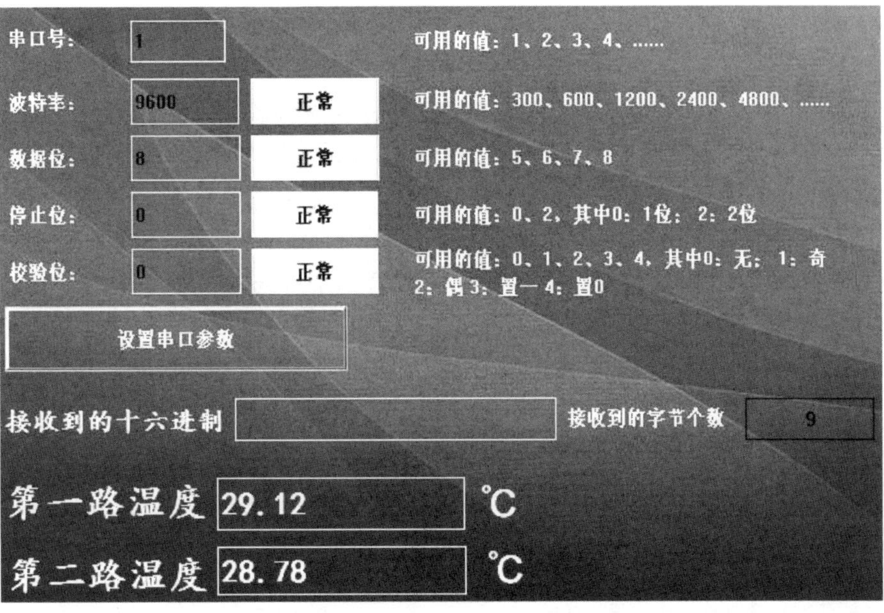

图 9-5　MCGSE 程序运行效果图

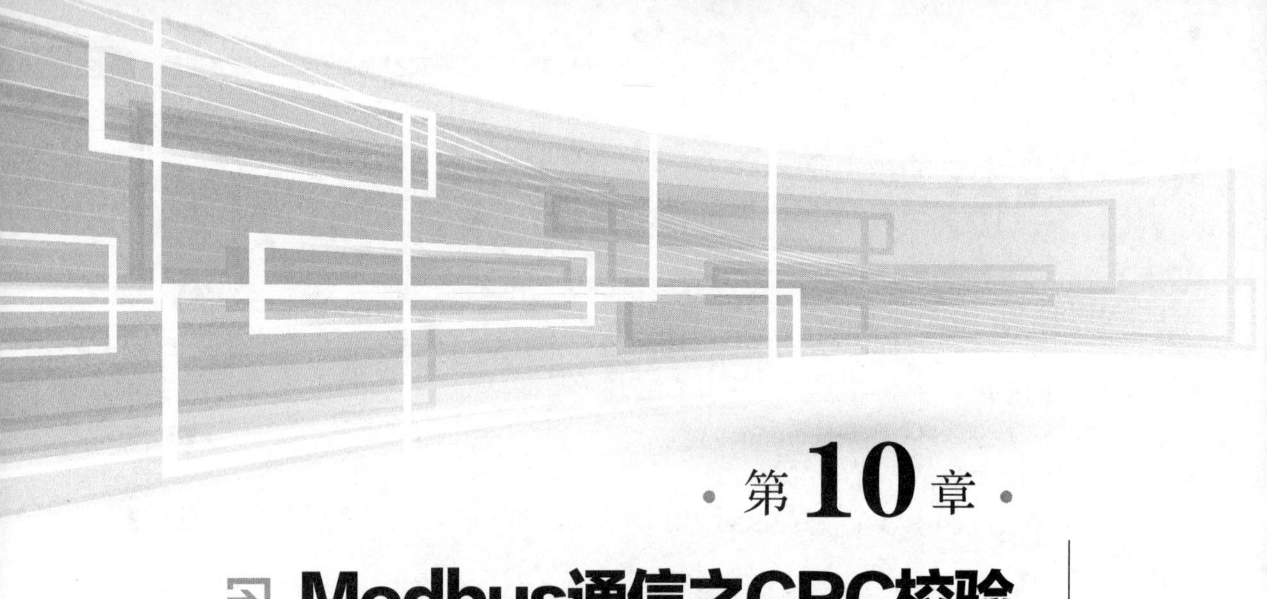

第10章 Modbus通信之CRC校验——CRC计算

CRC 的全称为 Cyclic Redundancy Check，意思是循环冗余校验，这是常用的一种数据校验方法。什么是数据校验呢？数据在传输过程中，例如：两台计算机通过网络传输文件，由于线缆、接口等的问题，可能出现误码（本来应该接收到 1，实际却接收到了 2），这就需要找到一种措施，发现这个错误的接收码，方法是再发送多余的数据让接收方验证是否正确，这就是数据校验。

校验方法很多，其中最简单的一种校验方法是求和校验，将传送的数据以字节为单位相加求和，并将总和传给接收方，接收方对收到的数据也计算总和，并与收到的总和校验码进行比较，如果传输中出现误码，总和校验码会出现差异，从而知道有误码产生，可以让发送方重新发送数据。

CRC 校验是将数据列除以某个固定的数，将所得余数作为校验码，这样，无论数据多大，余数总不会超过除数，而除数是多少呢？主要包括以下几种：

(1) CRC8 对应的除数多项式为 X8+X5+X4+1，这是什么意思？实际上是将二进制的某个位置 1，上面的多项式就是要对第 0 位、第 4 位、第 5 位和第 8 位置 1，其余位全为 0，表示成完整的二进制数是 $(0000\ 0001\ 0011\ 0001)_2$，换算为十六进制即为 $(01\ 31)_{16}$。

(2) CRC12 对应多项式为 X12+X11+X3+X2+1，对第 0 位、第 2 位、第 3 位、第 11 位和第 12 位置 1，其余位全为 0，表示成完整的二进制数是 $(0001\ 1000\ 0000\ 1101)_2$，换算为十六进制即为 $(18\ 0D)_{16}$。

(3) CCITT CRC16 对应多项式为 X16+X12+X5+1，对第 0 位、第 5 位、第 12 位和第 16 位置 1，其余位全为 0，表示成完整的二进制数是 $(0001\ 0001\ 0000\ 0010\ 0001)_2$，换算为十六进制即为 $(01\ 10\ 21)_{16}$。

(4) ANSI CRC16 多项式为 X16+X15+X2+1，对第 0 位、第 2 位、第 15 位和第 16 位置 1，其余位全为 0，表示成完整的二进制数是 $(0001\ 1000\ 0000\ 0000\ 0101)_2$，换算为十六进制即为 $(01\ 80\ 05)_{16}$。

（5）**CRC32**　对应多项式 X32＋X26＋X23＋X22＋X16＋X12＋X11＋X10＋X8＋X7＋X5＋X4＋X2＋X1＋1，对第 0 位、第 1 位、第 2 位、第 4 位、第 5 位、第 7 位、第 8 位、第 10 位、第 11 位、第 12 位、第 16 位、第 22 位、第 23 位、第 26 位、第 32 位置 1，其余位全为 0，表示成完整的二进制数是（0001 0000 0100 1100 0001 0001 1101 1011 0111)$_2$，换算为十六进制即为（01 04 C1 1D B7)$_{16}$。

根据 CRC 校验原理可知，在 CRC8 中出现了误码但没发现的概率是 $1/2^8$，CRC16 的概率是 $1/2^{16}$，而 CRC32 的概率则是 $1/2^{32}$，一般在数据不多的情况下用 CRC16 校验，而在整个文件的校验中一般用 CRC32 校验。

CRC 确定以后，说明找到了除数，被除数为待处理的数据序列，两者可以进行除法运算：首先是被除数与除数高位对齐后，被除数减去除数，得到差；如果差大于除数，除数再与差的最高位对齐，进行减法；直到差比除数小，最后的这个差就是余数。CRC 的加法（或减法）是不进（借）位的。例如：10 减去 01，结果是 11，而不是借位减法得到的 01。所以，CRC 的加法和减法所得的结果是一样的，10 加 01 的结果是 11，10 减 01 的结果也是 11，这其实就是异或操作，即不同为 1，相同为 0。

10.1　手动查表计算 CRC

为了提高运算速度，往往将 CRC 校验码做成表格，通过查表快速计算一系列字节中每个字节的校验码，然后通过叠加累计运算，得到最终的校验码。下面是通过查表计算指定字节序列校验码的 C 语言源程序，定义了存放高字节 CRC 值的数组 auchCRCHi 与存放低字节 CRC 值的数组 auchCRCLo，针对以 pBuff 为起始地址，长度为 nBuffLen 的每一个字节，逐个与其对应的 CRC 值进行异或运算。

```
/＊高位字节的 CRC 值＊/
static const unsigned char auchCRCHi[]={
0x00，0xC1，0x81，0x40，0x01，0xC0，0x80，0x41，0x01，0xC0，0x80，0x41，0x00，0xC1，0x81，0x40，
0x01，0xC0，0x80，0x41，0x00，0xC1，0x81，0x40，0x00，0xC1，0x81，0x40，0x01，0xC0，0x80，0x41，
0x01，0xC0，0x80，0x41，0x00，0xC1，0x81，0x40，0x00，0xC1，0x81，0x40，0x01，0xC0，0x80，0x41，
0x00，0xC1，0x81，0x40，0x01，0xC0，0x80，0x41，0x01，0xC0，0x80，0x41，0x00，0xC1，0x81，0x40，
0x01，0xC0，0x80，0x41，0x00，0xC1，0x81，0x40，0x00，0xC1，0x81，0x40，0x01，0xC0，0x80，0x41，
0x00，0xC1，0x81，0x40，0x01，0xC0，0x80，0x41，0x01，0xC0，0x80，0x41，0x00，0xC1，0x81，0x40，
0x00，0xC1，0x81，0x40，0x01，0xC0，0x80，0x41，0x01，0xC0，0x80，0x41，0x00，0xC1，0x81，0x40，
0x01，0xC0，0x80，0x41，0x00，0xC1，0x81，0x40，0x00，0xC1，0x81，0x40，0x01，0xC0，0x80，0x41，
```

```
0x01, 0xC0, 0x80, 0x41, 0x00, 0xC1, 0x81, 0x40, 0x00, 0xC1, 0x81, 0x40, 0x01, 0xC0, 0x80, 0x41,
0x00, 0xC1, 0x81, 0x40, 0x01, 0xC0, 0x80, 0x41, 0x01, 0xC0, 0x80, 0x41, 0x00, 0xC1, 0x81, 0x40,
0x00, 0xC1, 0x81, 0x40, 0x01, 0xC0, 0x80, 0x41, 0x01, 0xC0, 0x80, 0x41, 0x00, 0xC1, 0x81, 0x40,
0x01, 0xC0, 0x80, 0x41, 0x00, 0xC1, 0x81, 0x40, 0x00, 0xC1, 0x81, 0x40, 0x01, 0xC0, 0x80, 0x41,
0x00, 0xC1, 0x81, 0x40, 0x01, 0xC0, 0x80, 0x41, 0x01, 0xC0, 0x80, 0x41, 0x00, 0xC1, 0x81, 0x40,
0x01, 0xC0, 0x80, 0x41, 0x00, 0xC1, 0x81, 0x40, 0x00, 0xC1, 0x81, 0x40, 0x01, 0xC0, 0x80, 0x41,
0x01, 0xC0, 0x80, 0x41, 0x00, 0xC1, 0x81, 0x40, 0x00, 0xC1, 0x81, 0x40, 0x01, 0xC0, 0x80, 0x41,
0x00, 0xC1, 0x81, 0x40, 0x01, 0xC0, 0x80, 0x41, 0x01, 0xC0, 0x80, 0x41, 0x00, 0xC1, 0x81, 0x40
};

/*低位字节的CRC值*/
static const unsigned char auchCRCLo[]={
0x00, 0xC0, 0xC1, 0x01, 0xC3, 0x03, 0x02, 0xC2, 0xC6, 0x06, 0x07, 0xC7, 0x05, 0xC5, 0xC4, 0x04,
0xCC, 0x0C, 0x0D, 0xCD, 0x0F, 0xCF, 0xCE, 0x0E, 0x0A, 0xCA, 0xCB, 0x0B, 0xC9, 0x09, 0x08, 0xC8,
0xD8, 0x18, 0x19, 0xD9, 0x1B, 0xDB, 0xDA, 0x1A, 0x1E, 0xDE, 0xDF, 0x1F, 0xDD, 0x1D, 0x1C, 0xDC,
0x14, 0xD4, 0xD5, 0x15, 0xD7, 0x17, 0x16, 0xD6, 0xD2, 0x12, 0x13, 0xD3, 0x11, 0xD1, 0xD0, 0x10,
0xF0, 0x30, 0x31, 0xF1, 0x33, 0xF3, 0xF2, 0x32, 0x36, 0xF6, 0xF7, 0x37, 0xF5, 0x35, 0x34, 0xF4,
0x3C, 0xFC, 0xFD, 0x3D, 0xFF, 0x3F, 0x3E, 0xFE, 0xFA, 0x3A, 0x3B, 0xFB, 0x39, 0xF9, 0xF8, 0x38,
0x28, 0xE8, 0xE9, 0x29, 0xEB, 0x2B, 0x2A, 0xEA, 0xEE, 0x2E, 0x2F, 0xEF, 0x2D, 0xED, 0xEC, 0x2C,
0xE4, 0x24, 0x25, 0xE5, 0x27, 0xE7, 0xE6, 0x26, 0x22, 0xE2, 0xE3, 0x23, 0xE1, 0x21, 0x20, 0xE0,
0xA0, 0x60, 0x61, 0xA1, 0x63, 0xA3, 0xA2, 0x62, 0x66, 0xA6, 0xA7, 0x67, 0xA5, 0x65, 0x64, 0xA4,
0x6C, 0xAC, 0xAD, 0x6D, 0xAF, 0x6F, 0x6E, 0xAE, 0xAA, 0x6A, 0x6B, 0xAB, 0x69, 0xA9, 0xA8, 0x68,
```

```
0x78, 0xB8, 0xB9, 0x79, 0xBB, 0x7B, 0x7A, 0xBA, 0xBE, 0x7E, 0x7F, 0xBF,
0x7D, 0xBD, 0xBC, 0x7C,
0xB4, 0x74, 0x75, 0xB5, 0x77, 0xB7, 0xB6, 0x76, 0x72, 0xB2, 0xB3, 0x73, 0xB1,
0x71, 0x70, 0xB0,
0x50, 0x90, 0x91, 0x51, 0x93, 0x53, 0x52, 0x92, 0x96, 0x56, 0x57, 0x97, 0x55,
0x95, 0x94, 0x54,
0x9C, 0x5C, 0x5D, 0x9D, 0x5F, 0x9F, 0x9E, 0x5E, 0x5A, 0x9A, 0x9B, 0x5B,
0x99, 0x59, 0x58, 0x98,
0x88, 0x48, 0x49, 0x89, 0x4B, 0x8B, 0x8A, 0x4A, 0x4E, 0x8E, 0x8F, 0x4F, 0x8D,
0x4D, 0x4C, 0x8C,
0x44, 0x84, 0x85, 0x45, 0x87, 0x47, 0x46, 0x86, 0x82, 0x42, 0x43, 0x83, 0x41,
0x81, 0x80, 0x40
};

unsigned short GenCRC16 (unsigned char *pBuff, unsigned short nBuffLen)
{
unsigned char uchCRCHi=0xFF;
unsigned char uchCRCLo=0xFF;
unsigned uIndex;

while (nBuffLen-)
{
uIndex=uchCRCLo^ *pBuff++;
uchCRCLo=uchCRCHi^auchCRCHi[uIndex];
uchCRCHi=auchCRCLo[uIndex];
}

return (uchCRCHi << 8 | uchCRCLo);
}
```

现假定要校验的字节序列为：

00 03 00 00 00 02

通过分步计算得到其校验码。

初始值 uchCRCHi=0xFF；

初始值 uchCRCLo=0xFF。

（1）第一个字节 00 取字节序列的第一个字节 00。

uIndex=uchCRCLo^ *pBuff++=0xFF^0x00=0xFF；

uchCRCLo= uchCRCHi^ auchCRCHi[uIndex]=0xFF^ auchCRCHi[0xFF]=0xFF^0x40=0xBF；

uchCRCHi=auchCRCLo[uIndex]= auchCRCLo[0xFF]=0x40。

（2）第二个字节 03 取字节序列的第二个字节 03。

uIndex=uchCRCLo^ * pBuff++=0xBF^0x03=0xBC;

uchCRCLo= uchCRCHi^ auchCRCHi[uIndex]= 0x40^ auchCRCHi[0xBC]= 0x40^ 0x01=0x41;

uchCRCHi=auchCRCLo[uIndex]= auchCRCLo[0xBC]=0xB1。

(3) 第三个字节 00 取字节序列的第三个字节 00。

uIndex=uchCRCLo^ * pBuff++=0x41^0x00=0x41;

uchCRCLo= uchCRCHi^ auchCRCHi[uIndex]= 0xB1^ auchCRCHi[0x41]= 0xB1^ 0xC0=0x71;

uchCRCHi=auchCRCLo[uIndex]=auchCRCLo[0x41]=0x30。

(4) 第四个字节 00 取字节序列的第四个字节 00。

uIndex=uchCRCLo^ * pBuff++=0x71^0x00=0x71;

uchCRCLo= uchCRCHi^ auchCRCHi[uIndex]= 0x30^ auchCRCHi[0x71]= 0x30^ 0xC0=0xF0;

uchCRCHi=auchCRCLo[uIndex]= auchCRCLo[0x71]=0x24。

(5) 第五个字节 00 取字节序列的第五个字节 00。

uIndex=uchCRCLo^ * pBuff++=0xF0^0x00=0xF0;

uchCRCLo= uchCRCHi^ auchCRCHi[uIndex]= 0x24^ auchCRCHi[0xF0]= 0x24^ 0x00=0x24;

uchCRCHi=auchCRCLo[uIndex]= auchCRCLo[0xF0]=0x44。

(6) 第六个字节 02 取字节序列的第六个字节 02。

uIndex=uchCRCLo^ * pBuff++=0x24^0x02=0x26;

uchCRCLo= uchCRCHi^ auchCRCHi[uIndex]= 0x44^ auchCRCHi[0x26]= 0x44^ 0x81=0xC5;

uchCRCHi=auchCRCLo[uIndex]= auchCRCLo[0x26]=0xDA。

通过上述计算可得，CRC 校验码的低字节为 0xC5，高字节为 0xDA。

10.2 MCGS 计算 CRC

MCGS 组态软件编程的灵活性不如 C 语言，没有指针，难以实现高效程序代码的编写，尤其是数组，本例通过字符串方式模拟 C 语言中的数组，将 CRC 高字节表和低字节表中的十六进制以空格分开的字符串的形式赋给变量，每个十六进制字节占用的宽度保持相同，这样，当从某一个索引位置获取字节数据时，只要将该字节的索引值与字符宽度进行乘积运算，即可得到字节在字符串中的偏移位置，通过字符串操作函数截取其中字节片断，实现指定字节数据的获取。

字符串在 MCGSE 中的显示采用标签构件，在字符串中的存储采用字符型变量，这两者区别较大。前者为了显示，字节排列要求整齐，而标签构件不支持自动换行功能，因此，必须对整个字符串进行“断句”，每一行设一回车换行符，标签构件才能一行一行地将数据显示在可视区；后者是字符型变量，字节数据必须连贯一致地存储在变量中，中间不能出现回车换行符，一旦出现，字符型变量便认为是结束。前者用于显示，后者用于存储，采用两种不同的技巧满足“视觉”与“底层运算”的双重目的。

10.2.1 数据库组态

本案例仅用到实时数据库与用户窗口，但脚本代码较复杂，首先在实时数据库建立所需要的数据存储变量和临时变量，指定变量类型，如图 10-1 所示。在“对象内容注释”中详尽地给出变量说明，如图 10-2 所示。

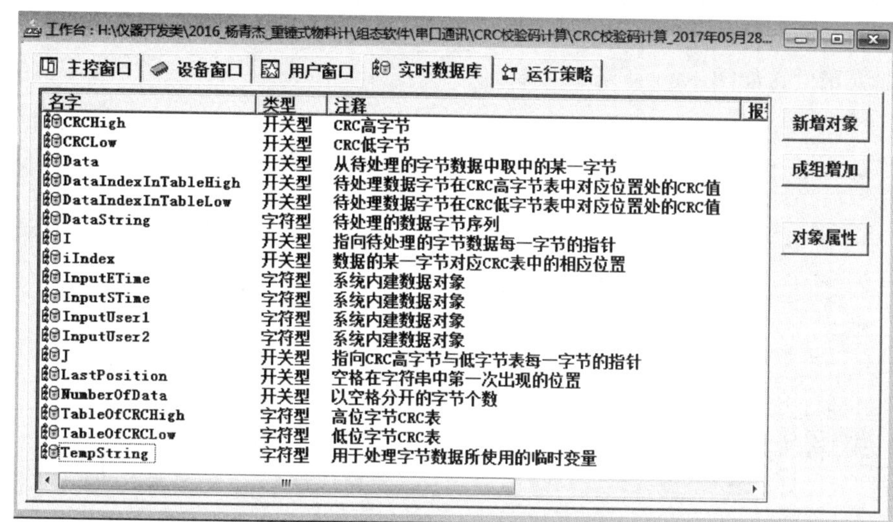

图 10-1 CRC 校验码计算过程所需变量定义列表图

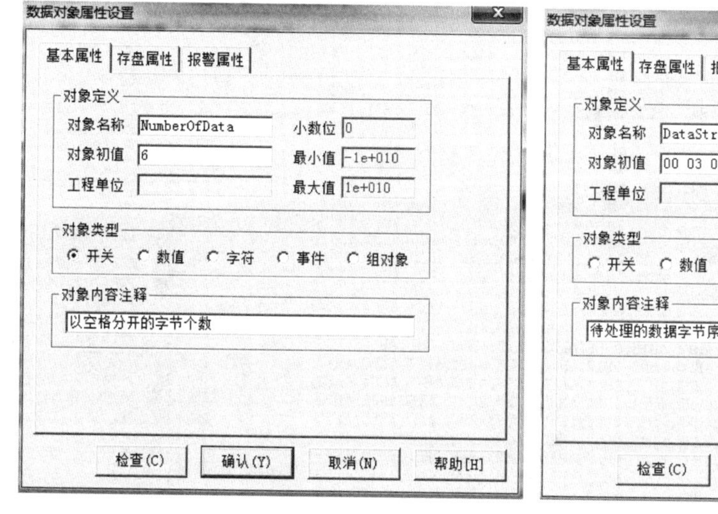

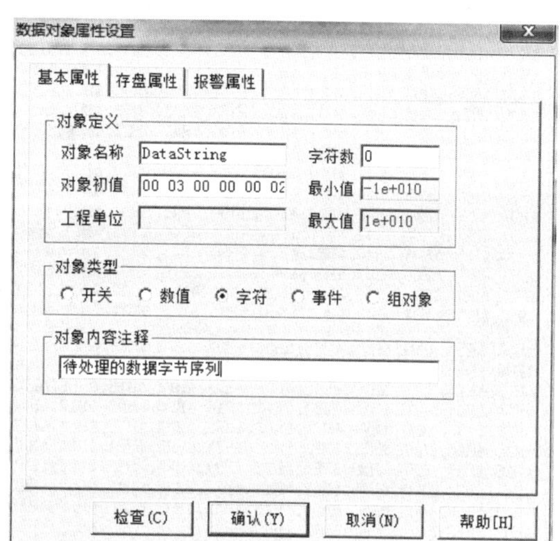

图 10-2 字节个数变量与字节数据变量设置界面

NumberOfData 和 DataString 两个变量给定了初始值，省去了程序运行时每次都要从界面输入的麻烦，当然，用户仍然可以按照自己的要求输入相应的字节序列，每个字节之间必须以空格隔开，字节个数与 NumberOfData 要完全一致。

本例程序的脚本代码实际上是对查表法求 CRC 的一种变形，用字符串代替数组，用索引值代替指针，完全根据 MCGSE 的语法与函数要求进行编写，实现难度较大。

10.2.2 界面组态

在用户窗口中点击“工具箱”中的“常用符号”按钮，如图 10-3 所示，选中“凹槽平面”与“凹平面”，在用户窗口中添加相应的图形。将凹平面对象的背底颜色设为白色，在上放置一个标签构件，边框颜色设为无，内部填充色设为白色，这样，就可以形成一个可以显示文字的具有凹凸感觉的画框，标签内的内容初值可以设为 CRC 低字节列表和高字节列表，每一行保证以回车换行符结尾。按上述过程可以构造出 CRC 高位字节值表、CRC 低位字节值表和数据输入示例，如图 10-4 所示。

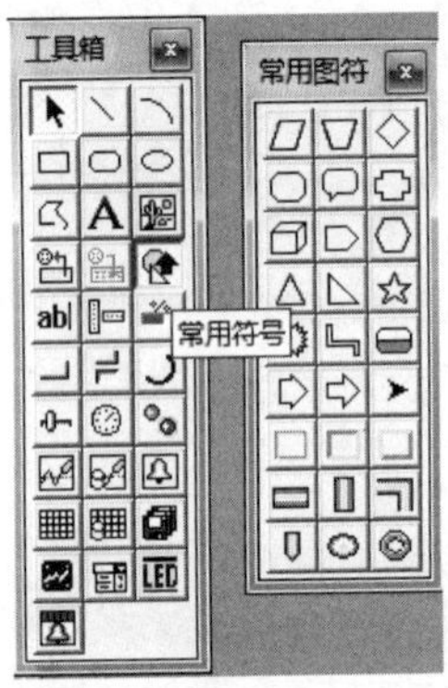

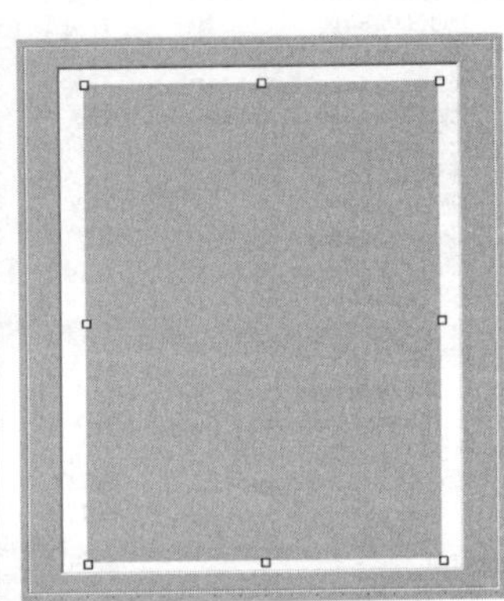

图 10-3 常用符号工具栏调用界面图

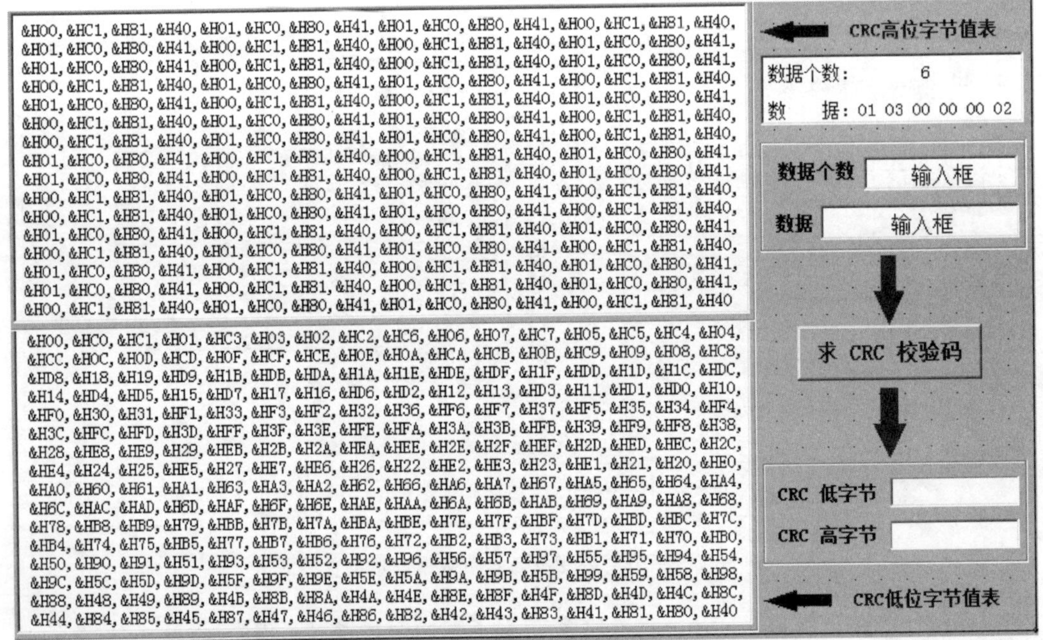

图 10-4 CRC 校验码计算界面设计图

在用户窗口中加入“求 CRC 校验码”按钮，这是唯一执行相应指令的触发开关，点击“求 CRC 校验码”后执行如下所示脚本程序：

* *

```
    CRCLow=255
    CRCHigh=255
    I=0
    J=0
    iIndex=0
    TempString=DataString
    While I<NumberOfData
        I=I+1
        '从字符串中取出以空格为间隔的各个字节
        If I<NumberOfData then
            '如果字节在前面,中间总会出现空格
            LastPosition=!instr(1, TempString," ")
            Data=!Hex2I(!mid(TempString,1,LastPosition-1))
            TempString=!trim(!Right(TempString,!Len(TempString)-LastPosition))
        Else
            '最后一个字节,没有空格
            Data=!Hex2I(!trim(TempString))
        Endif
        '每个字节与 CRC 表中对应位置的 CRC 值进行异或运算
        iIndex=!BitXOR(CRCLow, Data)
        J=iIndex
        '如果是 CRC 高字节表中的第一个字节
        If J=0 then
          DataIndexInTableHigh=!Hex2I(!Mid(TableOfCRCHigh,3,2))
        Endif
        '如果是 CRC 高字节表中的最后一个字节
        If J=255 then
            DataIndexInTableHigh =!Hex2I(!Mid(TableOfCRCHigh,!Len(TableOf-
CRCHigh)-1,2))
        Endif
        '如果是 CRC 高字节表中的中间字节
        If ((J<255)and (J>0))then
            DataIndexInTableHigh=!Hex2I(!Mid(TableOfCRCHigh,J*5+3, 2))
        Endif
        '计算 CRC 低字节的值
        CRCLow=!BitXOR(CRCHigh,DataIndexInTableHigh)
        '如果是 CRC 低字节表中的第一个字节
        If J=0 then
```

```
                DataIndexInTableLow=!Hex2I(!Mid(TableOfCRCLow,3,2))
            Endif
            '如果是 CRC 低字节表中的最后一个字节
            If J=255 then
                DataIndexInTableLow =!Hex2I(!Mid(TableOfCRCLow,!
Len(TableOfCRCLow)-1, 2))
        Endif
        '如果是 CRC 低字节表中的中间字节
        If ((J<255)and (J>0))then
            DataIndexInTableLow=!Hex2I(!Mid(TableOfCRCLow,J*5+3, 2))
        Endif
        '计算 CRC 高字节的值
        CRCHigh= DataIndexInTableLow
    Endwhile
```

* *

程序运行后的界面如图 10-5 所示，在“数据个数”标签后面的输入框中输入字节个数 6，在“数据”标签后面的输入框中输入以空格为分隔符的十六进制数“00 03 00 00 00 02”，点击“求 CRC 校验码”即可求出这 6 个字节的 CRC 校验码，CRC 低字节为 0xC5，高字节为 0xDA，这与前面采用手动计算过程得到的结果一致。

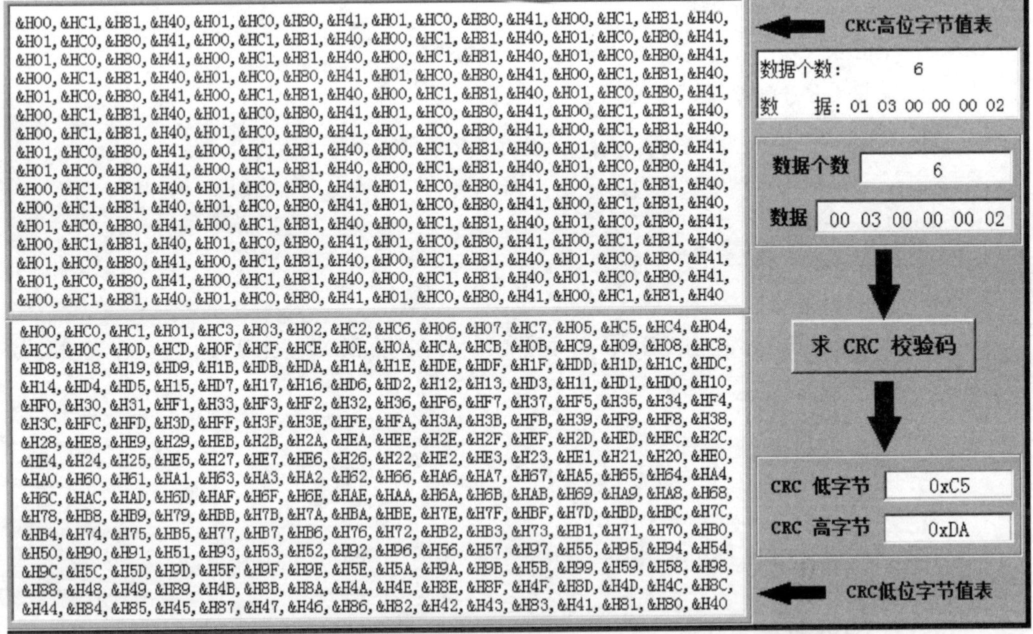

图 10-5 CRC 校验码计算过程图

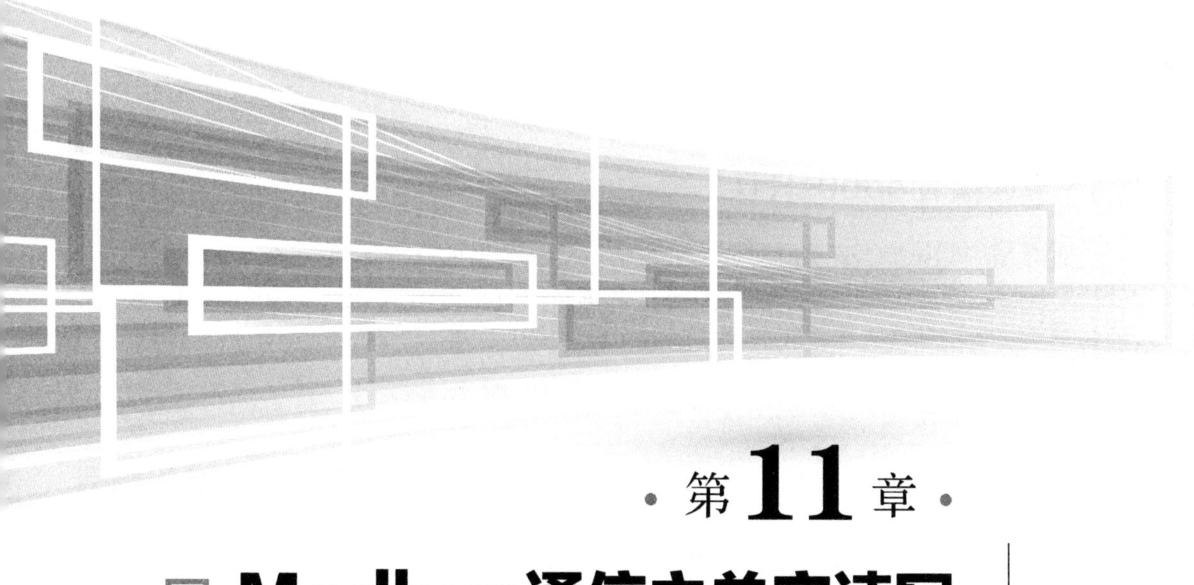

·第11章·

Modbus通信之单字读写——温湿度测量

Modbus是一个请求、应答协议，它是应用于电子控制器上的一种通用语言，主机向从机发出请求，从机根据请求指令要求，将数据打包后返回给主机，相当于应答过程。通过这种协议，主机与从机之间、控制器之间、控制器经由网络（例如以太网）和其他设备之间可以通信。Modbus协议定义了一个消息结构，这个消息结构能够被控制器识别，无论数据经过哪种线路进行传输。这种协议描述了一个控制器如何向其他设备发出请求、如何解析其他设备发来的应答、如何侦测错误等。单字读写表示访问单片机存储空间时使用的是以字节或字为单位的基本寄存器单元。

本章采用两种形式学习Modbus协议，一种是物理变量传感器（如温度、湿度、流量等），相当于模拟量输入装置AI（Anolog Input）；另一种为继电器输出控制器，相当于数字量输出装置DO（Digital Output）。

图11-1给出了Modbus协议的学习框架图，在MCGS中，对Modbus类仪表的操作主要是通过莫迪康ModbusRTU驱动构件完成的，该构件具有特殊的数据格式和操作方法，下面将详细介绍。

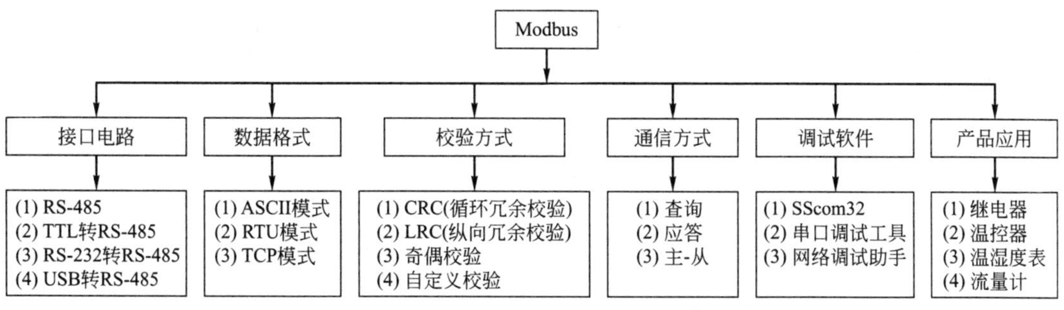

图11-1　Modbus协议学习框架图

11.1 莫迪康 ModbusRTU

莫迪康 ModbusRTU 驱动构件是主机与从机交流数据的软件接口，MCGS 软件通过该构件读写 Modicon PLC 设备的各种寄存器的数据，同时也可用于支持 ModbusRTU 标准协议的各类 PLC、温控仪表、变频器、控制器、智能模块等硬件设备的数据读写。

11.1.1 通信协议

串口子设备须挂接在“通用串口父设备”下才能工作，这个“通用串口父设备”就是指莫迪康 ModbusRTU 驱动构件，一个物理的串口对应一个父设备。比如，一台机器具有 3 个 COM 串口，则每个 COM 串口可以连接一个父设备的驱动，其他各类仪表、传感器称为子设备，既然是子设备，就应该服从于父设备的管理。因此，需要一个一个追加到父设备下。该驱动构件采用莫迪康 ModbusRTU 协议，这个协议规定了数据类型、寄存器类型、通信格式、操作指令等。

莫迪康 ModbusRTU 驱动构件采用的数据类型如表 11-1 所示，数据类型的第一个字母表示数据占据字节的长度，B（Byte）表示一个字节数据，W（Word）表示两个字节（一个字）数据，D（Double Word）表示四个字节（两个字）数据；最后一个或两个字母表示数据类型，B 表示二进制数（Binary），D 表示 BCD 码（Decimal），F 表示浮点数（Float）；字符中二进制数中带 U 表示无符号数（Unsigned），不带 U 的表示有符号数。

表 11-1 莫迪康 ModbusRTU 驱动构件数据类型

数据类型	说明	数据类型	说明
BTdd	位(dd 范围:00～15)	WD	16 位 4 位 BCD
BUB	8 位无符号二进制	DUB	32 位无符号二进制
BB	8 位有符号二进制	DB	32 位有符号二进制
BD	8 位 2 位 BCD	DD	32 位 8 位 BCD
WUB	16 位无符号二进制	DF	32 位浮点数
WB	16 位有符号二进制	STR	字符串

莫迪康 ModbusRTU 驱动支持 01、02、03、04、05、06、15、16 等常用功能码，如表 11-2 所示，可以对不同寄存器区域进行读或写操作。

表 11-2 莫迪康 ModbusRTU 驱动构件支持的寄存器及功能码

寄存器	数据类型	读功能码	写功能码	功能码说明	操作方式	通道举例
[1 区] 输入继电器	BT	02	—	02:读取输入状态	只读	10001 表示 1 区地址 1
[0 区] 输出继电器	BT	01	05 15	01:读取线圈状态 05:强制单个线圈 15:强制多个线圈	读写	00001 表示 0 区地址 1
[3 区] 输入寄存器	BT、WUB、WB、WD DUB、DB、DD、 DF、STR	04	—	04:读输入寄存器	只读	30001 表示 3 区地址 1

续表

寄存器	数据类型	读功能码	写功能码	功能码说明	操作方式	通道举例
[4 区] 输出寄存器	BT、WUB、WB、WD DUB、DB、DD、 DF、STR	03	06 16	03:读保持寄存器 06:预置单个寄存器 16:预置多个寄存器	读写	40001 表示 4 区地址 1

11.1.2 设备指令

莫迪康 ModbusRTU 驱动分为一主一从、一主多从两种通信方式，一主一从用于 TTL、RS-232 等方式；一主多从用于 RS-485 方式。莫迪康 ModbusRTU 驱动为主，设备为从。主从设备间通过指令交互数据，该设备驱动构件提供的设备命令如表 11-3 所示。

表 11-3 莫迪康 ModbusRTU 驱动构件提供的各种设备命令

设备命令	命令格式	命令举例
读取命令 Read	Read(寄存器名称,寄存器地址,数据类型=返回值)	例 1.1:!SetDevice(设备 0,6,"Read(0,1,BT00=Data00;1,10,BT00=Data01)") 读取 0 区地址为 1,1 区地址 10 的继电器值,放入 MCGS 变量 Data00,Data01 中
		例 1.2:!SetDevice(设备 0,6,"Read(4,10,WUB=Data00;4,40,DF=Data01)") 读取寄存器 4 区地址 10 的 16 位无符号值和地址 40 的浮点数值,放入 MCGS 变量 Data00,Data01 中
写入命令 Write	Write(寄存器名称,寄存器地址,数据类型=写入值)	例 1.3:!SetDevice(设备 0,6,"Write(4,10,WUB=Data00;4,40,DF=Data01)") 将 Data00,Data01 的值分别以 16 位无符号和浮点数写入 4 区寄存器地址 10 和 40 中
32 位读命令 Read32	Read32(寄存器名称,寄存器地址,数据类型=字符返回值)	例 2.1:!SetDevice(设备 0,6,"Read32(4,10,DUB=strData)") 读取 4 区寄存器中地址 10 的 32 位无符号值,放入字符变量 strData 中
32 位写命令 Write32	Write32(寄存器名称,寄存器地址,数据类型=字符写入值)	例 2.2:!SetDevice(设备 0,6,"Write32(DM,10,DUB=strData)") 将字符变量 strData 的值,以 32 位无符号格式写入 4 区寄存器地址 1 中。
批量读取 A ReadP	ReadP(寄存器名称,起始地址,数据类型,数据个数 *n*,数据 1,…,数据 *n* [,返回状态])	例 3.1:!SetDevice(设备 0,6,"ReadP(4,10,WUB,2,Data00,Data01,nReturn)") 表示读取 4 区寄存器从地址 10 开始的两个 16 位无符号数值,放入 MCGS 变量 Data00,Data01 中,执行结果存入变量 nReturn 中
批量读取 B ReadPV	ReadPV(寄存器名称,起始地址,数据类型,数据个数 n,数据 1 [,返回状态])	例 3.2:!SetDevice(设备 0,6,"ReadPV(4,10,WUB,5,Data00,返回值)") 表示读取 4 区寄存器从地址 10 开始的 5 个 16 位无符号数值,放入 MCGS 变量 Data00 为起始,连续 5 个变量(即:Data00,Data01,Data02,Data03,Data04)中,结果存入变量"返回值"中

续表

设备命令	命令格式	命令举例
批量读取 C ReadBlock	ReadBlock（寄存器名称，起始地址，[数据类型1][数据类型…]，读取数量 n，字符数据 [，返回状态]）	说明：读取数量是指读取 n 个数据类型中指定的数据段到字符变量中，数据类型可以有多个，之间用中括号分隔。 实际连续读取个数 = 读取数量 n *（数据类型 1＋数据类型 n） 返回数据“字符数据”格式为：123，456，xxx 的 csv 方式，每次读取时以回车换行结尾 例 3.3：!SetDevice（设备 0，6，“ReadBlock（4，10，[WUB][DF]，3，strData）”） 表示读取 4 区寄存器从地址 10 开始，按 WUB，DF 格式连续读取 3 组数据（即：数据格式为 WUB，DF，WUB，DF，WUB，DF），以相应格式解析并以逗号间隔的 CSV 格式存入字符变量 strData 中
批量读取 D ReadMutiReg	ReadMutiReg（寄存器名称，起始地址，数据个数 n，数据类型，字符数据）	说明：按指定数据类型批量读取起始地址开始连续地址的 n 个数据到字符变量数据中，数据间以逗号间隔 例 3.4：!SetDevice（设备 0，6，“ ReadMutiReg（4，10，5，DF，strData）”） 表示读取 4 区寄存器从地址 10 开始的 5 个 32 位浮点数值，并以逗号间隔形式放入 MCGS 字符串变量 strData 中 例如：字符变量 strData = “123.4，234.5，345.6，456.7，567.8”
批量写入 A WriteP	WriteP（寄存器名称，起始地址，数据类型，数据个数 n，数据 1，…，数据 n [，返回状态]）	例 4.1：!SetDevice（设备 0，6，“WriteP（4，10，WUB，2，Data00，Data01，nReturn）”） 表示将 MCGS 变量 Data00，Data01 的值，以 16 位无符号形式写入 4 区寄存器从地址 10 起始的两个寄存器中，执行结果存入变量 nReturn 中
批量写入 B WritePV	WritePV（寄存器名称，起始地址，数据类型，数据个数 n，数据 1 [，返回状态]）	例 4.2：!SetDevice（设备 0，6，“WritePV（4，10，WUB，5，Data00，nReturn）”） 表示将以 MCGS 变量 Data01 为起始，连续 5 个变量的值（即：Data00，Data01，Data02，Data03，Data04），以 16 位无符号形式写入 4 区寄存器从地址 10 起始的两个寄存器中，执行结果存入变量 nReturn 中
批量写入 C WriteBlock	WriteBlock（寄存器名称，起始地址，[数据类型1][数据类型…]，读取数量 n，字符数据 [，返回状态]）	说明：写入的数据在指定的字符数据对象中，格式为：xxx，xxx，xxx 的 csv 方式，每次读取时以回车换行结尾。其他具体格式参见 ReadBlock 例 4.3：!SetDevice（设备 0，6，“WriteBlock（4，10，[WUB][DF]，3，strData）”） 表示将 strData 字符变量中的 CSV 格式的数据，按指定格式，写入 4 区寄存器从地址 10 开始的连续地址中
批量写入 D WriteMutiReg	WriteMutiReg（寄存器名称，起始地址，数据个数 n，数据类型，字符数据）	说明：按指定数据类型将字符数据中以逗号间隔的 n 个数据，批量写入起始地址开始连续地址的 n 个数据到字符变量数据中，数据间以逗号间隔。 例 4.4：!SetDevice（设备 0，6，“ WriteMutiReg（4，10，5，DF，strData）”） 其中字符变量 strData = “123.4，234.5，345.6，456.7，567.8”，表示将字符串变量 strData 中以逗号间隔形式的 123.4 等 5 个数据，以浮点数形式写入 4 区寄存器从地址 10 开始连续 5 个地址中
通信日志	SetHiddenPro（1，属性值）	开启通信日志：!SetDevice（设备 0，6，“SetHiddenPro（1，1）”）
		开启错误日志：!SetDevice（设备 0，6，“SetHiddenPro（1，2）”）
		关闭通信日志：!SetDevice（设备 0，6，“SetHiddenPro（1，0）”）

续表

设备命令	命令格式	命令举例
属性获取	GetHiddenPro（1，属性值）	读取通信日志状态：!SetDevice(设备0,6,"GetHiddenPro(1,Data01)") Data01为1时，表示通信日志开启；为0时，表示通信日志关闭
		读取PLC延时：!SetDevice(设备0,6,"GetHiddenPro(2,Data01)") 读取PLC实际的响应延迟时间，存入变量Data01中
		读取最小采集耗时：!SetDevice(设备0,6,"GetHiddenPro(3,Data01)") 读取采集最小数据(1字长数据)所用耗时，存入变量Data01中

注：通常情况下，驱动日志功能默认为关闭状态。

设备指令中涉及不同的参数，下面对各参数进行详细的说明。

(1) 寄存器名称 字符型变量，表示当前操作的寄存器，值为“1”“0”“3”“4”，分别对应［1区］输入继电器、［0区］输出继电器、［3区］输入寄存器、［4区］输出寄存器。

(2) 寄存器地址 数值型变量，表示当前操作的寄存器地址，不同的设备地址范围不同，查阅相关手册确定，根据厂家提供说明书可以获得。

(3) 数据类型 字符型变量，表示当前操作的寄存器数据类型，如表11-1所示。

(4) 数据 数值型变量、开关型变量，是用来存储设备命令数据的MCGS变量，主要由整数、浮点数构成，现在单片机用的浮点数均是4个字节或8个字节。

(5) 返回状态 返回批量读写设备命令的执行状态（当设备命令格式错误时无效），具体返回值意义请参见表11-4通信状态说明，返回状态为可选参数（以［］标记），用户也可通过通信状态判断返回结果。

表11-4 莫迪康驱动构件通信状态值

通信状态值	说明
0	表示当前通信正常
1	表示采集初始化错误
2	表示采集无数据返回错误
3	表示采集数据校验错误
4	表示设备命令读写操作失败错误
5	表示设备命令格式或参数错误
6	表示设备命令数据变量取值或赋值错误

批量读写寄存器数据时，应注意以下几点：

① 批量读写操作（包括：ReadP、ReadPV、WriteP、WritePV）为对同类寄存器连续地址的一次性读写操作，数据个数最多为512个，建议一次批量操作数据量不要过大，否则会影响正常采集效果，使用时要注意变量对应寄存器地址的连续性。

② 批量读写ReadPV和WritePV为对连续变量的操作，使用时要注意保证变量命名的连续性。

③ 批量读写ReadBlock和WriteBlock为对连续地址的读写操作，其字符变量格式为特定的CSV格式，在写入及读取解析时一定要注意符合格式要求。

11.1.3 通信过程监测

通信过程可以通过通信日志进行实时监测，设备命令中提供的通信日志功能是方便用户现场调试，默认为不开启状态。正常时无须开启，否则影响速度。当现场有疑难无法正常通信时，可开启通信日志功能，记录日志信息，将通信过程记录以供技术人员分析。对于通信跳变等不稳定状态，可以开启通信错误日志记录（即：当通信不正常时，记录通信错误的日志，而正常通信时不记录日志）。通信日志默认保存为 C：\ ModbusRTU. log（TPC 下为 \ harddisk \ ModbusRTU. log）。当文件大于 6M 时自动清空。

日志格式举例说明如表 11-5 所示。

表 11-5 莫迪康 ModbusRTU 驱动构件通信日志格式

设备地址	行号	操作时间	发/收时间	发/收次数	字节长度	耗时	发送或接收内容
Address:01	Line001	(2007-12-05 6:21:51)	[1289961]	Send0/Revc0	[8 Byte]	[20ms]	010200000001B9CA

使用设备命令中提供的属性获取功能，可以获得通信日志状态、PLC 延时、最小采集耗时等数据。

(1) 通信日志状态 读回值为 1 时，表示通信日志开启；读回值为 2 时，表示开启错误日志；为 0 时，表示通信日志关闭。

(2) PLC 延时 为 PLC 实际的响应延迟时间，即：驱动读写指令帧发出后到 PLC 响应并开始返回数据帧所用的时间。

(3) 最小采集耗时 为采集最少数据（1 字长数据）所耗费的时间，最小采集耗时＝发指令帧耗时＋ PLC 延时＋接收数据帧耗时。

用户在调试时，可根据 PLC 延时、最小采集耗时判断 PLC 的实际响应时间，并结合驱动通信日志判断采集速度是否正常，如数据值过大，说明 PLC 可能因程序过大而导致响应时间过长，影响采集速度，解决方法为优化 PLC 程序，提高 PLC 响应时间。

11.2 温湿度信号输入

本例选用温湿度传感器，这种传感器广泛适用于通信机房、仓库楼宇以及自控等需要温湿度监测的场所。传感器内的输入电源、测温单元、信号输出三部分完全隔离。主要技术指标如下：

供电电源：10～30 V DC　　存储环境：－40～80℃

湿度精度：±3%RH　　湿度测量范围：0～100%RH

温度精度：±0.5℃　　温度测量范围：－40～80℃

输出信号：RS-485、继电器、蜂鸣器　　参数配置：软件设置

RS-485 有两根数据线，一根为 A＋，另一根为 B－，A＋电压高于 B－，利用两根数据线的电压差传输数据信号。因此，同一时刻，数据只能从一方发往另一方，主机与从机不能同时发送数据，这种方式称为半双工通信。RS-485 是一对多的通信协议，一台主机可以与多台从机通信，如何访问多台从机呢？这就如同人们快递物品一样，要写好收件人的地址。在计算机世界，地址是通过二进制表示的，只要把每个传感器标示为不同的号码，例如 01、02、03、04 等，台式机就可通过这些地址号码识别每个传感器。图 11-2 列出了台式机（主机）与多个传感器（从机）的通信接线方式。台式机通过 USB 转 RS-485 或 RS-232 转 RS-485 接口与多个传感器相连，每个传感器的 A＋与台式机的 A＋相连，B－与台式机的 B－相连，相当于将传感器并联起来，每个传感器单独供电。图 11-3 给出了晶壳式温湿度传

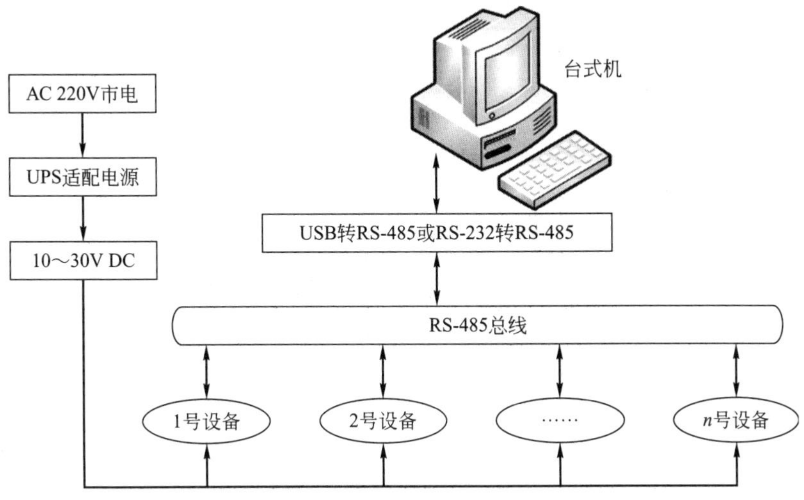

图 11-2 温湿度变送器与上位机通信接线示意图

感器的接线图，1、2 端子连接直流电源（极性千万不能接错，否则会烧坏传感器!），3、4、7、8 与传感器对应颜色的线相连，5 与 6 为 RS-485 接口。线路连好后上电，传感器的液晶屏会显示当前的温度与湿度。

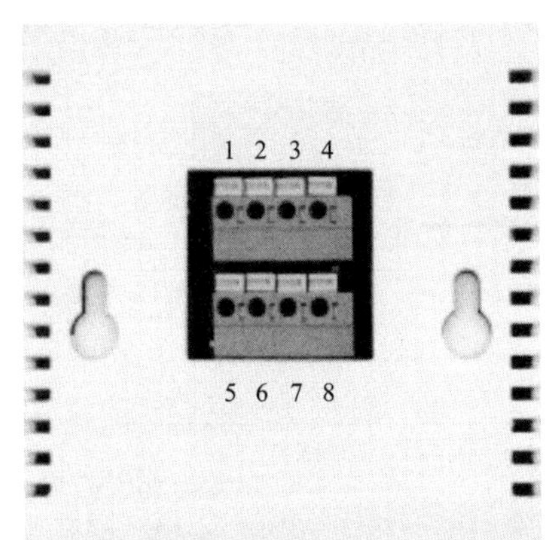

序号	说明
1	电源正(10～30V DC)
2	电源负(10～30V DC)
3	传感器黄色线
4	传感器棕色线
5	RS-485 A+
6	RS-485 B−
7	传感器黑色线
8	传感器蓝色线

图 11-3 温湿度传感器液晶壳接线图

11.2.1 通信参数

通信参数需要在台式机与传感器上分别设置。传感器仅需设置波特率和地址，保证与台式机上设置的波特率和地址相同。台式机上需要设置的其他参数如表 11-6 所示，包括数据位、停止位和奇偶校验位，在传感器上没有这些参数。通信参数是主机与从机通信的一种规约，相当于两者在一定的频率段进行通信，通信前必须检查设置得是否正确，很多问题都发生在连线与参数设置方面，下面是统计的一些问题。

① 电脑有多个 COM 串口，选择的串口不正确。

② 设备地址错误，或者存在地址重复的设备（出厂默认全部为 1）。

③ 波特率，校验方式，数据位，停止位错误。

④ 主机轮询时间间隔和等待应答时间太短，需要都设置在 200ms 以上。

⑤ RS-485 总线有断路，或者 A+、B− 线接反。

表 11-6 通信基本参数

参数	参数值	说明
波特率	出厂默认值为 4800Baud/s	2400Baud/s、4800Baud/s、9600Baud/s 可选
数据位	8 位	
奇偶校验位	无	
停止位	1 位	

⑥ USB 转 RS-485 驱动未安装或者损坏。

⑦ 设备损坏。

⑧ 设备数量过多或布线太长，需就近供电，加 RS-485 增强器，同时增加 120Ω 终端电阻。

11.2.2 数据帧格式

数据帧格式是指主机向从机或从机向主机发送数据各个字节的定义，串口通信种类多样，必须掌握数据帧中每个字节的功能，正确地发送与接收数据，然后在后续的数据解析中才能取出想要的字节段。

图 11-4 列出了主机问询帧与从机应答帧的结构。

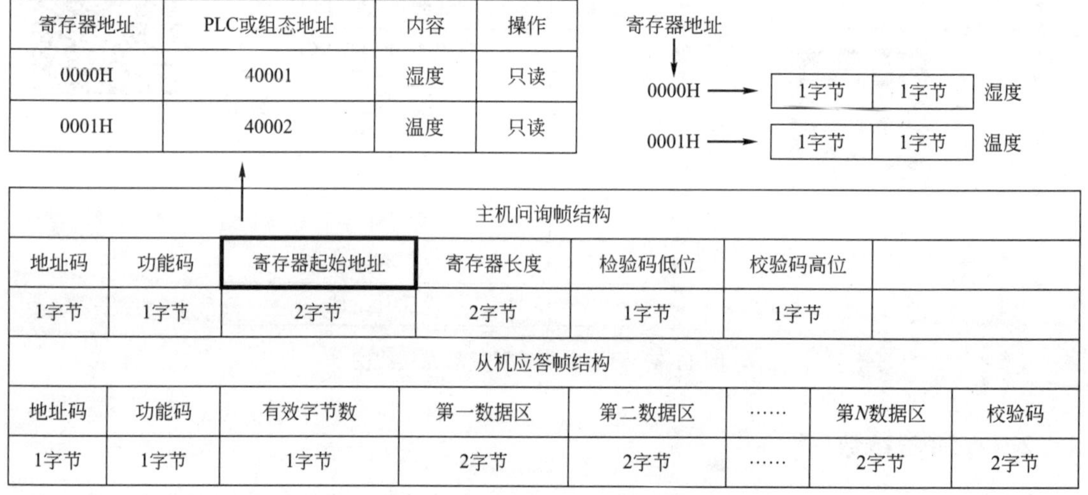

图 11-4 主机问询帧与从机应答帧结构图

(1) 地址码 占用一个字节，可以表示的数为 0～255，一般情况下，0 或 256（FFH）表示广播地址，当主机连接一台从机时，发送广播地址会识别从机，此时，无论从机的地址具体是多少，都会应答主机的请求，比如，某个传感器地址为 5，但是用户并不知道，此时发送广播地址便可实现通信。如果连接两台或多台从机时不能用广播地址，此时从机返回给主机的数据会碰撞。因此主机没有返回数据。

(2) 功能码 功能码是指对某类寄存器进行操作的识别代码，比如用户是想操作保持寄存器，还是想操作输出寄存器。寄存器种类较多，这个功能码就是区别不同功能、不同类别寄存器的编码。

(3) 寄存器起始地址 寄存器内存储有通信过程中的数据，当访问寄存器时，需要指定寄存器的起始地址，然后指令指针从这个地址开始，按照指定顺序依次访问后面的数据，比如，如果是字符型数据，则一个字节一个字节地访问；如果是整型，则一个字（两个字节）一个字地访问；如果是浮点型，则四个字节四个字节地访问。因此，只有数据类型决定了存储空间分界，指令指针才会方便地找到这段存储空间的起始位置。

(4) 寄存器长度 寄存器长度是指从起始地址开始向后延伸的字的长度，每个字占用两个字节。因此当寄存器长度为 2 时，则表示向后取 2 个字，相当于 4 个字节。

(5) 校验码 校验码是对数据进行校验以检查数据在通信过程中是否发生错误的两个字节，这两个字节谁前谁后是大家要考虑的关键问题，因为，数据在计算机中存储时，会产生“高位高地址、低位低地址”和“高位低地址、低位高地址”两种方式。如果用 CRC1 和 CRC2 表示校验码，则其结构有“CRC1 CRC2”和“CRC2 CRC1”两种形式。形式选错了，即使数据发送出去，从机也不会返回数据，因为指令的编写是错误的。CRC 如何计算呢？后续采用 Modbus 协议时已经进行了封装和计算，用户不用担心，只要设定好前后顺序即可。

本例中，采用 RS-485 的温湿度传感器，其指令具体形式遵循上述标准 Modbus 协议，如图 11-5 所示。主机向从机发送完指令“01 03 00 00 00 02 C4 0B”，表示从 01 号地址的从机读取（03）保持寄存器，从 00 00 地址开始读，读入 00 02 个字。经过少许时间延时，从机处理完数据后，将返回数据包发送到主机，此时接收到“01 03 04 02 92 FF 9B 5A 3D”，表示从机地址为 01 的传感器传回了保持（03）寄存器的值，数量是 04 个字节，后面依次是 4 个字节的数据“02 92 FF 9B”，从机自动生成校验码“5A 3D”。根据图 11-5 接收数据结构定义可知，“02 92”为湿度值，“FF 9B”为温度值。

主机问询帧	地址码	功能码	起始地址		数据长度		校验码低位	校验码高位
	1字节	1字节	2字节		2字节		1字节	1字节
	01H	03H	00H	00H	00H	02H	C4H	0BH
	发送指令：01 03 00 00 00 02 C4 0B							

从机应答帧	地址码	功能码	返回字节	湿度值		温度值		校验码低位	校验码高位
	1字节	1字节	1字节	2字节		2字节		1字节	1字节
	01H	03H	04H	02H	92H	FFH	9BH	5AH	3DH
	接收指令：01 03 04 02 92 FF 9B 5A 3D								

图 11-5 主机发送指令与接收指令结构分解图

(1) 温度计算 将十六进制数转化为有符号的十进制数，然后除以 10。温度大于 0℃，直接按正的整数处理；如果温度低于 0℃，数据以补码的形式上传。

例如：FF 9B H（十六进制）＝ －101 ＝> 温度＝ －10.1℃

(2) 湿度计算 湿度与温度相同，是由两个字节构成的一个字组成，低位高地址，高位低地址，举例说明，“02 92”表示湿度，02 这个字节在十六进制中表示高位，但是它存放在指令的低地址处，在 0x92 这个字节的前面，相当于低地址，所以称为高位（相当于十进制的百位、千位）低地址（放在前面，越往前，地址数越小）。

例如：02 92 H（十六进制）＝ 658 ＝> 湿度＝ 65.8%RH。

11.3 MCGSE组态过程

11.3.1 设备组态

在MCGSE组态环境点击“设备窗口”，弹出如图11-6所示界面，通过设备工具箱向设备窗口中添加“通用串口父设备”，按图中要求进行串口通信参数设置，台式机与传感器的通信波特率必须保持一致，串口号必须是台式机已有的并且没有被占用的COM端口。

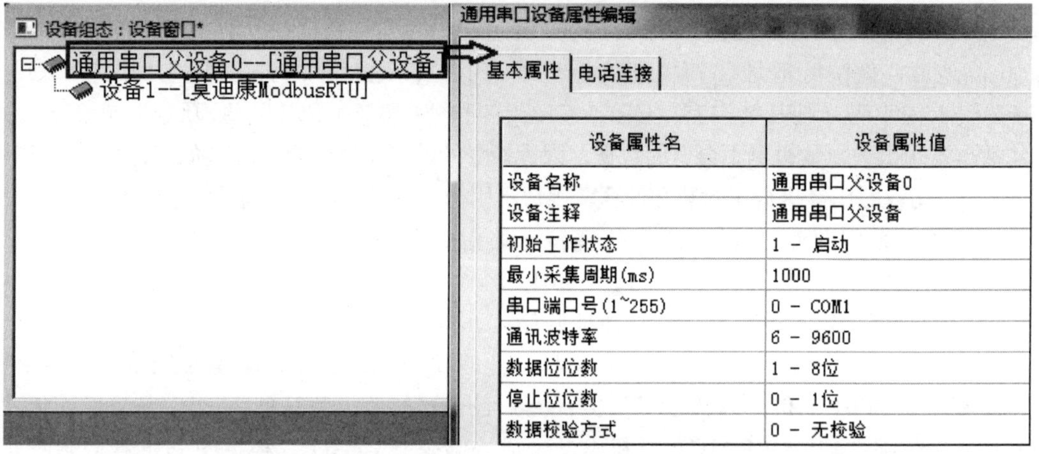

设备属性名	设备属性值
设备名称	通用串口父设备0
设备注释	通用串口父设备
初始工作状态	1 - 启动
最小采集周期(ms)	1000
串口端口号(1~255)	0 - COM1
通讯波特率	6 - 9600
数据位位数	1 - 8位
停止位位数	0 - 1位
数据校验方式	0 - 无校验

图11-6 通用串口父设备基本属性设置窗口

向“通用串口父设备”中添加“莫迪康ModbusRTU”子设备，其参数设置窗口如图11-7所示。该窗口列出了子设备的地址、通信等待时间、指令解码顺序等属性。

设备属性名	设备属性值
[内部属性]	设置设备内部属性
采集优化	1-优化
设备名称	设备1
设备注释	莫迪康ModbusRTU
初始工作状态	1 - 启动
最小采集周期(ms)	100
设备地址	1
通讯等待时间	200
快速采集次数	0
16位整数解码顺序	0 - 12
32位整数解码顺序	0 - 1234
32位浮点数解码顺序	0 - 1234
校验方式	0 - LH[低字节,高字节]
分块采集方式	0 - 按最大长度分块
4区16位写功能码选择	0 - 0x06

图11-7 子设备参数设置窗口

(1) 最小采集周期 MCGS 对设备进行操作的时间周期，单位为 ms，默认为 100ms，根据采集数据量的大小，设置值可适当调整。

(2) 设备地址 必须和实际设备的地址相一致，范围为 0～255，默认值为 0。此处设置为 1，与传感器子设备相同。

(3) 通信等待时间 通信数据接收等待时间，默认设置为 200ms，根据采集数据量的大小，设置值可适当调整，值小了会导致数据来不及返回。

(4) 快速采集次数 对选择了快速采集的通道进行快采的频率（已不使用，为与老驱动兼容，故保留，无须设置）。

(5) 16 位整数解码顺序 16 位整数解码顺序见表 11-7。

表 11-7 16 位整数解码顺序

字节顺序	16 位整数解码顺序	举例:0001H
0—12	表示字元件高低字节不颠倒(默认值)	表示 1(00 01H)
1—21	表示字元件高低字节颠倒	表示 256(01 00H)

调整字元件的解码顺序，对于 Modicon PLC 及标准 PLC 设备，使用默认值即可。

(6) 32 位整数解码顺序 32 位整数解码顺序见表 11-8。

表 11-8 32 位整数解码顺序

字节顺序	32 位整数解码顺序	举例:00 00 00 01H
0—1234	表示双字元件不做处理直接解码(默认值)	表示 1(00 00 00 01H)
1—2143	表示双字元件高低字不颠倒,但字内高低字节颠倒	表示 256(00 00 01 00H)
2—3412	表示双字元件高低字颠倒,但字内高低字节不颠倒	表示 65536(00 01 00 00H)
3—4321	表示双字元件内 4 个字节全部颠倒	表示 1677 7216(01 00 00 00H)

调整双字元件的解码顺序，对于 Modicon PLC，请设置为“2—3412”顺序解码。

(7) 32 位浮点数解码顺序 32 位浮点数解码顺序见表 11-9。

调整双字元件的解码顺序，对于 Modicon PLC，请设置为“2—3412”顺序解码。

表 11-9 32 位浮点数解码顺序表

字节顺序	32 位浮点数解码顺序	举例:3F 80 00 00H
0—1234	表示双字元件不做处理直接解码(默认值)	表示 1.0
1—2143	表示双字元件高低字不颠倒,但字内高低字节颠倒	表示－5.78564e－039
2—3412	表示双字元件高低字颠倒,但字内高低字节不颠倒	表示 2.27795e－041
3—4321	表示双字元件内 4 个字节全部颠倒	表示 4.60060e－041

(8) 校验方式 选择 LRC 校验值的组合方式，对于 Modicon PLC 及标准 PLC 设备，使用默认设置即可。

0—LH［低字节，高字节］：校验结果为 2 个字节，低字节在前，高字节在后。

1—HL［高字节，低字节］：校验结果为 2 个字节，高字节在前，低字节在后。

(9) 分块采集方式 驱动采集数据分块的方式，对于 Modicon PLC 及标准 PLC 设备，使用默认设置可以提高采集效率。

0— 按最大长度分块：采集分块按最大块长处理，对地址不连续但地址相近的多个分块，分为一块一次性读取，以优化采集效率。

1— 按连续地址分块：采集分块按地址连续性处理，对地址不连续的多个分块，每次只采集连续地址，不做优化处理。

例如：有 4 区寄存器地址分别为 1～5，7，9～12 的数据需采集，如果选择“0—按最大长度分块”，则两块可优化为地址 1～12 的数据打包 1 次完成采集；如果选择“1—按连续地址分块”，则需要采集 3 次。

(10) 4 区 16 位写功能码选择 写 4 区单字时功能码的选择，这个属性主要是针对自己制作设备的用户而设置的，这样的设备 4 区单字写可能只支持 0x10 功能码，而不支持 0x06 功能码。

0—0x06：单字写功能码使用 0x06。

1—0x10：单字写功能码使用 0x10。

“解码顺序”及“校验方式”设置主要针对非标准 ModbusRTU 协议的不同解码及校验顺序。当用户通过本驱动软件与设备通信时，如果出现解析数据值不对，或者通信校验错误(通信状态为 3)，可与厂家咨询后对以上两项进行设置，而对于 Modicon PLC 及支持标准 ModbusRTU 的 PLC 及控制器等设备，一般需将“32 位整数解码顺序”和“32 位浮点数解码顺序”设置为“2—3412”。另外，在使用本驱动与“Modbus 串口数据转发设备”构件通信时，“解码顺序”及“校验方式”均需按默认值设置，否则会导致通信失败或解析数据错误。

“分块采集方式”设置主要针对非标准 ModbusRTU 协议设备。当用户通过本驱动软件与设备通信时，如果按默认“0—按最大长度分块”，出现读取连续地址正常，而读取不连续地址不正常时，可与厂家咨询，并设置为“1—按连续地址分块方式”尝试是否可正常通信。而对于 Modicon PLC 及支持标准 ModbusRTU 的 PLC 及控制器等设备，直接使用默认设置即可，这样可以提高采集效率。

11.3.2 数据组态与窗体组态

温湿度传感器具有温度与湿度两个数值，从传感器传上来时为开关型变量，即整型，因此，需要建立与之对应的温度 1 与湿度 1 两个开关型变量；计算得到的值除以 10 为小数，这两个变量应设置为浮点型，在 MCGSE 中为数值型，因此，还要建立对应的两个数值型变量，如图 11-8 所示。

主控窗口　设备窗口　用户窗口　实时数据库

名字	类型	注释	报警
InputETime	字符型	系统内建...	
InputSTime	字符型	系统内建...	
InputUser1	字符型	系统内建...	
InputUser2	字符型	系统内建...	
湿度	数值型		
湿度1	开关型		
温度	数值型		
温度1	开关型		

图 11-8　实时数据库窗口

在用户窗口中添加 4 个标签构件，分别命名为“湿度”“温度”“%RH”“℃”，再添加两个标签，设定黑色边框和白色背底，与数据库中的“温度”与“湿度”两个数值型变量进行关联。如图 11-9 所示。

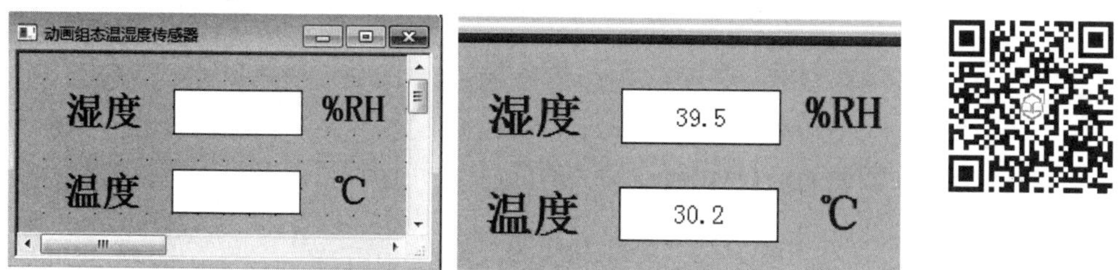

图 11-9 温湿度传感器组态窗口（左）与程序执行结果图（右）

11.3.3 策略组态

建立一个循环策略，如图 11-10 所示，按照“属性设置”->“条件设置”->“脚本设置”过程依次输入各项参数，循环时间设置为 200ms。

策略属性设置
循环策略属性
策略名称
循环策略
策略执行方式
定时循环执行，循环时间(ms)： 200
在指定的固定时刻执行：
1 月 1 日 0 时 0 分 0
策略内容注释
按照设定的时间循环运行
检查(K) 确认(Y) 取消(C) 帮助(H)

图 11-10 循环策略循环时间设置窗口

在脚本窗口中输入下列脚本程序代码：

＊＊

```
!SetDevice(设备 1,6,"Read(4,1,WUB=湿度 1;4,2,WUB=温度 1)")
湿度=湿度 1/10
温度=温度 1/10
```

＊＊

上述指令!SetDevice 表示读取 4 区寄存器地址 1 开始的 16 位无符号数（湿度数值）和 4 区寄存器地址 2 开始的无符号数（温度数值）。使用!SetDevice 命令需要注意几点：第一，要分清所读写的数据是何种类型，即开关型、浮点型；第二，数据所占用的字节数，在存储空间中占的位长；第三，起始地址，从哪个寄存器开始读写数据；第四，要读写的参数处于哪个区。在这里面，最复杂也最难的是对浮点型数据的读写，因为浮点型数据占至少 4 个字节，顺序非常重要。

11.4　继电器输入与输出

前一节以 Modbus 协议读取了温湿度数据，接下来采用 DAM0808-RS-485 继电器输入输出模块学习输出控制，如图 11-11 所示。其主要工作参数如下：

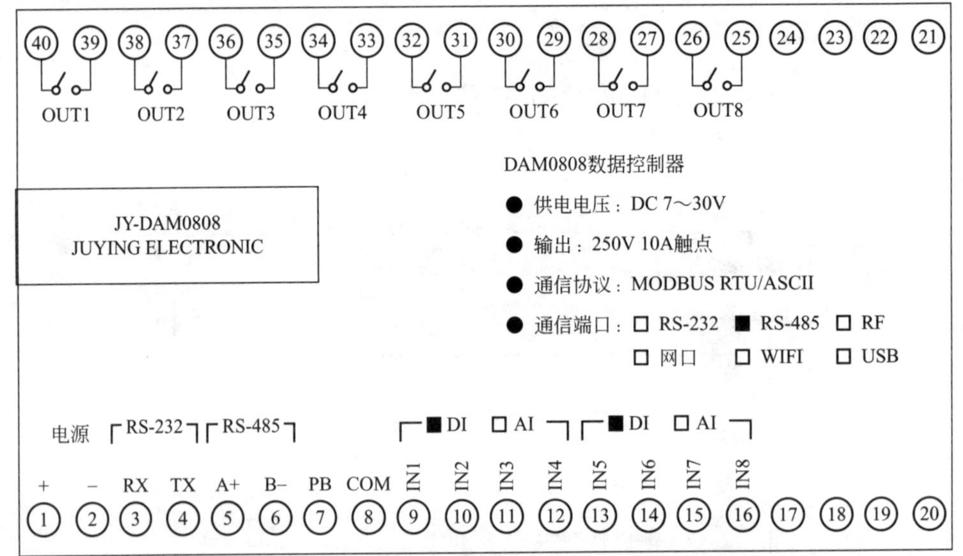

图 11-11　DAM0808 继电器控制卡面板接线示意图

供电电压：DC 7～30V；

通信接口：RS-485；

通信协议：标准 Modbus RTU 协议；

通信波特率：2400，4800，9600，19200，38400（可以通过软件修改，默认 9600）；

继电器输出：8 路，IN1～IN8；

设备地址：可以设置 0～255 个设备地址，通过软件设置。设备地址＝拨码开关地址＋偏移地址。本设备是没有拨码开关的设备，所以设备地址＝偏移地址。254 为设备的广播地址，广播地址在总线上只有一个设备时可以使用，大于 1 个设备时请以拨码开关区分地址来控制，否则会因为模块在通信数据的判断不同步而导致指令无法正确执行。

电脑自带的串口是 RS-232，需要配 RS-232 转 RS-485 转换器（工业环境建议使用有源带隔离的转换器），转换后 RS-485 为 A＋、B－两线，A＋接板上 A＋端子，B－接板上 B－端子，如图 11-12 所示。RS-485 屏蔽线可以接 GND，屏蔽线不是必须，但在通信误码率大的情况下必须接上，即便距离很近也可能出现此类情况。若设备比较多建议采用双绞屏蔽线，采用链型网络结构。

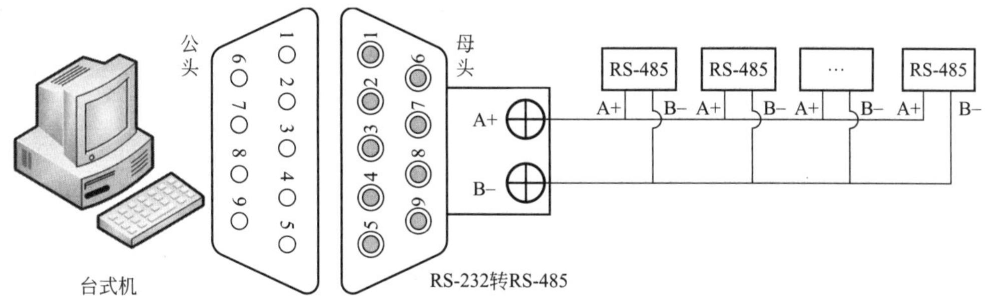

图 11-12 RS-485 与多个 DAM0808 连接示意图

继电器的输出有两种形式，一种为有源，即被连接的外部设备自身具备供电能力，如图 11-13(b) 所示，不需要外部供电；另一种为无源开关，开关触点需要外接驱动电源，如图 11-13(a) 所示。

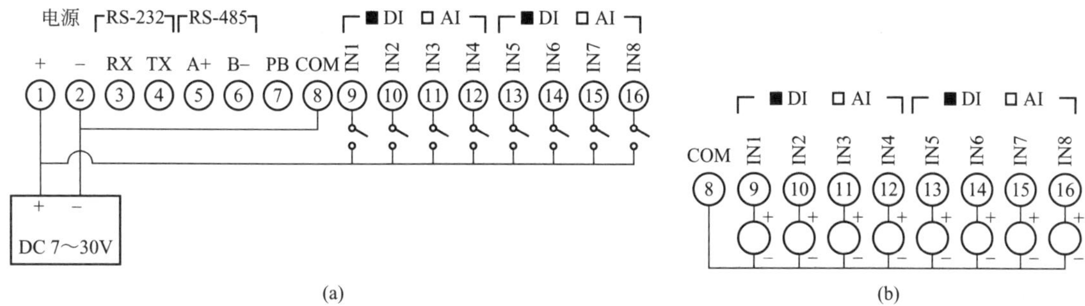

图 11-13 无源开关量接线（a）与有源开关量接线（b）示意图

DAM0808 控制卡主要为线圈寄存器，支持指令码 1、5 和 15，其中指令码 1 表示读线圈寄存器；指令码 5 表示写单个线圈寄存器；指令码 15 表示写多个线圈寄存器。表 11-10 列出了 DAM0808 控制卡打开关闭继电器与查询继电器状态指令的构造过程，表 11-11 更加详细地列出了每条指令的具体构成，对于表中没有的指令，用户可以根据 Modbus 协议生成，对于继电器线圈的读写，实际是对 Modbus 寄存器中的线圈寄存器的读写，用户只需生成对寄存器操作的读写指令即可。例如读或写继电器 1 的状态，实际上是对继电器 1 对应的线圈寄存器 0001 的读写操作。

11.4.1 设备组态

在设备窗口中添加“通用串口父设备”，设置与 DAM0808 对应的波特率，根据计算机使用串口情况设置串口号，如图 11-14 所示。然后，向“通用串口父设备”中添加“莫迪康 ModbusRTU”子设备，其参数设置如图 11-15 所示，保持与父设备相同的串口号 COM1，通信等待时间为 200ms，16 位整数解码为 12，4 区 16 位写功能码选择 06，这样，完成了对莫迪康子设备驱动构件的参数设置，实现了串口驱动构件与硬件之间的关联，驱动通过指令与硬件通信，采集到的数据传到实时数据库，窗口构件与实时数据库中的变量进行关联，从而实现了从硬件到软件的监测与控制。可参考二维码视频讲解。

表 11-10 DAM0808 控制卡常用指令解析

指令功能	字段	含义	备注
控制继电器开	发送指令:FE 05 00 00 FF 00 98 35 功　　能:打开第 1 路继电器		
	FE	设备地址	这里为广播地址
	05	05 功能	写单个线圈指令
	00 00	地址	要控制继电器寄存器的地址(第 1 路继电器)
	FF 00	开关状态	打开继电器的动作
	98 35	CRC16	前 6 个字节数据的 CRC16 校验和
	返回指令:FE 05 00 00 FF 00 98 35 功　　能:返回继电器的状态		
	FE	设备地址	这里为广播地址
	05	05 功能	写单个线圈指令
	00 00	地址	要控制继电器寄存器的地址(第 1 路继电器)
	FF 00	开关状态	继电器处于打开的状态
	98 35	CRC16	前 6 个字节数据的 CRC16 校验和
查询 8 路继电器	发送指令:FE 01 00 00 00 08 29 C3 功　　能:查询 8 路继电器的开关状态		
	FE	设备地址	这里为广播地址
	01	01 指令	读取继电器状态指令
	00 00	起始地址	要查询的第一个继电器寄存器地址
	00 08	查询数量	要查询的继电器数量
	29 C3	CRC16	前 6 个字节数据的 CRC16 校验和
	返回指令:FE 01 01 00 61 9C		
	FE	设备地址	这里为广播地址
	01	01 指令	读取继电器状态指令;如果查询错误,返回 81H
	01	字节数	返回状态信息的所有字节数
	00	查询的状态	返回的继电器状态。 Bit0:第一个继电器状态,1 为开,0 为关; Bit1:第二个继电器状态,1 为开,0 为关; …… Bit7:第八个继电器状态,1 为开,0 为关
	61 9C	CRC16	前 6 个字节数据的 CRC16 校验和

表 11-11 继电器状态查询指令与继电器开关控制指令

指令功能	发送指令 RTU 格式(16 进制)	返回指令 RTU 格式(16 进制)
查询 8 寄存器状态	FE 01 00 00 00 08 29 C3	FE 01 01 00 61 9C
控制第 1 路开	FE 05 00 00 FF 00 98 35	FE 05 00 00 FF 00 98 35
控制第 1 路关	FE 05 00 00 00 00 D9 C5	FE 05 00 00 00 00 D9 C5
控制第 2 路开	FE 05 00 01 FF 00 C9 F5	FE 05 00 01 FF 00 C9 F5
控制第 2 路关	FE 05 00 01 00 00 88 05	FE 05 00 01 00 00 88 05
控制第 3 路开	FE 05 00 02 FF 00 39 F5	FE 05 00 02 FF 00 39 F5

续表

指令功能	发送指令 RTU 格式(16 进制)	返回指令 RTU 格式(16 进制)
控制第 3 路关	FE 05 00 02 00 00 78 05	FE 05 00 02 00 00 78 05
控制第 4 路开	FE 05 00 03 FF 00 68 35	FE 05 00 03 FF 00 68 35
控制第 4 路关	FE 05 00 03 00 00 29 C5	FE 05 00 03 00 00 29 C5
控制第 5 路开	FE 05 00 04 FF 00 D9 F4	FE 05 00 04 FF 00 D9 F4
控制第 5 路关	FE 05 00 04 00 00 98 04	FE 05 00 04 00 00 98 04
控制第 6 路开	FE 05 00 05 FF 00 88 34	FE 05 00 05 FF 00 88 34
控制第 6 路关	FE 05 00 05 00 00 C9 C4	FE 05 00 05 00 00 C9 C4
控制第 7 路开	FE 05 00 06 FF 00 78 34	FE 05 00 06 FF 00 78 34
控制第 7 路关	FE 05 00 06 00 00 39 C4	FE 05 00 06 00 00 39 C4
控制第 8 路开	FE 05 00 07 FF 00 29 F4	FE 05 00 07 FF 00 29 F4
控制第 8 路关	FE 05 00 07 00 00 68 04	FE 05 00 07 00 00 68 04

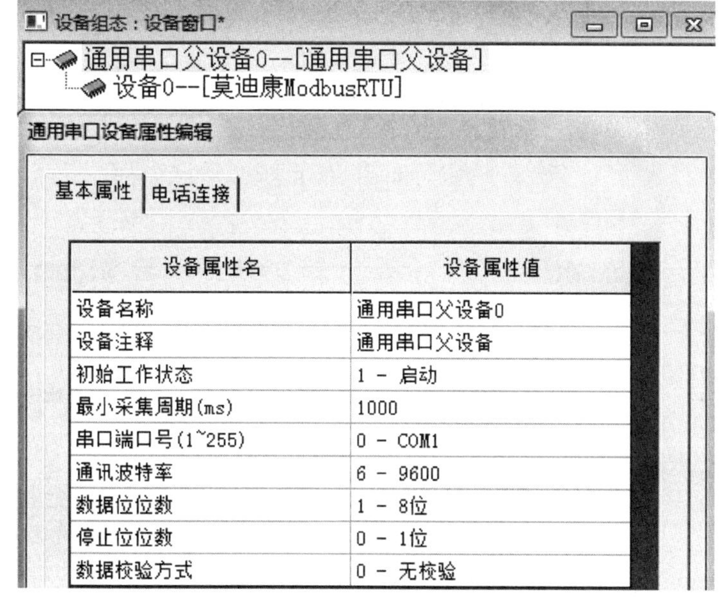

图 11-14 通用串口父设备参数设置界面

11.4.2 窗口组态与数据库组态

下面以打开与关闭线圈 1 到线圈 4 为例，首先建立 4 个变量 DI00、DI01、DI02、DI03 对应线圈 1 到线圈 4 的开关状态，打开状态为 1，关闭状态为 0。建立 4 个变量 DO00、DO01、DO02、DO03 对应线圈 1 到线圈 4，如果这 4 个变量为 1，则对应的线圈打开；如果为 0，对应的线圈关闭。变量的定义在“实时数据库”中组态完成，如图 11-16 所示，在 MCGSE 系统中，线圈寄存器以开关型数据类型进行定义，DI00 与 DO00 一个用于保存状态，另一个用于进行操作，无法用一个变量替代，相当于 DI00 保存的是过去时，DO00 为现在时。在用户窗口中建立 4 个按钮构件，分别对应 4 个线圈的执行动作，按下按钮打开继电器，再按下按钮关闭继电器，如图 11-17 所示。

设备属性名	设备属性值
[内部属性]	设置设备内部属性
采集优化	1-优化
设备名称	设备0
设备注释	莫迪康ModbusRTU
初始工作状态	1 - 启动
最小采集周期(ms)	100
设备地址	1
通讯等待时间	200
快速采集次数	0
16位整数解码顺序	0 - 12
32位整数解码顺序	0 - 1234
32位浮点数解码顺序	0 - 1234
校验方式	0 - LH[低字节,高字节]
分块采集方式	0 - 按最大长度分块
4区16位写功能码选择	0 - 0x06

图 11-15 莫迪康 ModbusRTU 子设备参数设置界面

主控窗口 设备窗口 用户窗口 实时数据库 运行策略

名字	类型	注释	报警
DI00	开关型		
DI01	开关型		
DI02	开关型		
DI03	开关型		
DO00	开关型		
DO01	开关型		
DO02	开关型		
DO03	开关型		
InputETime	字符型	系统内建...	
InputSTime	字符型	系统内建...	
InputUser1	字符型	系统内建...	
InputUser2	字符型	系统内建...	

新增对象 成组增加 对象属性

图 11-16 实时数据库组态界面图

每个按钮对应的脚本程序如下所示：

(1) 按钮 1 脚本

```
!SetDevice(设备 0,6,"SetHiddenPro(1,1)")
DO00=1-DO00
!SetDevice(设备 0,6,"Write(0,1,WUB=DO00)")
!sleep(5)
!SetDevice(设备 0,6,"Read(0,1,WUB=DI00)")
DO00=DI00
```

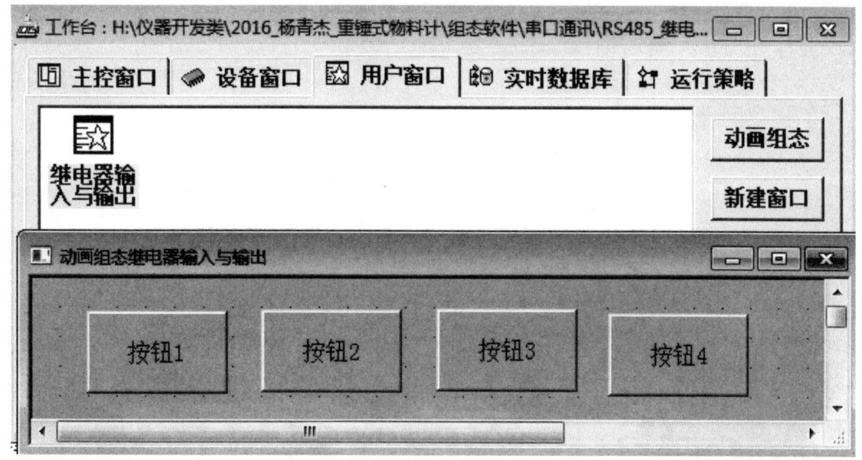

图 11-17 用户窗口构件设置图

(2) 按钮 2 脚本

```
!SetDevice(设备 0,6,"SetHiddenPro(1,1)")
DO01=1-DO01
!SetDevice(设备 0,6,"Write(0,2,WUB=DO01)")
!sleep(5)
!SetDevice(设备 0,6,"Read(0,2,WUB=DI01)")
DO01=DI01
```

(3) 按钮 3 脚本

```
!SetDevice(设备 0,6,"SetHiddenPro(1,1)")
DO02=1-DO02
!SetDevice(设备 0,6,"Write(0,3,WUB=DO02)")
!sleep(5)
!SetDevice(设备 0,6,"Read(0,3,WUB=DI02)")
DO02=DI02
```

(4) 按钮 4 脚本

```
!SetDevice(设备 0,6,"SetHiddenPro(1,1)")
DO03=1-DO03
!SetDevice(设备 0,6,"Write(0,4,WUB=DO03)")
!sleep(5)
!SetDevice(设备 0,6,"Read(0,4,WUB=DI03)")
DO03=DI03
```

第12章 Modbus通信之多址读写——多路温湿度测量

多址读写是读取多个从机设备的数据，RS-485 通信方式遵循标准 ModbusRTU 协议，可以实现一台主机与多台从机的通信要求，主机通过识别从机地址与每台从机进行数据交换。这种通信方式在工业中应用广泛，是组建小型局域网的基础，成本低廉。如果配加无线射频模块，还可以实现无线传输，进一步降低成本。

本章以温湿度传感器为例，讲述如何修改从机地址，如何通过串口与多个传感器进行通信。

图 12-1 列出了主机与多个温湿度传感器进行通信时连线示意图，主机通过公头 DB-9 针接口与 RS-232 转 RS-485 转换器的母头相连，转换器的另一端为两线接线端子，A+为高电平端，B−为低电平端，所有的 RS-485 子设备的 A+与主机 A+相连，B−与主机 B−相连，各个传感器供电采用 24V DC，以并联方式连接，在连线过程中需要注意 A+与 B−不能接反，传感器通电后才能传输数据。

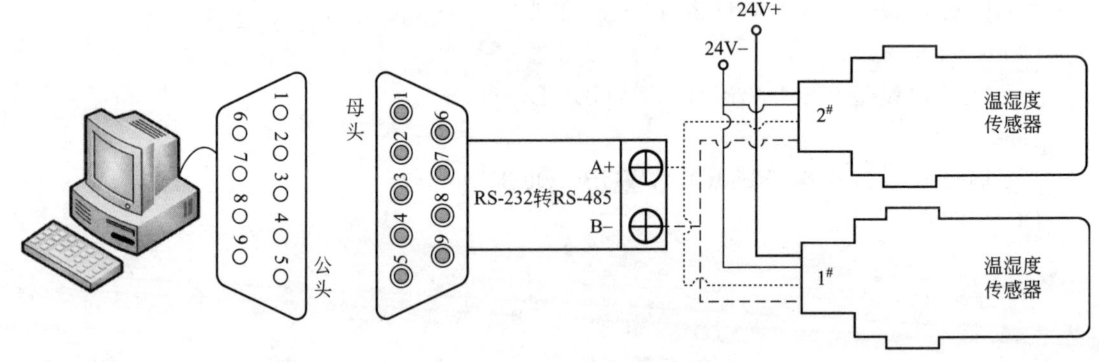

图 12-1　一台主机与多个 RS-485 设备通信时连线示意图

温湿度传感器具有四根接线，由于型号不同，其颜色也不同，图 12-2 列出了两种型号的接线方式，线的颜色与对应的信号与电压匹配。表 12-1 给出了温湿度传感器的各项物理参数与通信设置参数，在 MCGSE 软件的“设备组态”中要与之一一对应，如通信波特率、串口通信参数、串口号、子设备地址等。温湿度传感器为标准 ModbusRTU 协议，在 MCGSE 软件中可以使用莫迪康 ModbusRTU 驱动构件。在组态软件中加入一个“通用串口父设备”，端口号设为 COM1，与台式计算机的串口相对应，如果采用 USB 转串口，应进行相应的调整，例如，笔记本电脑没有 9 针串口，加上 USB 转串口转换器后其显示为 COM5，则对应“通用串口父设备”也要改为 COM5。再加入两个“莫迪康 ModbusRTU”子设备，这两个子设备的地址必须与温湿度传感器的地址相一致。

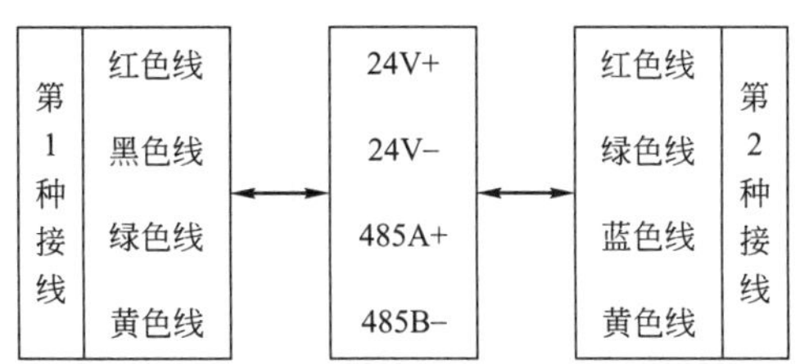

图 12-2　温湿度传感器液晶壳接线图

表 12-1　温湿度传感器基本物性参数

参数	参数值	说明
温度范围	−40～123.8℃	传感器测量温度值的上限、下限
温度分辨率	±0.1℃	传感器能够区分的最小温度
温度准确度	±0.5℃	数据的误差范围
湿度范围	0～100%RH	传感器测量湿度值的上限、下限
湿度分辨率	0.1%RH	传感器能够区分的最小湿度
湿度准确度	±5%	数据的误差范围
储存温度	−20～85℃	工作环境：−20～85℃ 0～85%RH
供电电压	5～12V DC	正、负极不要接错
通信方式	RS-485	一台上位机，多个传感器，各传感器通过地址区分
通信协议	Modbus RTU	以 16 进制形式传输数据
传感器地址	默认值为 0	0～254 可选，255 为广播地址
波特率	默认值 9600	9600、19200、38400、57600、115200、230400、460800、921600、4800、2400 Baud/s 可选 默认通信参数设置“9600，N，8，1”
数据位	8 位	
奇偶校验位	无	
停止位	1 位	

12.1　通信指令解析

温湿度传感器的指令格式为标准 ModbusRTU 形式，包括两个字节的温度与两个字节的湿度数据，指令基本格式如下：

(1) 地址　1 个字节，00～FFH，0 为出厂默认值，FF 为广播地址，当一个传感器的参数不确定时，可以通过广播地址进行访问，此时主机只能与一个传感器相连。

(2) 功能码　1 个字节，功能码包括读与写两种功能，如表 12-2 所示，输入继电器、

输出继电器、输入寄存器、输出寄存器发布在不同的区，对每个区的读或写操作有不同的功能码，例如：03 为只读功能码，读的内容为保持寄存器，也就是输出寄存器。通过查表可知，该输出寄存器位于第 4 区，在指令编写中采用的是功能码编排方式，但是在 MCGSE 中采用的是寄存器分区形式，两者需要对应与转换，这是使用 MCGSE 设备组态的难点与困惑之处，只要掌握了表 12-2 的内容，转换则相对简单。

表 12-2　莫迪康驱动构件支持的寄存器及功能码

功能码		功能码说明	操作方式	寄存器	数据类型	通道举例
读	写					
02	—	02:读取输入状态	只读	［1 区］ 输入继电器	BT	10001 表示 1 区地址 1
01	05 15	01:读取线圈状态 05:写单个线圈 15:写多个线圈	读写	［0 区］ 输出继电器	BT	00001 表示 0 区地址 1
04	—	04:读输入寄存器	只读	［3 区］ 输入寄存器	BT、WUB、WB、WD DUB、DB、DD、 DF、STR	30001 表示 3 区地址 1
03	06 16	03:读保持寄存器 06:写单个寄存器 16:写多个寄存器	读写	［4 区］ 输出寄存器	BT、WUB、WB、WD DUB、DB、DD、 DF、STR	40001 表示 4 区地址 1

(3) 起始地址　2 个字节，要读或写的寄存器的起始地址，在指令编写中以 0000H 开始，但在 MCGS 软件中，莫迪康驱动以 0001H 开始，两者相差 1，从指令转换为莫迪康指令时要在地址上面再加 1。

(4) 数据个数　2 个字节，要读或写的寄存器的个数，以字为单位，例如：3 表示要读取 3 个字数据，相当于 6 个字节数据。在 MCGS 软件中，数据个数与数据类型有关，如表 12-3 所示，在莫迪康驱动中书写指令时，规定了数据个数后，还要规定数据类型，例如：2 个 WUB 型与 2 个 DB 型数据，前者占用 4 个字节，后者占用 8 个字节，数据个数虽然相同，但是字节却不相同。

表 12-3　莫迪康驱动构件数据类型

数据类型	字节数	说明	数据类型	字节数	说明
BTdd	1	位(dd 范围:00～15)	WD	2	16 位 4 位 BCD
BUB	1	8 位无符号二进制	DUB	4	32 位无符号二进制
BB	1	8 位有符号二进制	DB	4	32 位有符号二进制
BD	1	8 位 2 位 BCD	DD	4	32 位 8 位 BCD
WUB	2	16 位无符号二进制	DF	4	32 位浮点数
WB	2	16 位有符号二进制	STR	不定	字符串

(5) CRC 校验码　2 个字节，低字节在前，高字节在后。

12.2　读指令与返回指令

读指令包括只读温度数据、只读湿度数据和同时读取温度湿度数据，这三者的区别在于起始地址与数据个数不同，实际上在保持寄存器中是以连续地址进行存储的，相当于一个地址是 0000H，下一个是 0001H，依次类推。因此，读多个数据时，可以将数据个数加大，例如：从 0000H 地址开始读，数据个数设为 0002H，则相当于读取了两个字的数据，即温度和湿度。这样做的好处是可以一次读上来多个数据，节省了指令发送与接收的时间，在大量数据通信中相当于读取数据块，然后在上位机对数据块进行解包，通信占用的时间长，而上位机 CPU 处理数据时间短。所以通过数据块读取这种方式能够有效地提高数据采集速率。表 12-4 和表 12-5 给出了只读温度、只读湿度和同时读取温度与湿度的指令编码过程和返回数据格式，每种状况给出了两个地址，一个为常用地址，另一个为万能地址 FFH。FFH 地址可以读取任何一个未知地址的传感器数据，但是一台主机此时只能与一个传感器相连。如果一台主机与多个传感器相连，每个传感器的地址必须是不同的。

表 12-4　温湿度传感器读指令格式

指令格式	传感器地址	功能码	起始地址		读/写数据		CRC	
			高字节	低字节	高字节	低字节	低字节	高字节
编码顺序	第 1 字节	第 2 字节	第 3 字节	第 4 字节	第 5 字节	第 6 字节	第 7 字节	第 8 字节
同时读取温度和湿度	00H	03H	00H	00H	00H	02H	C5H	DAH
	发送指令:00 03 00 00 00 02 C5 DA 返回数据:00 03 04 01 1D 01 39 BA 8B 解释说明:向地址为 0(00H)的传感器发送读保持寄存器(03H)指令,从寄存器的 0(0000H)地址开始读,读取 2(0002H)个字,相当于 4 个字节,前 2 个字节是温度值,后 2 个是湿度值							
	FFH	03H	00H	00H	00H	02H	D1H	D5H
	发送指令:FF 03 00 00 00 02 D1 D5(此处地址为 FF,采用广播形式,任何地址都可识别) 返回数据:00 03 04 01 1A 01 29 0A 86 解释说明:向地址为 255(FFH)的传感器发送读保持寄存器(03H)指令,从寄存器的 0(0000H)地址开始读,读取 2(0002H)个字,相当于 4 个字节,前 2 个字节是温度值,后 2 个是湿度值							
只读温度	00H	03H	00H	00H	00H	01H	85H	DBH
	发送指令:00 03 00 00 00 01 85 DB 返回数据:00 03 02 01 1B C4 1F 解释说明:向地址为 0(00H)的传感器发送读保持寄存器(03H)指令,从寄存器的 0(0000H)地址开始读,读取 1(0001H)个字,相当于 2 个字节,这 2 个字节是温度值							
	FFH	03H	00H	00H	00H	01H	91H	D4H
	发送指令:FF 03 00 00 00 01 91 D4(此处地址为 FF,采用广播形式,任何地址都可识别) 返回数据:00 03 02 01 1B C4 1F 解释说明:向地址为 255(FFH)的传感器发送读保持寄存器(03H)指令,从寄存器的 0(0000H)地址开始读,读取 1(0001H)个字,相当于 2 个字节,这 2 个字节是温度值							
只读湿度	00H	03H	00H	01H	00H	01H	D4H	1BH
	发送指令:00 03 00 01 00 01 D4 1B 返回数据:00 03 02 01 21 44 0C 解释说明:向地址为 0(00H)的传感器发送读保持寄存器(03H)指令,从寄存器的 1(0001H)地址开始读,读取 1(0001H)个字,相当于 2 个字节,这 2 个字节是湿度值							
	FFH	03H	00H	01H	00H	01H	C0H	14H
	发送指令:FF 03 00 01 00 01 C0 14(此处地址为 FF,采用广播形式,任何地址都可识别) 返回数据:00 03 02 01 20 85 CC 解释说明:向地址为 255(FFH)的传感器发送读保持寄存器(03H)指令,从寄存器的 1(0001H)地址开始读,读取 1(0001H)个字,相当于 2 个字节,这 2 个字节是湿度值							

注：表中数字后面的“H”表示十六进制。

表 12-5 温湿度传感器读指令返回数据格式

<table>
<tr><th>编码顺序</th><th>第 1 字节</th><th>第 2 字节</th><th>第 3 字节</th><th>第 4 字节</th><th>第 5 字节</th><th>第 6 字节</th><th>第 7 字节</th><th>第 8 字节</th><th>第 9 字节</th></tr>
<tr><td rowspan="5">只读温度返回数据格式</td><td>传感器地址</td><td>功能码</td><td>字节个数</td><td>温度高字节</td><td>温度低字节</td><td>CRC低字节</td><td>CRC高字节</td><td></td><td></td></tr>
<tr><td>00H</td><td>03H</td><td>02H</td><td>01H</td><td>1BH</td><td>C4H</td><td>1FH</td><td></td><td></td></tr>
<tr><td colspan="9">发送指令：00 03 00 00 00 01 85 DB
返回数据：00 03 02 01 1B C4 1F
解释说明：从地址为 0(00H)的传感器返回保持寄存器(03H)中地址为 0(0000H)、个数为 1(0001H)的数据，数据共 2 个字节(02H)，高字节为 1(01H)，低字节为 27(1BH)，温度值为(1×256＋27)/10 ＝ 28.3℃</td></tr>
<tr><td>FFH</td><td>03H</td><td>02H</td><td>01H</td><td>1BH</td><td>C4H</td><td>1FH</td><td></td><td></td></tr>
<tr><td colspan="9">发送指令：FF 03 00 00 00 01 91 D4(此处地址为 FF，采用广播形式，任何地址都可识别)
返回数据：00 03 02 01 1F C5 DC
解释说明：FF 为广播地址，可以识别任何一个地址的传感器，从地址为 0(00H)的传感器返回保持寄存器(03H)中地址为 0(0000H)、个数为 1(0001H)的数据，数据共 2 个字节(02H)，高字节为 1(01H)，低字节为 31(1FH)，温度值为(1×256＋31)/10 ＝ 28.7℃</td></tr>
<tr><td rowspan="5">只读湿度返回数据格式</td><td>传感器地址</td><td>功能码</td><td>字节个数</td><td>湿度高字节</td><td>湿度低字节</td><td>CRC低字节</td><td>CRC高字节</td><td></td><td></td></tr>
<tr><td>00H</td><td>03H</td><td>02H</td><td>01H</td><td>21H</td><td>44H</td><td>0CH</td><td></td><td></td></tr>
<tr><td colspan="9">发送指令：00 03 00 01 00 01 D4 1B
返回数据：00 03 02 01 21 44 0C
解释说明：从地址为 0(00H)的传感器返回保持寄存器(03H)中地址为 1(0001H)、个数为 1(0001H)的数据，数据共 2 个字节(02H)，高字节为 1(01H)，低字节为 33(21H)，湿度值为(1×256＋33)/10 ＝ 30.7%RH</td></tr>
<tr><td>00H</td><td>03H</td><td>02H</td><td>01H</td><td>20H</td><td>85H</td><td>CCH</td><td></td><td></td></tr>
<tr><td colspan="9">发送指令：FF 03 00 01 00 01 C0 14(此处地址为 FF，采用广播形式，任何地址都可识别)
返回数据：00 03 02 01 20 85 CC
解释说明：从地址为 0(00H)的传感器返回保持寄存器(03H)中地址为 1(0001H)、个数为 1(0001H)的数据，数据共 2 个字节(02H)，高字节为 1(01H)，低字节为 32(20H)，湿度值为(1×256＋32)/10 ＝ 30.6%RH</td></tr>
<tr><td rowspan="5">同时读温度与湿度返回数据格式</td><td>传感器地址</td><td>功能码</td><td>字节个数</td><td>温度高字节</td><td>温度低字节</td><td>湿度高字节</td><td>湿度低字节</td><td>CRC低字节</td><td>CRC高字节</td></tr>
<tr><td>00H</td><td>03H</td><td>04H</td><td>01H</td><td>1DH</td><td>01H</td><td>39H</td><td>BAH</td><td>8BH</td></tr>
<tr><td colspan="9">发送指令：00 03 00 00 00 02 C5 DA
返回数据：00 03 04 01 1D 01 39 BA 8B
解释说明：从地址为 0(00H)的传感器返回保持寄存器(03H)中地址为 0(0000H)、个数为 2(0002H)的数据，数据共 4 个字节(04H)，温度对应十六进制为 01 1D，温度值为(1×256＋29)/10 ＝28.5℃，湿度对应十六进制为 01 39，湿度值为(1×256+57)/10 ＝31.3%RH</td></tr>
<tr><td>00H</td><td>03H</td><td>04H</td><td>01H</td><td>1AH</td><td>01H</td><td>29H</td><td>0AH</td><td>86H</td></tr>
<tr><td colspan="9">发送指令：FF 03 00 00 00 02 D1 D5(此处地址为 FF，采用广播形式，任何地址都可识别)
返回数据：00 03 04 01 1A 01 29 0A 86
解释说明：从地址为 0(00H)的传感器返回保持寄存器(03H)中地址为 0(0000H)、个数为 2(0002H)的数据，数据共 4 个字节(04H)，温度值为 01 1A，温度值为(1×256＋26)/10 ＝28.2℃，湿度值为 01 29，湿度值为(1×256+41)/10 ＝29.7%RH</td></tr>
</table>

注：表中数字后面的“H”表示十六进制。

12.3 写指令

写指令可以实现传感器参数的修改，功能码为06，包括写通信波特率、写传感器地址、写温度校准值、写湿度校准值、读取传感器参数5项内容，如表12-6所示。温度校准值是传感器的温度偏移修正，例如，当前实际温度为20℃，但是传感器测得的为22℃，则需要将温度修改为－2℃，在传感器内部以100表示10℃，此时计算的温度校准值为（10－2）℃＝8℃，对应在存储器中的数值为80，转换为十六进制为0050H。同理，湿度值的修正也是如此。对传感器地址的修正直接采用地址号即可，例如，要将传感器地址修改为03，则命令参数一项为0003H。波特率较特殊，以参数代号替代相应波特率，波特率与参数代号之间的对应关系如表12-7所示。

表12-6 温湿度传感器写指令格式

<table>
<tr><th rowspan="2">指令格式</th><th rowspan="2">地址</th><th rowspan="2">功能码</th><th colspan="2">命令</th><th rowspan="2">命令参数</th><th colspan="2">CRC</th></tr>
<tr><th>命令字</th><th>说明</th><th>CRC低字节</th><th>CRC高字节</th></tr>
<tr><td>编码顺序</td><td>第1字节</td><td>第2字节</td><td>第3字节</td><td>第4字节</td><td>第5、6字节</td><td>第7字节</td><td>第8字节</td></tr>
<tr><td rowspan="5">写指令通用格式</td><td>00～FFH</td><td>06</td><td>00 01H</td><td>温度校准值</td><td></td><td></td><td></td></tr>
<tr><td>00～FFH</td><td>06</td><td>00 02H</td><td>湿度校准值</td><td></td><td></td><td></td></tr>
<tr><td>00～FFH</td><td>06</td><td>00 03H</td><td>修改地址</td><td>0000～00FFH</td><td></td><td></td></tr>
<tr><td>00～FFH</td><td>06</td><td>00 04H</td><td>修改波特率</td><td>0000～0009H</td><td></td><td></td></tr>
<tr><td>00～FFH</td><td>06</td><td>00 05H</td><td>返回参数值</td><td></td><td></td><td></td></tr>
<tr><td rowspan="2">修改温度校准值</td><td>00H</td><td>06H</td><td colspan="2">00 01H</td><td>00 50H</td><td>D9H</td><td>E7H</td></tr>
<tr><td colspan="7">发送指令:00 06 00 01 00 50 D9 E7(修改温度校准值为80,即8℃)
返回指令:无
发送指令:00 06 00 05 00 00 98 1A(获取00地址传感器的参数列表)
返回指令:00 03 03 50 64 00 6E 8E(此处第4个字节为50H,说明温度校准值已改为了80℃)</td></tr>
<tr><td rowspan="2">修改湿度校准值</td><td>00H</td><td>06H</td><td colspan="2">00 02H</td><td>00 64H</td><td>28H</td><td>30H</td></tr>
<tr><td colspan="7">发送指令:00 06 00 02 00 64 28 30(修改湿度校准值为64,即10%RH)
返回指令:无
发送指令:00 06 00 05 00 00 98 1A(获取00地址传感器的参数列表)
返回指令:00 03 03 50 64 00 6E 8E(此处第5个字节为64H,说明湿度校准值已改为了100,即10%RH)</td></tr>
<tr><td rowspan="2">修改地址</td><td>00H</td><td>06H</td><td colspan="2">00 03H</td><td>00 08H</td><td>79H</td><td>DDH</td></tr>
<tr><td colspan="7">发送指令:00 06 00 03 00 08 79 DD(将地址修改为08)
返回指令:无
发送指令:FF 06 00 05 00 00 8C 15(获取万能地址传感器的参数列表)
返回指令:08 03 03 50 64 00 6F C6(此处第1个字节为08H,说明传感器地址已改为了08)</td></tr>
<tr><td rowspan="2">修改波特率</td><td>08H</td><td>06H</td><td colspan="2">00 04H</td><td>00 08H</td><td>C9H</td><td>54H</td></tr>
<tr><td colspan="7">发送指令:08 06 00 04 00 08 C9 54(将波特率修改为08,即4800Baud/s)
返回指令:无
发送指令:FF 06 00 05 00 00 8C 15(获取万能地址传感器的参数列表)
返回指令:08 03 03 50 64 08 6E 00(此处第6个字节为08H,说明波特率改成了08,即4800Baud/s)</td></tr>
<tr><td rowspan="2">返回参数值</td><td>00H</td><td>06H</td><td colspan="2">00 05H</td><td>00 00H</td><td>98H</td><td>1AH</td></tr>
<tr><td colspan="7">发送指令:00 06 00 05 00 00 98 1A(获取00地址传感器的参数列表)
返回指令:00 03 03 50 64 00 6E 8E
解释说明:00H——地址;03H——保持寄存器;03H——读上来3个字节;50H——温度校准值,十进制为80,即8℃,比10℃少2℃,因此,偏移量为－2℃;64H——湿度校准值,十进制为100,无校准,所以偏移量为0;00H——波特率,00H表示9600 Baud/s;6EH——CRC低字节;8EH——CRC高字节</td></tr>
</table>

表 12-7 波特率与参数代号对应表

参数代号	波特率	参数代号	波特率
0	9600	5	230400
1	19200	6	460800
2	38400	7	921600
3	57600	8	4800
4	115200	9	2400

12.4 设备指令

莫迪康驱动构件提供的各种设备命令见表 12-8。莫迪康驱动中采用的指令为：

表 12-8 莫迪康驱动构件提供的各种设备命令

设备命令	命令格式	命令举例
读取命令 Read	Read(寄存器名称，寄存器地址，数据类型＝返回值)	例 1.1：!SetDevice(设备 0,6,"Read(4,1,WUB=Tempin;4,2,WUB=Humiin)") 读取设备 0(传感器地址为 1)寄存器 4 区地址 1 的 16 位无符号值和地址 2 的 16 位无符号值，放入 MCGS 变量 Tempin，Humiin 中 例 1.2：!SetDevice(设备 1,6,"Read(4,1,WUB=Tempout;4,2,WUB=Humiout)") 读取设备 1(传感器地址为 2)寄存器 4 区地址 1 的 16 位无符号值和地址 2 的 16 位无符号值，放入 MCGS 变量 Tempout，Humiout 中

注：通常情况下，驱动日志功能默认为关闭的。

!SetDevice（设备 0，6，" Read（寄存器名称，寄存器地址，数据类型＝返回值）"）

其中“设备 0”对应传感器的地址，要保证传感器的实际地址与“设备 0”的设定地址相一致。可参考二维码视频讲解。

设备指令中涉及不同的参数，下面对各参数进行详细的说明。

（1）寄存器名称 字符型变量，表示当前操作的寄存器，值为“1”“0”“3”“4”，分别对应［1 区］输入继电器、［0 区］输出继电器、［3 区］输入寄存器、［4 区］输出寄存器。

（2）寄存器地址 数值型变量，表示当前操作的寄存器地址，不同的设备地址范围不同，查阅相关手册确定。

（3）数据类型 字符型变量，表示当前操作的寄存器数据类型，如表 12-3 所示。

（4）数据 数值型变量、开关量，它是用来存储设备命令数据的 MCGSE 变量。

（5）返回状态 返回批量读写设备命令的执行状态（当设备命令格式错误时无效），具体返回值意义请参见表 12-9 通信状态说明，返回状态为可选参数，用户也可通过通信状态通道判断返回结果。

表 12-9 莫迪康驱动构件通信状态值

通信状态值	说明
0	表示当前通信正常
1	表示采集初始化错误
2	表示采集无数据返回错误
3	表示采集数据校验错误
4	表示设备命令读写操作失败错误
5	表示设备命令格式或参数错误
6	表示设备命令数据变量取值或赋值错误

12.5　设备组态

在 MCGSE 软件中点击“设备窗口”，双击“设备窗口”图标，进入“设备组态”界面，从“设备工具箱”中选中“通用串口父设备”置于“设备组态”窗口中，双击“通用串口父设备”进入“通用串口设备属性编辑”界面，如图 12-3 所示。串口参数按传感器规定的“9600，N，8，1”设置，串口需要与台式计算机相连的实际串口吻合，本节为 COM1，这样，串口父设备参数设置完毕。

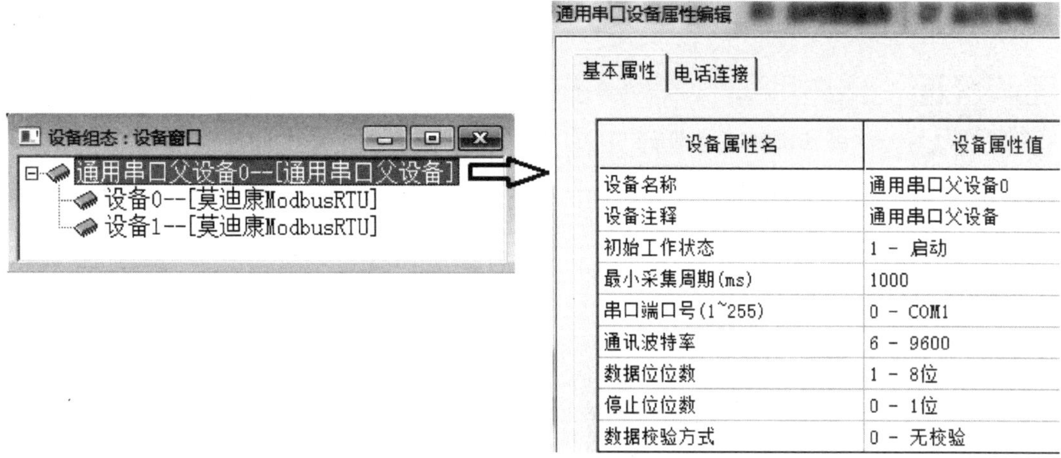

设备属性名	设备属性值
设备名称	通用串口父设备0
设备注释	通用串口父设备
初始工作状态	1 - 启动
最小采集周期(ms)	1000
串口端口号(1~255)	0 - COM1
通讯波特率	6 - 9600
数据位位数	1 - 8位
停止位位数	0 - 1位
数据校验方式	0 - 无校验

图 12-3　通用串口父设备基本属性设置窗口

在一个串口父设备上可以安装多个传感器，每个传感器以地址区分。因此，在莫迪康驱动中需要在“通用串口父设备”上加载子设备，从“设备工具箱”中选中“莫迪康 ModbusRTU”，连续添加两个，在“设备组态”界面中双击“设备 0——[莫迪康 ModbusRTU]”和“设备 1——[莫迪康 ModbusRTU]”，弹出如图 12-4 所示界面。分别设置其对应地址为 8 和 1，温度与湿度解码顺序为“12”，即高字节在前，低字节在后，循环冗余校

设备属性名	设备属性值
[内部属性]	设置设备内部属性
采集优化	1-优化
设备名称	设备0
设备注释	莫迪康ModbusRTU
初始工作状态	1 - 启动
最小采集周期(ms)	100
设备地址	8
通讯等待时间	200
快速采集次数	0
16位整数解码顺序	0 - 12
32位整数解码顺序	0 - 1234
32位浮点数解码顺序	0 - 1234
校验方式	0 - LH[低字节,高字节]
分块采集方式	0 - 按最大长度分块
4区16位写功能码选择	0 - 0x06

设备属性名	设备属性值
[内部属性]	设置设备内部属性
采集优化	1-优化
设备名称	设备1
设备注释	莫迪康ModbusRTU
初始工作状态	1 - 启动
最小采集周期(ms)	100
设备地址	1
通讯等待时间	200
快速采集次数	0
16位整数解码顺序	0 - 12
32位整数解码顺序	0 - 1234
32位浮点数解码顺序	0 - 1234
校验方式	0 - LH[低字节,高字节]
分块采集方式	0 - 按最大长度分块
4区16位写功能码选择	0 - 0x06

图 12-4　通用串口子设备莫迪康 ModbusRTU 属性参数设置界面

验码 CRC 解码顺序为“0—LH［低字节，高字节］”。

12.6 数据组态与窗体组态

每个温湿度传感器都具有温度与湿度两个数值，从传感器传上来时为开关型变量，即整型。因此，需要建立与其对应的 Humiin、Humiout、Tempin 和 Tempout 四个开关型变量；计算得到的值除以 10 为小数，这四个变量应设置为浮点型，在 MCGSE 中为数值型，对应 InputH、OutputH、InputT 和 OutputT，如图 12-5 所示。为了记录数据，需要建立一个数据组，包括上述四个数值型变量对象成员，如图 12-6 所示。

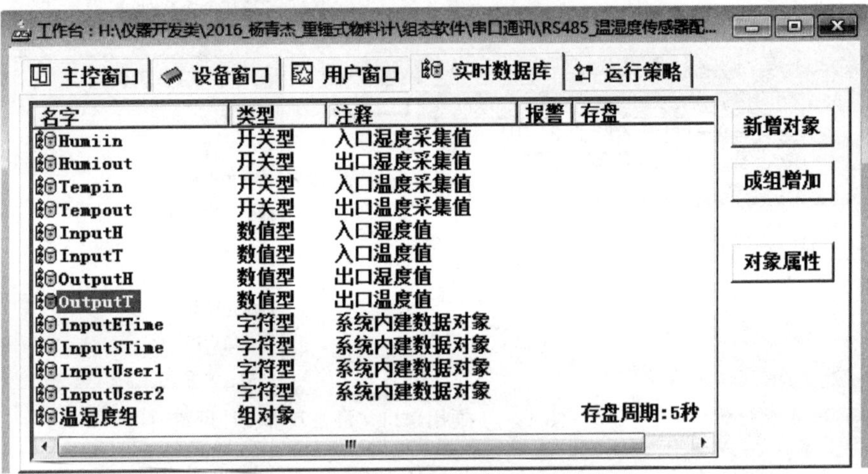

图 12-5 实时数据库各变量定义及类型说明窗口

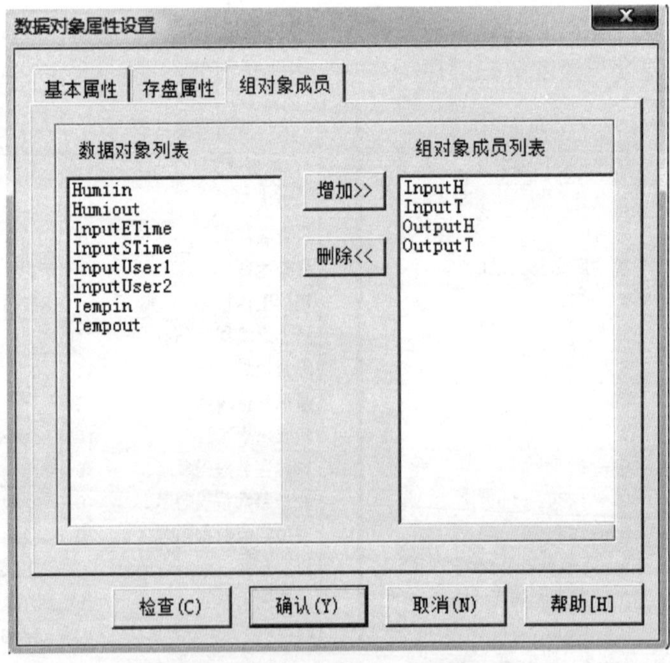

图 12-6 数据组对象成员列表窗口

双击“用户窗口”中的“温湿度测量”图标，进入如图 12-7 所示的窗体组态界面，包括历史数据、实时数据和实时曲线三个显示区域。实时数据采用自由表格，历史数据采用历史表格和实时曲线构件。

图 12-7 温湿度测量界面设计图

自由表格构件如图 12-8 所示，在自由表格上双击鼠标左键，出现表格的行标与列标，行标以 1、2、3 等数字为序，列标以 A、B、C 等字母为序，此时继续点击鼠标右键，在弹出菜单中选中“连接”，出现单元格与变量连接界面，再点击鼠标右键，弹出变量关联界面，可以从数据库中选择要关联的变量，本例中链接了 InputT、OutputT、InputH 和 OutputH。

入口温度℃	1|0
出口温度℃	1|0
入口湿度%	1|0
出口湿度%	1|0

双击鼠标左键 ⇨

	A	B
1	入口温度℃	1|0
2	出口温度℃	1|0
3	入口湿度%	1|0
4	出口湿度%	1|0

右键菜单连接选项 ⇨

连接	A*	B*
1*		InputT
2*		OutputT
3*		InputH
4*		OutputH

图 12-8 自由表格构件与变量关联过程示意图

实时曲线可以按时间显示各个变量值的变化，在图 12-9 中对基本属性和标注属性进行设置，基本属性包括 X 轴和 Y 轴主刻度与次刻度的间隔与颜色，标注属性可以设置 X 轴和 Y 轴的标注、单位、时间间隔、标注字体颜色等。图 12-10 可以设置画笔属性的颜色与线型，例如，用红色、绿色、蓝色等色彩标识变量，或者用实心线、点划线、虚线等线型区分变量，类似于地图中的标注样式，变量和线型与颜色关联后，程序运行时可以一目了然区分各个物理量的变化。

历史表格是对数据组各个变量的记录与显示，能够将其过去一段时间内的值保存起来，

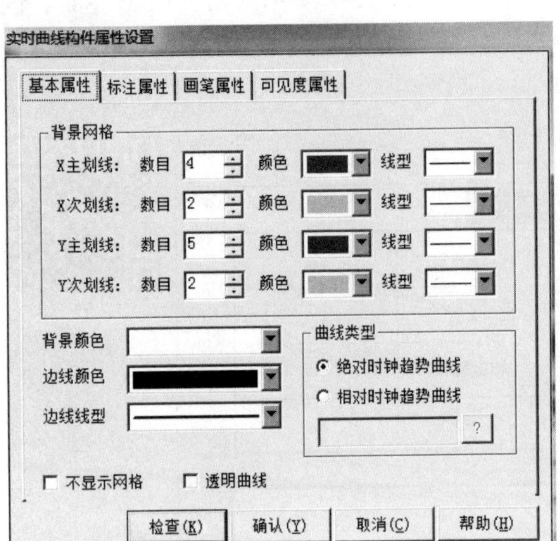

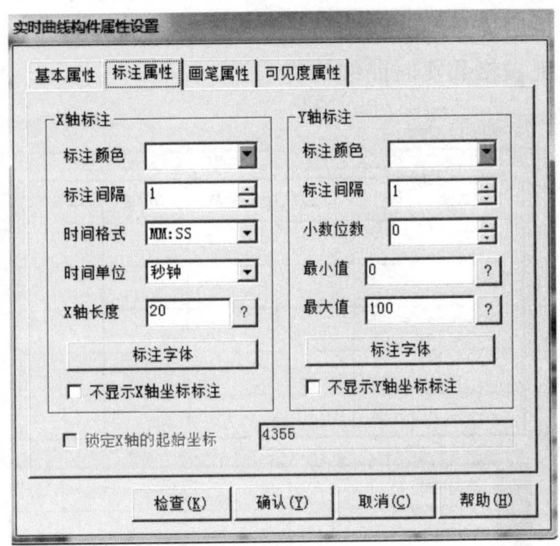

图 12-9 实时曲线构件属性设置界面

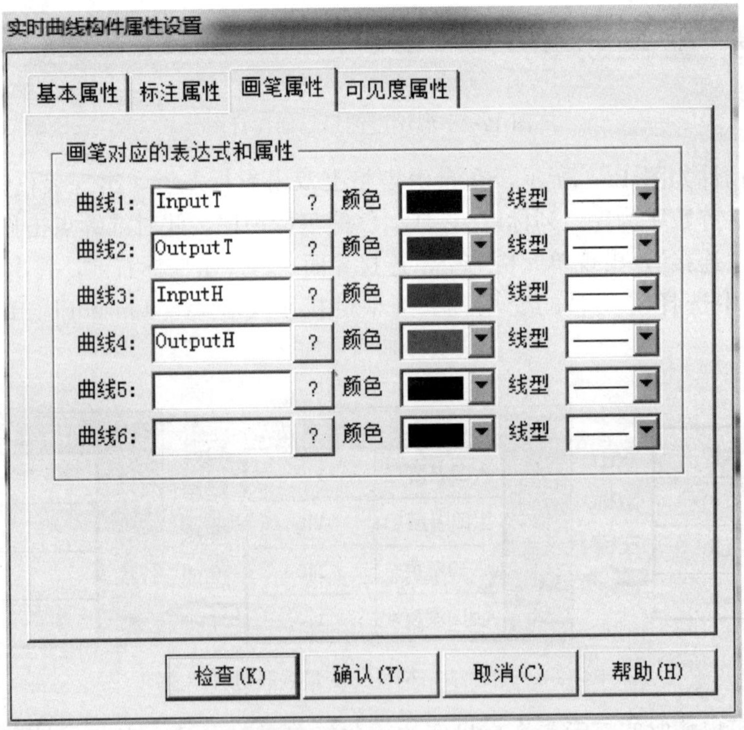

图 12-10 实时曲线构件变量与曲线关联设置界面

以时间为序显示出不同时段数据的值，如图 12-11 所示，在历史表格中双击鼠标左键，显示出行标与列标，点击鼠标右键弹出菜单，选中“连接”选项，数据显示区出现阴影，再点击鼠标右键，弹出“数据库连接设置”界面，选中已定义好的数据组，这样历史表格中每一列的单元格与数据组中的各个变量就关联在一起了，如图 12-12 所示，只要数据有更新，历史表格便会实时显示。

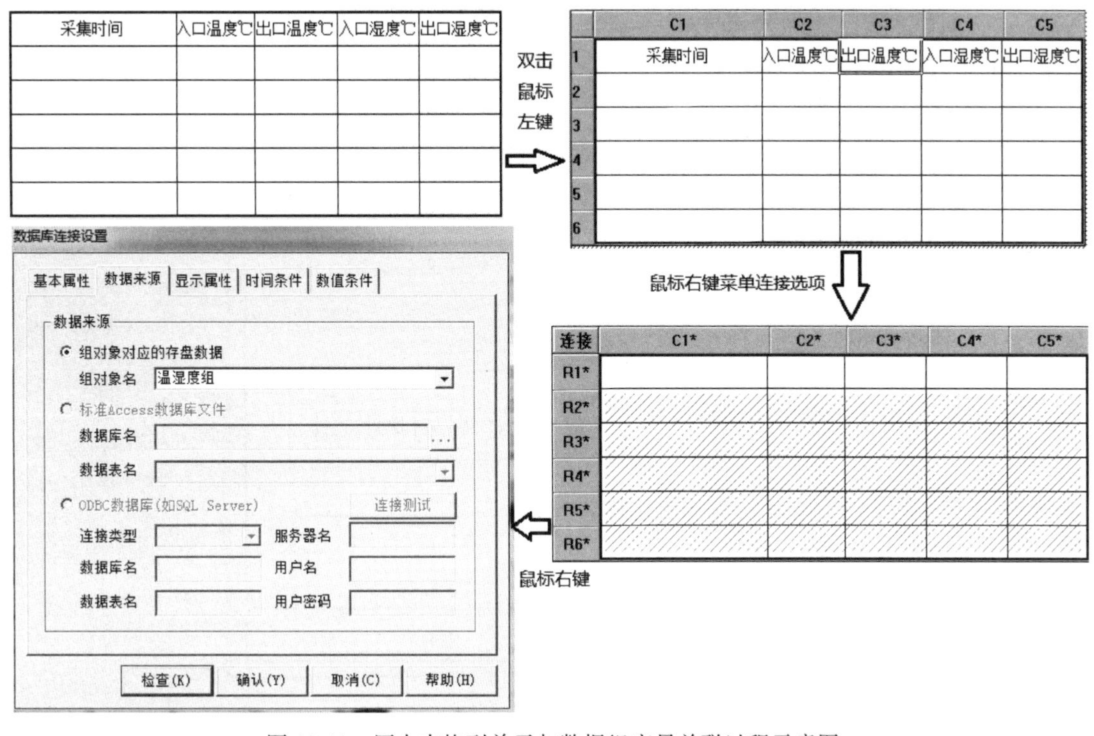

图 12-11　历史表格列单元与数据组变量关联过程示意图

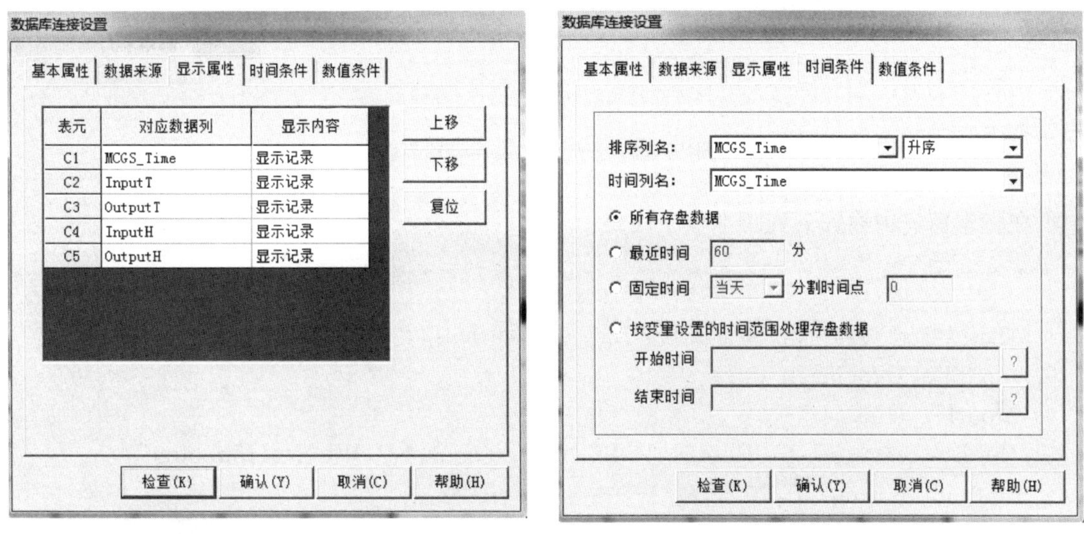

图 12-12　历史表格与数据库关联界面

12.7　策略组态

在“运行策略”窗口中双击“循环策略”，按照“策略属性设置”→“表达式条件”→“脚本程序”过程依次输入各项参数，循环时间设置为 200ms，如图 12-13 所示界面，每隔 200ms 执行一次脚本程序，读取温度和湿度的值。

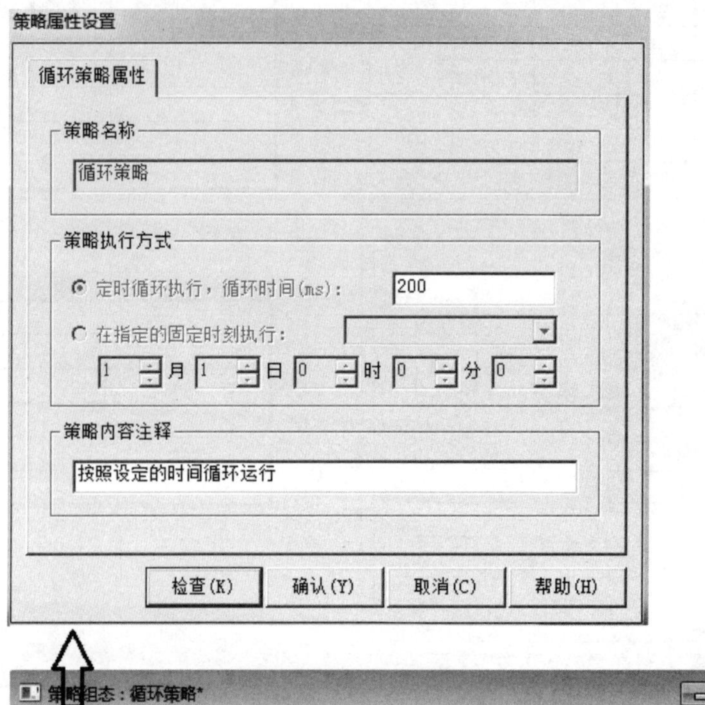

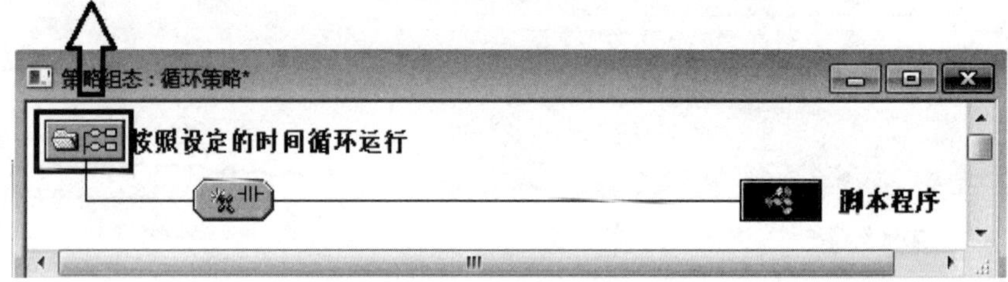

图 12-13　循环策略属性设置界面

在脚本窗口中输入下列脚本程序代码：

* *

```
!SetDevice(设备 0,6,"Read(4,1,WUB=Tempin;4,2,WUB=Humiin)")
InputT=Tempin/10
InputH=Humiin/10
!SetDevice(设备 1,6,"Read(4,1,WUB=Tempout;4,2,WUB=Humiout)")
OutputT=Tempout/10
OutputH=Humiout/10
```

* *

上述指令!SetDevice 表示读取 4 区寄存器地址 1 开始的 16 位温度数值和 4 区寄存器地址 2 开始的湿度数值。在 MCGSE 中，寄存器的操作地址需要加 1，如果地址为 0000H，则在 SetDevice 命令中成为 0000H+1=0001H；同样，如果地址是 0001H，则在 SetDevice 命令中成为 0001H+1=0002H。

运行程序，如图 12-14 所示，曲线可以实时显示温度与湿度的变化。

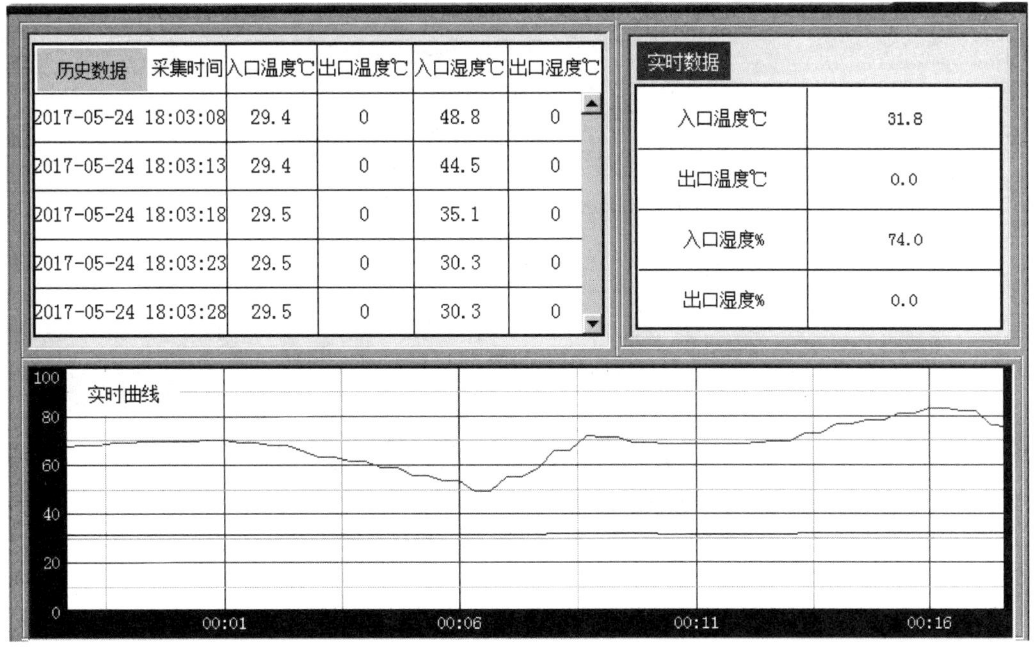

图 12-14　温湿度实时数据采集界面

·第13章·

Modbus通信之区块读写——电阻校准

上位机与从机进行通信时，以数据块的形式读写可以加快数据采集速度，尤其是数据通道较多时，每个通道采集增加了发送与返回的时间，造成通信时间浪费，一次性读入多个通道提高了通信效率，但是，采用MCGSE系统一次性读入多个数据时，必须从指定地址的开始处读写，无法随机定位，这是与常用的串口调试软件发送指令随机读写大不相同的地方。因此，会出现这样一个现象，要读写第十个通道的数据，也要从第一个通道读起，不能直接读写第十个通道，即使采用单通道读写指令也无法实现。注意到这一点，在今后串口使用过程中可以灵活使用技巧与算法，规避其不足。

本章采用迈斯特（北京）科技有限公司开发的MST-DAM-R多路电阻采集模块，该模块为自行开发，采用RS-485通信接口，标准ModbusRTU协议，默认通信端口参数设置为“9600，N，8，1”。

名　　称：多路电阻采集模块；

型　　号：MST-DAM-R；

供电电压：DC 5V；

通信方式：RS-485隔离式通信接口，标准ModbusRTU协议。

13.1　硬件连接与设置

采用台式机进行通信，将台式机机箱后方的9针串口公头与RS-232转RS-485接口相连，多路电阻采集模块RS-485接口A+端与RS-232转RS-485接口A+端相连，B−端与B−端相连，如图13-1所示。多路电阻采集模块供电电压为直流5V，输入端接一Pt100电阻作为测试元件。

上位机采用COM1端口，在“设备窗口”中选择“通用串口父设备”，按要求设置通信端口参数“9600，N，8，1”，如图13-2(a)所示，为了保证驱动与硬件间的通信时间，将最小采样周期设为1000ms。

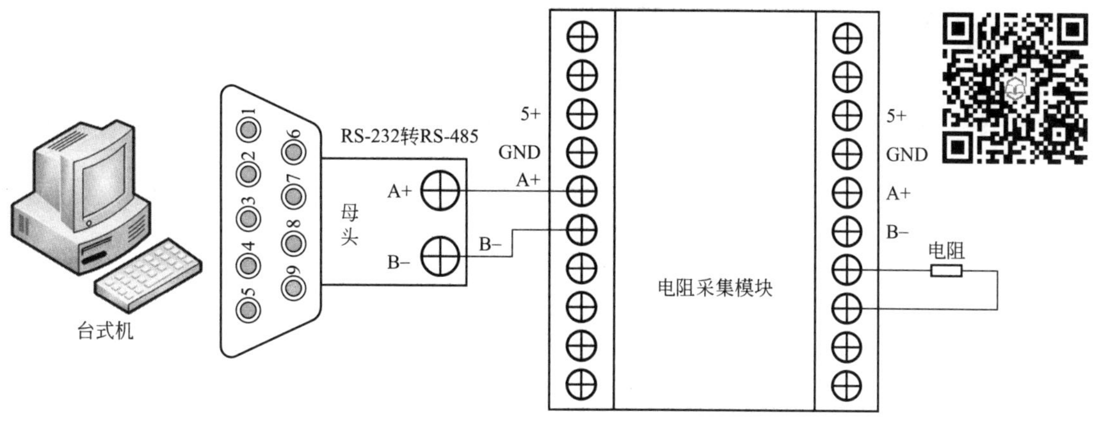

图 13-1 电阻采集模块连线示意图

多路电阻采集模块地址为 1，上位机莫迪康驱动参数也相应设为 1，如图 13-2(b) 所示，16 位整数解码顺序为 21，32 位整数与浮点数解码顺序为 4321，CRC 采用低字节在前、高字节在后的排序方式。数据解码顺序非常重要，不同的硬件对于数据的存放形式不同，例如，一个浮点型数据占用 4 个字节，这 4 个字节在内存中的顺序可能是 1234、2134、3421 或 4321 等。如果解码顺序设置不当，数据虽然可以传到上位机，但是无法正确解码，数据仍然不能正常显示。

设备组态：设备窗口

通用串口父设备0--[通用串口父设备]

设备0--[莫迪康ModbusRTU]

通用串口设备属性编辑

基本属性 | 电话连接

设备属性名	设备属性值
设备名称	通用串口父设备0
设备注释	通用串口父设备
初始工作状态	1 - 启动
最小采集周期(ms)	1000
串口端口号(1~255)	0 - COM1
通讯波特率	6 - 9600
数据位位数	1 - 8位
停止位位数	0 - 1位
数据校验方式	0 - 无校验

(a)

设备属性名	设备属性值
[内部属性]	设置设备内部属性
采集优化	1-优化
设备名称	设备0
设备注释	莫迪康ModbusRTU
初始工作状态	1 - 启动
最小采集周期(ms)	1000
设备地址	1
通讯等待时间	1000
快速采集次数	0
16位整数解码顺序	1 - 21
32位整数解码顺序	3 - 4321
32位浮点数解码顺序	3 - 4321
校验方式	0 - LH[低字节,高字节]
分块采集方式	0 - 按最大长度分块
4区16位写功能码选择	1 - 0x10

(b)

图 13-2 通信端口参数设置（a）与莫迪康驱动参数设置（b）图

13.2 指令解析

多路电阻采集模块在单片机中数据结构的定义如下：

```
typedef   struct   PARAMENTSDATA {
float SegmentVal;          //每个浮点型占 4 个字节
float ParamentData[10];  //浮点型数组,共 10 个数据,合计 40 个字节
```

```
}DataStruct; //共计 4+40=44 个字节
Struct MyMoudlebusBUF {
uint16 Position;        //机号地址,1 个整型数据占 2 个字节
uint16Delay100us;   //帧等待时间 n,1 个整型数据,占 2 个字节,等 n 个 100 微秒
uchar Password[4];  //操作密码,4 个无符号数构成的数组,占 4 个字节
DataStruct  InterpolationTable[4];   //标定数据,4 段,共计 4×44=176 个字节
uint16  ParaOK;    //数据初始化标志,一个整型数据占 2 个字节
};     //合计 2+2+4+176+2=186 个字节
```

采用串口调试软件，端口设为 COM1，参数设置为“9600，N，8，1”，通过十六进制发送和接收数据，如表 13-1 所示。

表 13-1　多路电阻采集模块指令解析

<table>
<tr><th>指令功能</th><th>字段</th><th>含义</th><th>备注</th></tr>
<tr><td rowspan="7">读取多路通道的电阻值</td><td colspan="3">发送指令:01 03 10 00 00 5D 80 F3
功　能:读取地址为 1 的多路电阻采集模块从 1000(H)开始的 005D(H)个字(相当于 2 个字节)</td></tr>
<tr><td>01</td><td>设备地址</td><td>地址为 1</td></tr>
<tr><td>03</td><td>03 功能</td><td>读取保持寄存器指令</td></tr>
<tr><td>10 00</td><td>起始地址</td><td>要读取的模拟量寄存器的起始地址</td></tr>
<tr><td>00 5D</td><td>查询数量</td><td>要查询的模拟量的数量,5D(H)个,相当于十进制的 93 个字,也就是 186 个字节</td></tr>
<tr><td>80 F3</td><td>CRC16</td><td>前 6 个字节数据的 CRC16 校验和</td></tr>
<tr><td colspan="3"></td></tr>
<tr><td rowspan="6">返回多路通道的电阻值</td><td colspan="3">返回指令:
01 03 BA(01 表示机号地址,03 表示读保持寄存器,BA 表示 186 个字节数)
01 00 00 00 B8 22 00 00(01 00 表示机号地址,00 00 表示帧等待时间,B8 22 00 00 表示操作密码)
00 00 7A 44 00 00 7A 44 23 03 7A 44 00 80 3B 45 D7 5B 3B 45 00 40 9C 45 9A 03 9C 45 00 00 FA 45 E1 56 F9 45 00 40 1C 46 A4 B8 1B 46(SegmentVal+10 个 ParamentData)
00 00 C8 42 00 00 C8 42 BC 34 C8 42 00 00 96 43 C7 FB 95 43 00 00 FA 43 19 C4 F9 43 00 00 48 44 7B 94 47 44 00 C0 79 44 89 09 79 44(SegmentVal+10 个 ParamentData)
00 00 20 41 00 00 20 41 DF 4F 21 41 00 00 F0 41 C1 CA F0 41 00 00 48 42 10 58 48 42 00 00 A0 42 19 04 A0 42 CD CC C7 42 D1 A2 C7 42(SegmentVal+10 个 ParamentData)
00 00 80 3F 00 00 80 3F 07 7C 8A 3F 00 00 40 40 E1 7A 48 40 00 00 A0 40 8F C2 A5 40 00 00 00 41 11 36 04 41 00 00 00 00 00 00 00 00 34 12(SegmentVal+10 个 ParamentData)
1D 63(CRC 校验码)
功　能:返回多路通道的电阻值</td></tr>
<tr><td>01</td><td>设备地址</td><td>地址为 1</td></tr>
<tr><td>03</td><td>03 功能</td><td>读取保持寄存器指令</td></tr>
<tr><td>BA</td><td>字节数</td><td>返回信息的字节数,BA(H),十进制相当于 186 个字节</td></tr>
<tr><td>01 00…</td><td>查询的 AD 字</td><td>共计 186 个字节,相当于定义的数据结构 MyMoudlebusBUF</td></tr>
<tr><td>1D 63</td><td>CRC16</td><td>前 186+3 个字节数据的 CRC16 校验和</td></tr>
</table>

表 13-1 给出了单片机内数据结构定义与实际读上来数据的解析过程，与数据的定义相一致，PARAMENTSDATA 结构包括一个 SegmentVal 和 10 个 ParamentData 数据，每个结构的第一个数据为 SegmentVal，后面紧跟 5 对数据（共计 10 个），每对数据前面一个为

标准值，后面一个为标称值，如表 13-2 所示。

表 13-2 PARAMENTSDATA 结构解析

1000(SegmentVal)		100(SegmentVal)		10(SegmentVal)		1(SegmentVal)	
标准值	标称值	标准值	标称值	标准值	标称值	标准值	标称值
1000.0	1000.049	100.0	100.103	10.0	10.082	1.0	1.082
3000.0	2997.740	300.0	299.967	30.0	30.099	3.0	3.133
5000.0	4992.450	500.0	499.532	50.0	50.086	5.0	5.180
8000.0	7978.860	800.0	798.320	80.0	80.008	8.0	8.263
10000.0	9966.160	999.0	996.149	99.9	99.818	0	0

13.3 窗口组态与执行脚本

本程序中用到的变量较多，绝大部分为与阻值对应的变量，为了减少变量定义说明表的繁杂，将电阻值变量列在了表 13-4 中，均为数值型，在表 13-3 中列出了脚本程序中使用的其他变量。在变量定义过程中，读上来的数据均为字符串，各个数值对应字节段以逗号分开。因此，需要通过脚本程序将字符串的不同数据段分开，然后通过类型映射转变为相应的数值。

表 13-3 数据库中定义的各个变量的定义及类型说明

变量名称	变量类型	功能说明
BeginOfComma	开关型	第一次出现逗号分隔符的位置
EndOfComma	开关型	第二次出现逗号分隔符的位置
NumberOfMachine	字符型	机器地址
NumberOfString	开关型	字符串的长度
Password	字符型	多路电阻采集模块的操作密码
PositionOfComma	开关型	逗号所在的位置
strData3	字符型	从多路电阻采集模块读上来的字符串
tempString	字符型	临时存储变量
TimeDelay	字符型	帧等待时间

表 13-4 各数据变量与构件对应关系

Resistor1000		Resistor100		Resistor10		Resistor1	
标准值	标称值	标准值	标称值	标准值	标称值	标准值	标称值
Resistor11	Resistor12	Resistor13	Resistor14	Resistor15	Resistor16	Resistor17	Resistor18
Resistor21	Resistor22	Resistor23	Resistor24	Resistor25	Resistor26	Resistor27	Resistor28
Resistor31	Resistor32	Resistor33	Resistor34	Resistor35	Resistor36	Resistor37	Resistor38
Resistor41	Resistor42	Resistor43	Resistor44	Resistor45	Resistor46	Resistor47	Resistor48
Resistor51	Resistor52	Resistor53	Resistor54	Resistor55	Resistor56	Resistor57	Resistor18

"读取"按钮对应的脚本程序如下：

＊＊

```
!SetDevice(设备 0,6,"SetHiddenPro(1,1)")'将设备 0 的中间通信信息写入 Modbus-RTU.log 文件
!SetDevice(设备 0,6,"ReadBlock(4,4097,[WUB][WUB][DUB][DF][DF][DF][DF][DF][DF][DF][DF][DF][DF][DF][DF][DF][DF][DF][DF][DF][DF][DF][DF][DF][DF][DF][DF][DF][DF][DF][DF][DF][DF][DF][DF][DF][DF][DF][DF][DF][DF][DF][DF][DF][DF][DF][DF][DF],1,strData3)")
tempString=strData3
NumberOfString=!len(tempString)

NumberOfMachine=!left(tempString,1)'机号地址

PositionOfComma=!instr(1,tempString,",")'第 1 个逗号
BeginOfComma=PositionOfComma
PositionOfComma=!instr(PositionOfComma+1,tempString,",")'第 2 个逗号
EndOfComma=PositionOfComma
TimeDelay=!Mid(tempString,BeginOfComma+1,EndOfComma-BeginOfComma-1)'时间延时设定值

BeginOfComma=EndOfComma
PositionOfComma=!instr(PositionOfComma+1,tempString,",")'第 3 个逗号
EndOfComma=PositionOfComma
Password=!Mid(tempString,BeginOfComma+1,EndOfComma-BeginOfComma-1)'密码位
```

```
'第一列的标准值+标称值
BeginOfComma=PositionOfComma
PositionOfComma=!instr(PositionOfComma+1,tempString,",")'第 4 个逗号
EndOfComma=PositionOfComma
Resistor1000=!Mid(tempString,BeginOfComma+1,EndOfComma-BeginOfComma-1)'第
1 个数 1000.00

BeginOfComma=EndOfComma
PositionOfComma=!instr(PositionOfComma+1,tempString,",")'第 5 个逗号
EndOfComma=PositionOfComma
Resistor11=!Mid(tempString,BeginOfComma+1,EndOfComma-BeginOfComma-1)'第 2
个数 1000.00

BeginOfComma=EndOfComma
PositionOfComma=!instr(PositionOfComma+1,tempString,",")'第 6 个逗号
EndOfComma=PositionOfComma
Resistor12=!Mid(tempString,BeginOfComma+1,EndOfComma-BeginOfComma-1)'第 3
个数

BeginOfComma=EndOfComma
PositionOfComma=!instr(PositionOfComma+1,tempString,",")'第 7 个逗号
EndOfComma=PositionOfComma
Resistor21=!Mid(tempString,BeginOfComma+1,EndOfComma-BeginOfComma-1)'第 4
个数

BeginOfComma=EndOfComma
PositionOfComma=!instr(PositionOfComma+1,tempString,",")'第 8 个逗号
EndOfComma=PositionOfComma
Resistor22=!Mid(tempString,BeginOfComma+1,EndOfComma-BeginOfComma-1)'第 5
个数

BeginOfComma=EndOfComma
PositionOfComma=!instr(PositionOfComma+1,tempString,",")'第 9 个逗号
EndOfComma=PositionOfComma
Resistor31=!Mid(tempString,BeginOfComma+1,EndOfComma-BeginOfComma-1)'第 6
个数

BeginOfComma=EndOfComma
PositionOfComma=!instr(PositionOfComma+1,tempString,",")'第 10 个逗号
```

```
    EndOfComma=PositionOfComma
    Resistor32=!Mid(tempString,BeginOfComma+1,EndOfComma-BeginOfComma-1)'第 7
个数

    BeginOfComma=EndOfComma
    PositionOfComma=!instr(PositionOfComma+1,tempString,",")'第 11 个逗号
    EndOfComma=PositionOfComma
    Resistor41=!Mid(tempString,BeginOfComma+1,EndOfComma-BeginOfComma-1)'第 8
个数

    BeginOfComma=EndOfComma
    PositionOfComma=!instr(PositionOfComma+1,tempString,",")'第 12 个逗号
    EndOfComma=PositionOfComma
    Resistor42=!Mid(tempString,BeginOfComma+1,EndOfComma-BeginOfComma-1)'第 9
个数

    BeginOfComma=EndOfComma
    PositionOfComma=!instr(PositionOfComma+1,tempString,",")'第 13 个逗号
    EndOfComma=PositionOfComma
    Resistor51=!Mid(tempString,BeginOfComma+1,EndOfComma-BeginOfComma-1)'第 10
个数

    BeginOfComma=EndOfComma
    PositionOfComma=!instr(PositionOfComma+1,tempString,",")'第 14 个逗号
    EndOfComma=PositionOfComma
    Resistor52=!Mid(tempString,BeginOfComma+1,EndOfComma-BeginOfComma-1)'第 11
个数

    '第二列的标准值+标称值
    BeginOfComma=EndOfComma
    PositionOfComma=!instr(PositionOfComma+1,tempString,",")'第 15 个逗号
    EndOfComma=PositionOfComma
    Resistor100=!Mid(tempString,BeginOfComma+1,EndOfComma-BeginOfComma
-1)'第 12 个数 100.00

    BeginOfComma=EndOfComma
    PositionOfComma=!instr(PositionOfComma+1,tempString,",")'第 16 个逗号
    EndOfComma=PositionOfComma
```

```
Resistor13=!Mid(tempString,BeginOfComma+1,EndOfComma-BeginOfComma-1)'第13个数

BeginOfComma=EndOfComma
PositionOfComma=!instr(PositionOfComma+1,tempString,",")'第17个逗号
EndOfComma=PositionOfComma
Resistor14=!Mid(tempString,BeginOfComma+1,EndOfComma-BeginOfComma-1)'第14个数

BeginOfComma=EndOfComma
PositionOfComma=!instr(PositionOfComma+1,tempString,",")'第18个逗号
EndOfComma=PositionOfComma
Resistor23=!Mid(tempString,BeginOfComma+1,EndOfComma-BeginOfComma-1)'第15个数

BeginOfComma=EndOfComma
PositionOfComma=!instr(PositionOfComma+1,tempString,",")'第19个逗号
EndOfComma=PositionOfComma
Resistor24=!Mid(tempString,BeginOfComma+1,EndOfComma-BeginOfComma-1)'第16个数

BeginOfComma=EndOfComma
PositionOfComma=!instr(PositionOfComma+1,tempString,",")'第20个逗号
EndOfComma=PositionOfComma
Resistor33=!Mid(tempString,BeginOfComma+1,EndOfComma-BeginOfComma-1)'第17个数

BeginOfComma=EndOfComma
PositionOfComma=!instr(PositionOfComma+1,tempString,",")'第21个逗号
EndOfComma=PositionOfComma
Resistor34=!Mid(tempString,BeginOfComma+1,EndOfComma-BeginOfComma-1)'第18个数

BeginOfComma=EndOfComma
PositionOfComma=!instr(PositionOfComma+1,tempString,",")'第22个逗号
EndOfComma=PositionOfComma
Resistor43=!Mid(tempString,BeginOfComma+1,EndOfComma-BeginOfComma-1)'第19个数
```

```
    BeginOfComma=EndOfComma
    PositionOfComma=!instr(PositionOfComma+1,tempString,",")'第 23 个逗号
    EndOfComma=PositionOfComma
    Resistor44=!Mid(tempString,BeginOfComma+1,EndOfComma-BeginOfComma
-1)'第 20 个数

    BeginOfComma=EndOfComma
    PositionOfComma=!instr(PositionOfComma+1,tempString,",")'第 24 个逗号
    EndOfComma=PositionOfComma
    Resistor53=!Mid(tempString,BeginOfComma+1,EndOfComma-BeginOfComma
-1)'第 21 个数

    BeginOfComma=EndOfComma
    PositionOfComma=!instr(PositionOfComma+1,tempString,",")'第 25 个逗号
    EndOfComma=PositionOfComma
    Resistor54=!Mid(tempString,BeginOfComma+1,EndOfComma-BeginOfComma
-1)'第 22 个数

    '第三列的标准值+标称值
    BeginOfComma=EndOfComma
    PositionOfComma=!instr(PositionOfComma+1,tempString,",")'第 26 个逗号
    EndOfComma=PositionOfComma
    Resistor10=!Mid(tempString,BeginOfComma+1,EndOfComma-BeginOfComma
-1)'第 23 个数 10.00

    BeginOfComma=EndOfComma
    PositionOfComma=!instr(PositionOfComma+1,tempString,",")'第 27 个逗号
    EndOfComma=PositionOfComma
    Resistor15=!Mid(tempString,BeginOfComma+1,EndOfComma-BeginOfComma
-1)'第 24 个数

    BeginOfComma=EndOfComma
    PositionOfComma=!instr(PositionOfComma+1,tempString,",")'第 28 个逗号
    EndOfComma=PositionOfComma
    Resistor16=!Mid(tempString,BeginOfComma+1,EndOfComma-BeginOfComma
-1)'第 25 个数

    BeginOfComma=EndOfComma
    PositionOfComma=!instr(PositionOfComma+1,tempString,",")'第 29 个逗号
```

```
    EndOfComma=PositionOfComma
    Resistor25=!Mid(tempString,BeginOfComma+1,EndOfComma-BeginOfComma
-1)'第 26 个数

    BeginOfComma=EndOfComma
    PositionOfComma=!instr(PositionOfComma+1,tempString,",")'第 30 个逗号
    EndOfComma=PositionOfComma
    Resistor26=!Mid(tempString,BeginOfComma+1,EndOfComma-BeginOfComma
-1)'第 27 个数

    BeginOfComma=EndOfComma
    PositionOfComma=!instr(PositionOfComma+1,tempString,",")'第 31 个逗号
    EndOfComma=PositionOfComma
    Resistor35=!Mid(tempString,BeginOfComma+1,EndOfComma-BeginOfComma
-1)'第 28 个数

    BeginOfComma=EndOfComma
    PositionOfComma=!instr(PositionOfComma+1,tempString,",")'第 32 个逗号
    EndOfComma=PositionOfComma
    Resistor36=!Mid(tempString,BeginOfComma+1,EndOfComma-BeginOfComma
-1)'第 29 个数

    BeginOfComma=EndOfComma
    PositionOfComma=!instr(PositionOfComma+1,tempString,",")'第 33 个逗号
    EndOfComma=PositionOfComma
    Resistor45=!Mid(tempString,BeginOfComma+1,EndOfComma-BeginOfComma
-1)'第 30 个数

    BeginOfComma=EndOfComma
    PositionOfComma=!instr(PositionOfComma+1,tempString,",")'第 34 个逗号
    EndOfComma=PositionOfComma
    Resistor46=!Mid(tempString,BeginOfComma+1,EndOfComma-BeginOfComma
-1)'第 31 个数

    BeginOfComma=EndOfComma
    PositionOfComma=!instr(PositionOfComma+1,tempString,",")'第 35 个逗号
    EndOfComma=PositionOfComma
    Resistor55=!Mid(tempString,BeginOfComma+1,EndOfComma-BeginOfComma
-1)'第 32 个数
```

```
    BeginOfComma=EndOfComma
    PositionOfComma=!instr(PositionOfComma+1,tempString,",")'第 36 个逗号
    EndOfComma=PositionOfComma
    Resistor56=!Mid(tempString,BeginOfComma+1,EndOfComma-BeginOfComma
-1)'第 33 个数

    '第四列的标准值+标称值
    BeginOfComma=EndOfComma
    PositionOfComma=!instr(PositionOfComma+1,tempString,",")'第 37 个逗号
    EndOfComma=PositionOfComma
    Resistor1=!Mid(tempString,BeginOfComma+1,EndOfComma-BeginOfComma-
1)'第 34 个数 1.00

    BeginOfComma=EndOfComma
    PositionOfComma=!instr(PositionOfComma+1,tempString,",")'第 38 个逗号
    EndOfComma=PositionOfComma
    Resistor17=!Mid(tempString,BeginOfComma+1,EndOfComma-BeginOfComma
-1)'第 35 个数

    BeginOfComma=EndOfComma
    PositionOfComma=!instr(PositionOfComma+1,tempString,",")'第 39 个逗号
    EndOfComma=PositionOfComma
    Resistor18=!Mid(tempString,BeginOfComma+1,EndOfComma-BeginOfComma
-1)'第 36 个数

    BeginOfComma=EndOfComma
    PositionOfComma=!instr(PositionOfComma+1,tempString,",")'第 40 个逗号
    EndOfComma=PositionOfComma
    Resistor27=!Mid(tempString,BeginOfComma+1,EndOfComma-BeginOfComma
-1)'第 37 个数

    BeginOfComma=EndOfComma
    PositionOfComma=!instr(PositionOfComma+1,tempString,",")'第 41 个逗号
    EndOfComma=PositionOfComma
    Resistor28=!Mid(tempString,BeginOfComma+1,EndOfComma-BeginOfComma
-1)'第 38 个数

    BeginOfComma=EndOfComma
    PositionOfComma=!instr(PositionOfComma+1,tempString,",")'第 42 个逗号
```

```
EndOfComma=PositionOfComma
Resistor37=!Mid(tempString,BeginOfComma+1,EndOfComma-BeginOfComma
-1)'第 39 个数

BeginOfComma=EndOfComma
PositionOfComma=!instr(PositionOfComma+1,tempString,",")'第 43 个逗号
EndOfComma=PositionOfComma
Resistor38=!Mid(tempString,BeginOfComma+1,EndOfComma-BeginOfComma
-1)'第 40 个数

BeginOfComma=EndOfComma
PositionOfComma=!instr(PositionOfComma+1,tempString,",")'第 44 个逗号
EndOfComma=PositionOfComma
Resistor47=!Mid(tempString,BeginOfComma+1,EndOfComma-BeginOfComma
-1)'第 41 个数

BeginOfComma=EndOfComma
PositionOfComma=!instr(PositionOfComma+1,tempString,",")'第 45 个逗号
EndOfComma=PositionOfComma
Resistor48=!Mid(tempString,BeginOfComma+1,EndOfComma-BeginOfComma
-1)'第 42 个数

BeginOfComma=EndOfComma
PositionOfComma=!instr(PositionOfComma+1,tempString,",")'第 46 个逗号
EndOfComma=PositionOfComma
Resistor57=!Mid(tempString,BeginOfComma+1,EndOfComma-BeginOfComma
-1)'第 43 个数

BeginOfComma=EndOfComma
EndOfComma=NumberOfString
Resistor58 =! Mid ( tempString, BeginOfComma + 1, EndOfComma -
BeginOfComma)'第 44 个数
```

* *

“写入”按钮对应的脚本程序如下：

* *

```
!SetDevice(设备 0,6,"SetHiddenPro(1,1)")
strData3=NumberOfMachine+","+TimeDelay+","+Password
strData3=strData3+","+Resistor1000+","+Resistor11+","+Resistor12+",
```

```
"+Resistor21+","+Resistor22+","+Resistor31+","+Resistor32+","+Resistor41+",
"+Resistor42+","+Resistor51+","+Resistor52
    strData3=strData3+","+Resistor100+","+Resistor13+","+Resistor14+","+
Resistor23+","+Resistor24+","+Resistor33+","+Resistor34+","+Resistor43+",
"+Resistor44+","+Resistor53+","+Resistor54
    strData3=strData3+","+Resistor10+","+Resistor15+","+Resistor16+","+
Resistor25+","+Resistor26+","+Resistor35+","+Resistor36+","+Resistor45
+","+Resistor46+","+Resistor55+","+Resistor56
    strData3=strData3+","+Resistor1+","+Resistor17+","+Resistor18+","+Re-
sistor27+","+Resistor28+","+Resistor37+","+Resistor38+","+Resistor47+","+
Resistor48+","+Resistor57+","+Resistor58
    !SetDevice(设备 0,6,"WriteBlock(4,4097,[WUB][WUB][DUB][DF][DF][DF]
[DF][DF][DF][DF][DF][DF][DF][DF][DF][DF][DF][DF][DF][DF][DF][DF]
[DF][DF][DF][DF][DF][DF][DF][DF][DF][DF][DF][DF][DF][DF][DF][DF]
[DF][DF][DF][DF][DF][DF][DF][DF][DF],1,strData3)")
```

* *

第14章 Modbus通信之浮点读写——功率计算

单片机在处理浮点型数据时有两种方式，一种是采用整数移位，用两个字节表示整型数，通过除以 10、100 或 1000 获得相应的小数，例如，十六进制的 12 E8 表示为十进制是 4840，再除以 100 得到 48.4，这样，一个浮点型数通过移动整数的小数点来获得；另一种是按 IEEE-574 标准格式存储，一个浮点型数据由 4 个字节构成，每个字节可以认为是一个字符，只有当这 4 个字节按一定的顺序排列起来，才能完整地表示成一个浮点数，例如，十六进制的字节序列 41 02 00 00 表示浮点数 8.125。

本章以 DSW9902C 功率表为例，了解整型、浮点型数据在单片机中的存储形式，掌握 MCGSE 系统通过!SetDevice 指令转换 ModbusRTU 命令格式的技术。需要准备的硬件如下：

(1) 台式计算机 台式计算机机箱后侧需具有 DB-9 公头接口，一般为 COM1 串行通信接口。

(2) RS-232 转 RS-485 转换接口 一端为 DB-9 母头，与台式机的 DB-9 公头相连，为 RS-232 电平；另一端为 A+与 B−接线端子，为 RS-485 电平，A+为高电平，B−为低电平。

(3) DSW9902C 功率表一台 具有 RS-485 通信功能，通信波特率设为 9600Baud/s，地址设为 2，通信参数设置为“9600，N，8，1”；输入电压范围是 2～50V；输入电流范围是 0.005～10A；供电电源为交流 90～250V，50～60Hz。

图 14-1 为各硬件接线示意图，将台式计算机与 RS-232 转 RS-485 接口相连，RS-232 转 RS-485 接口的 A+端子与 DSW9902C 的 TxD（16）端子相连，B−与 DSW9902C 的 RxD（15）端子相连。将 220V 交流电的 Line 线与 DSW9902C 的 7 引脚相连，Nero 线与 DSW9902C 的 8 引脚相连，给功率表供电。负载 1 和 5 端子连接一加热片，4 和 5 端子分别连接 24V DC 的负极与正极，为加热片供直流电，4 与 3 端子必须短路，否则无法显示电流。

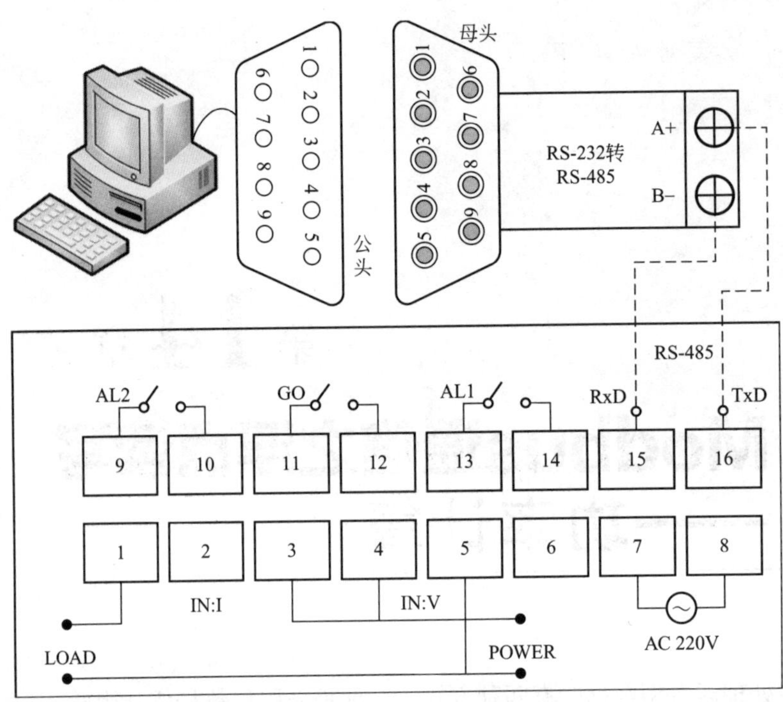

图 14-1 DSW9902C 功率表接线示意图

14.1 功率表设置

DSW9902C 功率表显示面板如图 14-2 所示，面板分五个区域，5、6、7 和 8 为参数设置按键区；1 为电压显示区，无论直流还是交流，均以 V 为单位显示测得的电压值；2、3 和 4 为第二路报警指示灯、合格指示灯和第一路报警指示灯显示区；9、10 和 11 为电流显示区，mA 前面的指示灯亮表示测得值为毫安数，A 前面的指示灯亮表示测得值为安培数；12 与 13 为功率显示区，用于有效功率、功率因数、频率、无功功率和电能显示值之间切换，点按一下面板右下角的循环键，功率显示区切换到下一内容，对应的单位指示灯亮，再点按一下，指示灯显示向右方循环，到 kW·h 后再从 W 开始，哪个指示灯亮说明显示的是哪个数据。各符号的详细定义如表 14-1 所示。

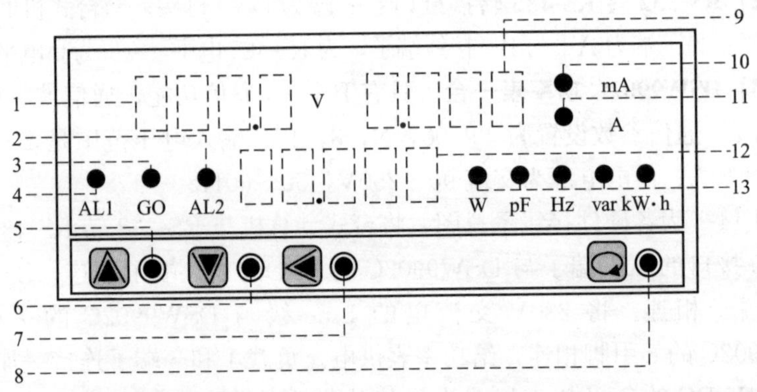

图 14-2 DSW9902C 功率表显示面板与参数设置按键示意图

表 14-1　DSW9902C 功率表面板字符注释

No	面板字符	内容说明
1	V	电压测量显示窗口
2	AL2	第二路报警指示灯
3	GO	合格指示灯
4	AL1	第一路报警指示灯
5		增加键，数值循环加“1”
6		减少键，数值循环减“1”
7		左移键，往左移动需要修改数值的位置
8		功能切换键/确认键
9	A/mA	电流测量显示窗口
10	mA	电流毫安单位指示灯
11	A	电流安培单位指示灯
12	W/pF/Hz/var/kW・h	多功能测量显示窗口(循环查看)
13	W	有功功率单位指示灯
13	pF	功率因数单位指示灯
13	Hz	频率单位指示灯
13	var	无功功率单位指示灯
13	kW・h	有功电能单位指示灯

假设 DSW9902C 功率表的参数设置如下：

AD1：U-L（Voltage-Low，设定为电压下限）；

UT1：1（Unit，单位为 V）；

AL1：210.0（210.0 个 1V）；

AD2：U-H（Voltage-High，设定为电压上限）；

UT2：1（Unit，单位为 V）；

AL2：230.0（230.0 个 1V）。

当测量值为 240 时，由于超过了 AL2（230.0V），AL2 灯亮，后面板 9 与 10 端子处的继电器动作（如果带有输出继电器）；当测量值为 190 时，由于低于 AL1（210.0V），AL1 灯亮，后面板 13 与 14 端子处的继电器动作（如果带有输出继电器）；当测量值为 220 时，小于 AL2（230.0V），大于 AL1（210.0V），GO 灯亮，后面板 11 与 12 端子处的继电器动作（如果带有输出继电器）。可参考上方二维码视频讲解。

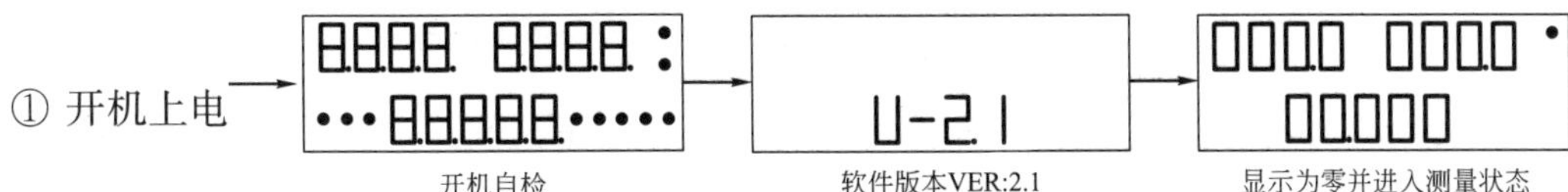

② 显示窗口参数切换：W/pF/Hz/var/kW・h（即有功功率/功率因数/频率/无功功率/电能显示值之间切换）按键，LED 灯循环切换。W → pF → Hz → var → kW•h

③ 参数修改：DSW9902C 功率表开机上电后，依次进行自检、版本显示，然后进入测量状态，如图 14-3 所示，如果需要调整功率显示窗口，可以点按显示面板右下角的循环键。显示面板上可以一目了然地观察到电压、电流和功率值。如果需要修改功率表参数，按住循环键 3s，进入参数设置菜单，设置完毕后，再次按住循环键 3s 以上或者超时 30s 不按循环键即可退出参数设置界面。功率表的参数设置流程如图 14-4 所示。

进入：按住 键3s，进入参数设置菜单。

更改：按住 键，改变光标数位循环左移，在显示窗光标数位闪动处，按下 或 键改变数值，

再按 键确认，若欲查看，按 或 键即可。

改变设定小数点位置：先按住 键再按 键改变。

改变设定电流窗口单位mA/A：先按住 键再按 键转换。

电能值清零：同时按住 和 键3s。

退出：当设定完成后，按 键3s，仪表保存设定值并退出设定程序，如果超时30s不按 键，仪表

自动退出设定界面，回到原始测量状态。

图 14-3　DSW9902C 功率表操作流程图

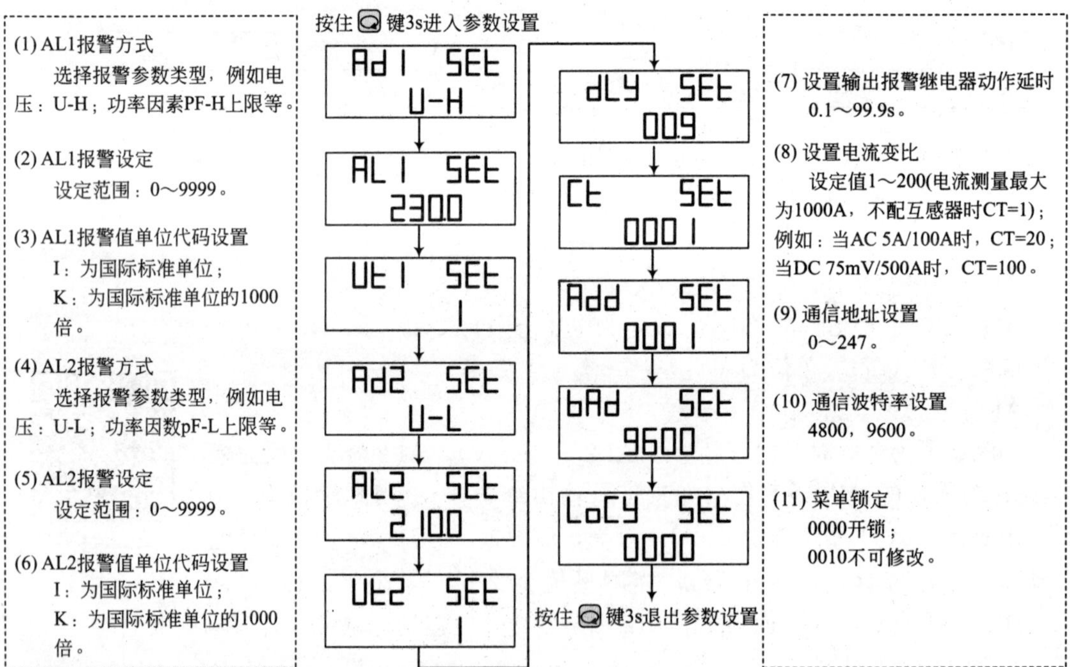

图 14-4　DSW9902C 功率表参数设置流程图

功率表的参数设置主要包括下限类型、下限值、下限值单位、上限类型、上限值、上限值单位、延时时间、电流变比、仪表通信地址、通信波特率、密码锁等项目。上限类型与下限类型包括电压、电流、有功功率、功率因数、频率、无功功率、电度值等 7 个显示项，每项各有上限和下限两个模式，共计 14 种模式。每一项的报警名称、报警模式、报警范围及

在仪表中的编号如表 14-2 所示。

表 14-2 报警模式输出选择对照

报警名称	上限报警模式	参数编号	下限报警模式	参数编号	报警范围
电　压	U-H	1	U-L	2	0.01～999.9V
电　流	A-H	3	A-L	4	0.001～9999A
有功功率	P-H	5	P-L	6	0.01～9999W
功率因数	PF-H	7	PF-L	8	0.001～1.000pF
频　率	F-H	9	F-L	10	0.001～400.0Hz
无功功率	UAr-H	11	UAr-L	12	0.01～9999var
电度值	EPbH	13	EPbL	14	0.01～99999kW·h

功率表连接完毕后，根据参数表进行各项参数的选择与配置，关键参数如表 14-3 所示。

表 14-3 DSW9902C 功率表关键参数

参数	参数值	说明
电压范围	5～50V DC	功率表所测直流电压的上限、下限
电流范围	0.005～10A DC	功率表所测直流电流的上限、下限
精度等级	±0.4%FS	测量的不确定度范围
供电电源	90～250AC	功率表的供电电压
台式机端口	COM1	如果采用 USB，根据 USB 转串口的实际端口值进行设置
通信方式	RS-485	一台上位机，多个传感器，各传感器通过地址区分
通信协议	Modbus RTU	以 16 进制形式传输数据
功率表地址	2	1～247 可选
波特率	9600	4800、9600 二选一，默认通信参数设置“9600,N,8,1”
数据位	8 位	
奇偶校验位	无	
停止位	1 位	

14.2 通信指令解析

指令解析包括读指令与写指令两类，读指令包含参数范围广，包括功率表的内置功能参数和显示参数；而写指令仅对内置功能参数进行修改。内置功能参数包括电能清零、电流变比、AL1 报警方式、AL1 报警单位、AL1 报警设定值、仪表地址、通信波特率；显示参数包括电压、电流、有功功率、无功功率、功率因数、频率和有功电能。表 14-4 列出了功率表各个参数的地址、功能、数据类型、字长度、读写属性、取值范围等，根据这个表可以进行指令的组装。读指令返回数据信息量大，包括要读参数的具体内容；写指令发送数据量大，需要将参数的具体值打包，而返回指令很简单，只保证不出差错。上位机与功率表之间进行通信是通过串口调试软件实现的，本节采用的是 SSCOM3.2 软件，感谢该软件作者的

表 14-4 功率表参数地址

地址		参数	数据类型	数据长度	读写属性	说明
16 进制	10 进制					
		保留				
0x10	16	电能清零 CLRE	int	1	R/W	1～9999;清零值为 1111
		保留				
0x14	20	电流变比 CT	int	1	R/W	CT=1～200
0x15	21	AL1 报警方式 Ad1	int	1	R/W	Ad1=1～14 类模式
0x16	22	AL1 报警值单位 Ut1	int	1	R/W	0:表示 I 单位;1:表示 K 单位
0x17	23	AL2 报警方式 Ad2	int	1	R/W	Ad2=1～14 类模式
0x18	24	AL2 报警值单位 Ut2	int	1	R/W	0:表示 I 单位;1:表示 K 单位
		保留				
0x1B	27	仪表地址 add	int	1	R/W	1～247
0x1C	28	通信波特率 bad	int	1	R/W	0:4800;1:9600
0x20	32	AL1 报警设定值	Float	2	R/W	0.001～9999
0x22	34	AL2 报警设定值	Float	2	R/W	0.001～9999
0x24	36	AL1、AL2 延时值 dly	Float	2	R/W	单位:s,延时输出设定值
		保留				
0x2A	42	电压	Float	2	R	单位:V
		保留				
0x30	48	电流	Float	2	R	单位:A
		保留				
0x36	54	有功功率	Float	2	R	单位:W(kW)
		保留				
0x3E	62	无功功率	Float	2	R	单位:var(kvar)
		保留				
0x4E	78	功率因数 pF	Float	2	R	功率因数:0～1.000
		保留				
0x56	86	频率 F	Float	2	R	电压频率单位:Hz
0x58	88	有功电能	Long	2	R	单位:W·h(即 0.000 kW·h)

大力支持!

在 SSCOM3.2 串口调试软件中选中“COM1”串口，如图 14-5 所示，设置波特率为

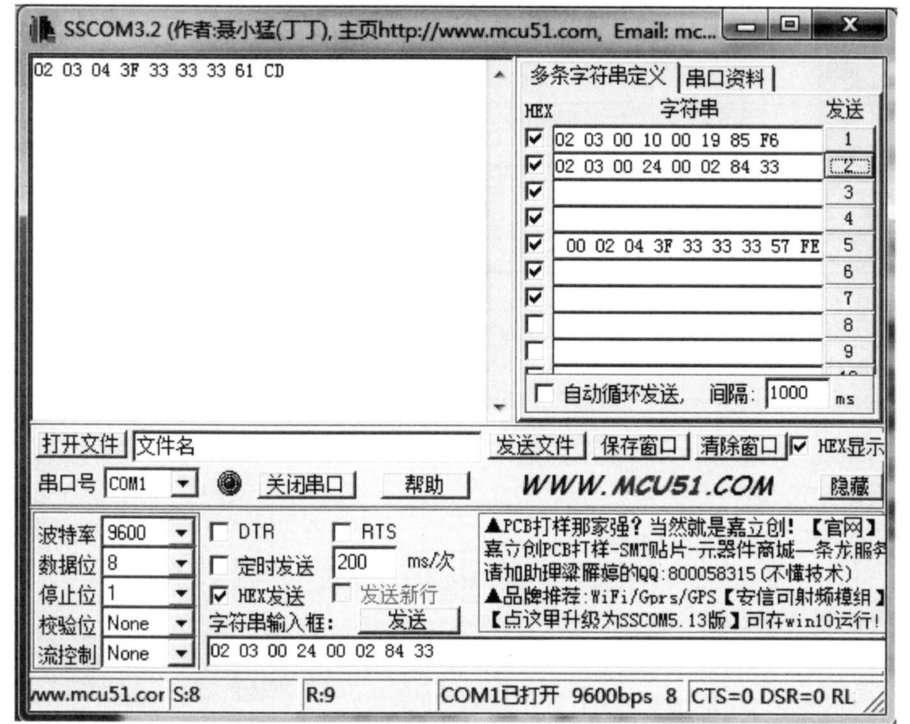

图 14-5 上位机向 DSW9902C 功率表以送通信指令界面图

9600，数据位 8，停止位 1，校验位 None，点选“HEX 发送”与“HEX 显示”，在窗口右侧字符串栏中输入指令，点选前面的“☑”，点击字符串右侧带有数字的按钮“2”时，完成与功率表的通信，由于采用十六进制发送和接收，因此可以看到指令的各个字节，实时掌握发送与接收状态。可参考二维码视频讲解。

14.2.1 读指令与返回指令

读指令的构造要严格根据功率表参数地址列表来完成，如表 14-5 所示。例如，要读仪表 AL1 报警设定值。首先，确定功率表地址，通过面板右下角循环按键进入参数设置菜单，调出仪表地址，此处为 2；读取数据采用的功能码为 03；AL1 报警设定值的地址从表 14-4 中查到为 0x20，其占用 2 个字的位置，数据长度为 02；读指令的前半部分数据为 02 03 00 20 00 02，再根据 CRC 校验规则，计算校验码为 F2C5，将低字节放前，高字节放后，形成完整的读指令 02 03 00 20 00 02 C5 F2。下面对每一个参数的读指令进行构造，并读取功率表各个参数的实际值。

(1) 读电度清零

发送指令：02 03 00 10 00 01 85 FC；

接收指令：02 03 02 00 00 FC 44。

(2) 读电流变比

发送指令：02 03 00 14 00 01 C4 3D；

表 14-5 读数据寄存器报文指令格式

<table>
<tr><th rowspan="2">主/从机</th><th rowspan="2">帧结构</th><th rowspan="2">地址码</th><th rowspan="2">功能码</th><th colspan="4">数据码</th><th colspan="2" rowspan="2">校验码</th></tr>
<tr><th colspan="2">起始寄存器地址</th><th colspan="2">寄存器个数</th></tr>
<tr><td rowspan="3">主机请求</td><td>占用字节</td><td>1</td><td>1</td><td colspan="2">2</td><td colspan="2">2</td><td colspan="2">2</td></tr>
<tr><td>数据范围</td><td>1～247</td><td>0x03</td><td colspan="2">≤0x60</td><td colspan="2">≤0x60</td><td colspan="2">CRC</td></tr>
<tr><td>发送举例</td><td>0x01</td><td>0x03</td><td>0x00</td><td>0x2A</td><td>0x00</td><td>0x04</td><td>0x65</td><td>0xC1</td></tr>
<tr><td rowspan="2">从机响应</td><td>占用字节</td><td>1</td><td>1</td><td colspan="2">1</td><td colspan="2">N</td><td colspan="2">2</td></tr>
<tr><td>返回举例</td><td>0x01</td><td>0x03</td><td colspan="2">0x08</td><td colspan="2">8 字节数据</td><td colspan="2">CRC</td></tr>
<tr><td>说明</td><td colspan="9">主机请求的寄存器地址为查询的一次电网或者二次电网的数据首地址，寄存器个数为查询数据的长度，如上例起始寄存器地址“00 2A”表示三相 A 相与 B 相电压整型数据的首地址，寄存器个数“00 04”表示数据长度 4 个 word 数据，共 8 个字节，前 4 个字节为 A 相电压，后 4 个字节为 B 相电压</td></tr>
</table>

接收指令：02 03 02 00 01 3D 84（读取的电流变比值为 1）。

(3) 读 AL1 报警方式 Ad1

发送指令：02 03 00 15 00 01 95 FD；

接收指令：02 03 02 00 01 3D 84（Ad1 为 1，对应 U-H 模式，即电压上限值）。

(4) 读 AL1 报警值单位 Ut1

发送指令：02 03 00 16 00 01 65 FD；

接收指令：02 03 02 00 00 FC 44（Ut1 为 0，表示 I 单位）。

(5) 读 AL2 报警方式 Ad2

发送指令：02 03 00 17 00 01 34 3D；

接收指令：02 03 02 00 02 7D 85（Ad1 为 2，对应 U-L 模式，即电压下限值）。

(6) 读 AL2 报警值单位 Ut2

发送指令：02 03 00 18 00 01 04 3E；

接收指令：02 03 02 00 00 FC 44（Ut1 为 0，表示 I 单位）。

(7) 读仪表地址 add

发送指令：02 03 00 1B 00 01 F4 3E；

接收指令：02 03 02 00 02 7D 85（仪表地址为 2）。

(8) 读通信波特率 bad

发送指令：02 03 00 1C 00 01 45 FF；

接收指令：02 03 02 00 01 3D 84（返回值为 1，表示波特率为 9600）。

(9) 读 AL1 报警设定值

发送指令：02 03 00 20 00 01 85 F3；

接收指令：02 03 02 42 48 CC D2（能读出前两个字节，42 48，能从浮点型开始读）；

发送指令：02 03 00 21 00 01 D4 33；

接收指令：02 83 02 30 F1（无法正常读出，不能从中间地址读取字节数据）；

发送指令：02 03 00 20 00 02 C5 F2；

接收指令：02 03 04 42 48 00 00 5D 5D（42 48 00 00 对应浮点型为 50.00）。

对于浮点型数据，从起始地址 00 20 开始读 00 02 个字，可以一次性读出浮点型数据 42 48 00 00。从起始地址 00 20 开始读 00 01 个字，得到的是浮点型数据的前两个字节，即 42

48；但是从起始地址 00 21 开始读 00 01 个字，返回的指令是错误的，希望从 00 21 开始读 00 01 个字，能把后续的 00 00 字节读取出来，但实际上是无法实现的。这一实验表明，对于浮点型数据，必须要从起始地址开始读，一次性读入 2 个字。

（10）读 AL2 报警设定值

发送指令：02 03 00 22 00 02 64 32；

接收指令：02 03 04 41 20 00 00 DC C5（41 20 00 00 对应浮点型为 10.00）。

（11）读 AL1、AL2 延时输出设定值 dly

发送指令：02 03 00 24 00 02 84 33；

接收指令：02 03 04 3F 33 33 33 61 CD（3F 33 33 33 对应浮点型为 0.7）。

（12）读电压 V

发送指令：02 03 00 2A 00 02 E5 F0；

接收指令：02 03 04 40 89 EB 85 82 4A（40 89 EB 85 对应浮点型为 4.309999V）。

（13）读电流 A

发送指令：02 03 00 30 00 02 C4 37；

接收指令：02 03 04 3E D5 A8 58 AB 19（3E D5 A8 58 对应浮点型为 0.4173A）。

（14）读有功功率 W

发送指令：02 03 00 36 00 02 24 36；

接收指令：02 03 04 3F E6 87 2B 07 3F（3F E6 87 2B 对应浮点型为 1.801W）。

（15）读无功功率 var

发送指令：02 03 00 3E 00 02 A5 F4；

接收指令：02 03 04 3D 71 A9 FC EA 95（3D 71 A9 FC 对应浮点型为 0.059var）。

（16）读功率因数 pF

发送指令：02 03 00 4E 00 02 A4 2F；

接收指令：02 03 04 3F 7F BE 77 C5 79（3F 7F BE 77 对应浮点型为 0.999var）。

（17）读频率 F

发送指令：02 03 00 56 00 02 24 28；

接收指令：02 03 04 00 00 00 00 C9 33（00 00 00 00 对应浮点型为 0.00Hz）。

（18）读有功电能

发送指令：02 03 00 58 00 01 05 EA；

接收指令：02 03 02 00 00 FC 44；

发送指令：02 03 00 59 00 01 54 2A；

接收指令：02 83 02 30 F1；

发送指令：02 03 00 58 00 02 45 EB；

接收指令：02 03 04 00 00 00 0A 49 34（00 00 00 0A 对应长整型为 10，即 0.01kW · h）。

对于 Long 型数据，从起始地址 00 58 开始读 00 02 个字，可以一次性读出长整型数据 00 00 00 0A。从起始地址 00 58 开始读 00 01 个字，得到的是长整型数据的前两个字节，即 00 00；但是从起始地址 00 59 开始读 00 01 个字，返回的指令是错误的，希望从 00 59 开始读 00 01 个字，能把后续的 00 0A 字节读取出来，但实际上是无法实现的。这一实验表明，对于长整型数据，必须要从起始地址开始读，一次性读入 2 个字。

14.2.2 写指令与返回指令

写指令是向功率表寄存器写入指定的值，写指令的基本格式包括地址、功能码 0x10、起始地址、要写入的寄存器个数、写入的总字节数、待写入的数据、校验码。写设置寄存器报文指令格式见表 14-6。通过功率表面板右下角的循环按键进入参数设置菜单，找到功率表的地址；功能码为写入，固定不变，其值为 0x10；起始地址根据表 14-6 确定要写入参数的实际地址；寄存器个数要写入参数需要的字的长度；写入的总字节数为字的长度乘以 2；待写入数据根据整型与浮点型计算实际的值；CRC 低字节在前，高字节在后。例如：将功率表的 dly 延时值设定为 2.4，首先，确定该功率表的地址，此处为 02；功能码为 0x10；dly 的起始地址为 0x24；占用 2 个字的长度；共计 4 个字节；浮点数 2.4 对应的 4 字节为 40 19 99 9A；校验码为 3CD1，低字节在前为 D1，高字节在后为 3C；完整的写指令如下：

发送写指令：02 10 00 24 00 02 04 40 19 99 9A D1 3C（将 dly 值改为 2.4）。

表 14-6 写设置寄存器报文指令格式

主/从机	帧结构	地址码	功能码	数据码				校验码	
				起始地址	寄存器个数	数据字节数	写入数据		
主机请求	占用字节	1	1	2	2	1	N字节	2	
	数据范围	1～247	0x10	0x 00 13	0x 00 02	0x 04	0x 00 64 00 0A	CRC 低	CRC 高
	发送举例	0x01	0x10	0x 00 13	0x 00 02	0x 04	0x 00 64 00 0A	0x 73	0x 6E
从机响应	占用字节	1	1	2	2			2	
	返回指令	0x01	0x10	0x00 13	0x00 02			0xB0 0D	
说明	为保证正常通信，每执行一个主机请求，寄存器个数限制为 25 个，上例起始寄存器地址“00 13”表示电压变化设置的首地址，寄存器个数“00 02”表示设置电压变比和电流变比共 2 个 word 数据，写入数“00 64 00 0A”表示设置电压比为 100，电流变比为 10								

下面对各个内置功能参数的值进行写入，各写指令的构造如下：

(1) 写电度清零

发送写指令：02 10 00 10 00 01 02 04 57 F3 0E（电度值清零，写入 1111）。

写指令响应：02 10 00 10 00 01 00 3F（写入完毕）。

发送读指令：02 03 00 10 00 01 85 FC（读取电度值）。

读指令响应：02 03 02 00 00 FC 44（返回值为 0）。

发送写指令：02 10 00 10 00 01 02 03 C0 B0 90（电度值清零，写入 960）。

写指令响应：02 90 04 BD C3（无法正常返回，不能随意写入任何值）。

(2) 写电流变比

发送写指令：02 10 00 14 00 01 02 00 0A 31 B3（设定电流变比值为 10）。

写指令响应：02 10 00 14 00 01 41 FE（写入完毕）。

发送读指令：02 03 00 14 00 01 C4 3D（读取电流变比值）。

读指令响应：02 03 02 00 0A 7C 43（读取电流变比值为 10）。

发送写指令：02 10 00 14 00 01 02 00 01 70 74（设定电流变比值为 1）。

写指令响应：02 10 00 14 00 01 41 FE（写入完毕）。
发送读指令：02 03 00 14 00 01 C4 3D（读取电流变比值）。
读指令响应：02 03 02 00 01 3D 84（读取电流变比值为 1）。

（3）写 AL1 报警方式 Ad1

发送写指令：02 10 00 15 00 01 02 00 03 F0 64（Ad1 设定为 3，对应 A-H 模式）。
写指令响应：02 10 00 15 00 01 10 3E（写入完毕）。
发送读指令：02 03 00 15 00 01 95 FD（读取 Ad1 值）。
读指令响应：02 03 02 00 03 BC 45（Ad1 值为 3，对应 A-H 模式）。

发送写指令：02 10 00 15 00 01 02 00 01 71 A5（Ad1 设定为 1，对应 U-H 模式）。
写指令响应：02 10 00 15 00 01 10 3E（写入完毕）。
发送读指令：02 03 00 15 00 01 95 FD（读取 Ad1 值）。
读指令响应：02 03 02 00 01 3D 84（Ad1 值为 1，对应 U-H 模式）。

（4）写 AL1 报警值单位 Ut1

发送写指令：02 10 00 16 00 01 02 00 01 71 96（Ut1 设定为 1，表示 K 单位）。
写指令响应：02 10 00 16 00 01 E0 3E（写入完毕）。
发送读指令：02 03 00 16 00 01 65 FD（读取 Ut1 值）。
读指令响应：02 03 02 00 01 3D 84（Ut1 值为 1，对应 K 单位）。

发送写指令：02 10 00 16 00 01 02 00 00 B0 56（Ut1 设定为 0，表示 I 单位）。
写指令响应：02 10 00 16 00 01 E0 3E（写入完毕）。
发送读指令：02 03 00 16 00 01 65 FD（读取 Ut1 值）。
读指令响应：02 03 02 00 00 FC 44（Ut1 值为 0，对应 I 单位）。

（5）写 AL2 报警方式 Ad2

发送写指令：02 10 00 17 00 01 02 00 04 B0 44（Ad2 设定为 4，对应 A-L 模式）。
写指令响应：02 10 00 17 00 01 B1 FE（写入完毕）。
发送读指令：02 03 00 17 00 01 34 3D（读取 Ad2 值）。
读指令响应：02 03 02 00 04 FD 87（Ad1 值为 4，对应 A-L 模式）。

发送写指令：02 10 00 17 00 01 02 00 01 70 47（Ad2 设定为 1，对应 U-H 模式）。
写指令响应：02 10 00 17 00 01 B1 FE（写入完毕）。
发送读指令：02 03 00 17 00 01 34 3D（读取 Ad2 值）。
读指令响应：02 03 02 00 01 3D 84（Ad2 值为 1，对应 U-H 模式）。

（6）写 AL2 报警值单位 Ut2

发送写指令：02 10 00 18 00 01 02 00 01 70 B8（Ut2 设定为 1，表示 K 单位）。
写指令响应：02 10 00 18 00 01 81 FD（写入完毕）。
发送读指令：02 03 00 18 00 01 04 3E（读取 Ut1 值）。
读指令响应：02 03 02 00 01 3D 84（Ut1 值为 1，对应 K 单位）。

发送写指令：02 10 00 18 00 01 02 00 00 B1 78（Ut2 设定为 0，表示 I 单位）。

写指令响应：02 10 00 18 00 01 81 FD（写入完毕）。
发送读指令：02 03 00 18 00 01 04 3E（读取 Ut1 值）。
读指令响应：02 03 02 00 00 FC 44（Ut1 值为 0，对应 I 单位）。

(7) 写仪表地址 add

发送写指令：02 10 00 1B 00 01 02 00 03 F1 4A（将仪表地址改为 3）。
写指令响应：02 10 00 1B 00 01 71 FD（写入完毕）。
发送读指令：03 03 00 1B 00 01 F5 EF（读取地址值）。
读指令响应：03 03 02 00 03 81 85（当前地址值为 3）。

发送写指令：03 10 00 1B 00 01 02 00 02 3D 1A（将仪表地址改为 2）。
写指令响应：03 10 00 1B 00 01 70 2C（写入完毕）。
发送读指令：02 03 00 1B 00 01 F4 3E（读取地址值）。
读指令响应：02 03 02 00 02 7D 85（当前地址值为 2）。

(8) 写通信波特率 bad

发送写指令：02 10 00 1C 00 01 02 00 00 B0 FC（将仪表通信波特率改为 4800）。
写指令响应：02 10 00 1C 00 01 C0 3C（写入完毕）。
关闭串口，重新以 4800 波特率打开串口。
发送读指令：02 03 00 1C 00 01 45 FF（读取波特率）。
读指令响应：02 03 02 00 00 FC 44（当前波特率为 0，对应 4800Baud/s）。

发送写指令：02 10 00 1C 00 01 02 00 01 71 3C（将仪表通信波特率改为 9600）。
写指令响应：02 10 00 1C 00 01 C0 3C（写入完毕）。
关闭串口，重新以 9600 波特率打开串口。
发送读指令：02 03 00 1C 00 01 45 FF（读取波特率）。
读指令响应：02 03 02 00 01 3D 84（当前波特率为 1，对应 9600Baud/s）。

(9) 写 AL1 报警设定值

将 AL1 报警值设定为 235.8，对应 4 字节数据为 43 6B CC CD。
发送写指令：02 10 00 20 00 02 04 43 6B CC CD 0E 3E（将 AL1 值改为 235.8）。
写指令响应：02 10 00 20 00 02 40 31（写入完毕）。
发送读指令：02 03 00 20 00 02 C5 F2（读取 AL1 的值）。
读指令响应：02 03 04 43 6B CC CD 39 FE（43 6B CC CD 对应浮点型为 235.799988）。

将 AL1 报警值设定为 50.00，对应 4 字节数据为 42 48 00 00。
发送写指令：02 10 00 20 00 02 04 42 48 00 00 6A 9D（将 AL1 值改为 50.00）。
写指令响应：02 10 00 20 00 02 40 31（写入完毕）。
发送读指令：02 03 00 20 00 02 C5 F2（读取 AL1 的值）。
读指令响应：02 03 04 42 48 00 00 5D 5D（42 48 00 00 对应浮点型为 50.00）。

(10) 写 AL2 报警设定值

将 AL2 报警值设定为 12.8，对应 4 字节数据为 41 4C CC CD。
发送写指令：02 10 00 22 00 02 04 41 4C CC CD 3E 54（将 AL2 值改为 12.8）。

写指令响应：02 10 00 22 00 02 E1 F1（写入完毕）。
发送读指令：02 03 00 22 00 02 64 32（读取 AL2 的值）。
读指令响应：02 03 04 41 4C CC CD 88 4D（41 4C CC CD 对应浮点数为 12.8）。

将 AL2 报警值设定为 10.00，对应 4 字节数据为 41 20 00 00。
发送写指令：02 10 00 22 00 02 04 41 20 00 00 6A DC（将 AL2 值改为 10.00）。
写指令响应：02 10 00 22 00 02 E1 F1（写入完毕）。
发送读指令：02 03 00 22 00 02 64 32（读取 AL2 的值）。
读指令响应：02 03 04 41 20 00 00 DC C5（41 20 00 00 对应浮点数为 10.00）。

（11）写 AL1、AL2 延时输出设定值 dly

将 dly 延时值设定为 2.4，对应 4 字节数据为 40 19 99 9A。
发送写指令：02 10 00 24 00 02 04 40 19 99 9A D1 3C（将 dly 值改为 2.4）。
写指令响应：02 10 00 24 00 02 01 F0（写入完毕）。
发送读指令：02 03 00 24 00 02 84 33（读取 dly 的值）。
读指令响应：02 03 04 40 19 99 9A E7 0F（40 19 99 9A 对应浮点数为 2.4）。

将 dly 延时值设定为 0.7，对应 4 字节数据为 3F 33 33 33。
发送写指令：02 10 00 24 00 02 04 3F 33 33 33 57 FE（将 dly 值改为 0.7）。
写指令响应：02 10 00 24 00 02 01 F0（写入完毕）。
发送读指令：02 03 00 24 00 02 84 33（读取 dly 的值）。
读指令响应：02 03 04 3F 33 33 33 61 CD（3F 33 33 33 对应浮点数为 0.7）。

14.3 MCGS 莫迪康指令

DSW9902C 功率表的指令格式为标准 ModbusRTU，这种指令在 MCGS 中无法使用串口调试软件，必须采用 MCGS 自身具有的莫迪康驱动，这种驱动已经将相关字节进行了封装，用户只要选择对应数据格式和字节顺序即可，下面将对照莫迪康 ModbusRTU 驱动和标准 ModbusRTU 协议进行详细讲解。可参考二维码视频讲解。

启动“MCGSE 组态环境”，新建工程，在弹出的界面中选中“设备窗口”，双击“设备窗口”图标进入“设备组态”界面，选中工具栏中的图标，鼠标左键选中“通用串口父设备”，拖入到“设备组态”界面，再选中“莫迪康 ModbusRTU”驱动，添加到“通用串口父设备 0”下面，如图 14-6 所示。

“通用串口父设备”包括“通用串口父设备 0”“通用串口父设备 1”“通用串口父设备 2”……，每个父设备对应一个物理的串行接口，如 COM1、COM2、COM3 等。双击“通用串口父设备 0”可以弹出参数设置界面，如图 14-7 所示，本例中采用的是台式计算机，选用的是 COM1，参数设置为“9600，N，8，1”，在图中按要求进行选择。

“莫迪康 ModbusRTU”驱动是对从机仪表地址和指令格式进行规定的协议，本例中，功率表地址为 02，对应图 14-8 中“设备地址”选项；16 位整数解码顺序为“0—12”，一个

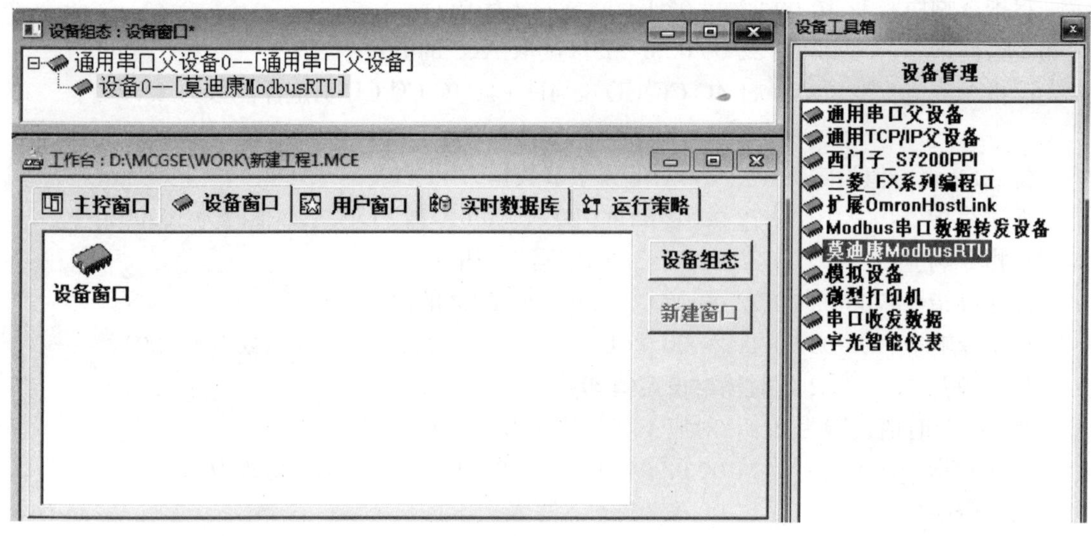

图 14-6　通用串口父设备与莫迪康 ModbusRTU 驱动添加界面图

通用串口设备属性编辑

基本属性　电话连接

设备属性名	设备属性值
设备名称	通用串口父设备0
设备注释	通用串口父设备
初始工作状态	1 - 启动
最小采集周期(ms)	1000
串口端口号(1~255)	0 - COM1
通讯波特率	6 - 9600
数据位位数	1 - 8位
停止位位数	0 - 1位
数据校验方式	0 - 无校验

检查(K)　确认(Y)　取消(C)　帮助(H)

图 14-7　通用串口父设备 0 参数设置界面

字由两个字节构成，1 表示高位字节，2 表示低位字节，12 表示高字节在前，低字节在后；浮点型数据由 4 个字节构成，在“32 位浮点数解码顺序”中选择“0—1234”，先是最高字节，再是次高字节，然后是次低字节，最后是最低字节；校验方式是指 CRC 字节顺序，选取“0—LH［低字节，高字节］”。

上述参数设置完毕后，接下来要分析如何将标准 ModbusRTU 命令转换为莫迪康驱动指令。莫迪康读、写设备命令通用格式如表 14-7 所示。可参考上方二维码视频讲解。

表 14-7 莫迪康读、写设备命令通用格式

设备命令	命令格式	命令举例
读取命令 Read	Read(寄存器名称,寄存器地址,数据类型＝返回值)	①!SetDevice(设备 0,6,"Read(4,28,WUB=Address)") 读取"设备 0"4 区输出寄存器地址 28－1＝27 的 16 位无符号值,放入 MCGS 变量 Address 中 ②!SetDevice(设备 0,6,"Read(4,43,DF=Voltage)") 读取"设备 0" 4 区输出寄存器地址 43－1＝42 的 32 位浮点数值,放入 MCGS 变量 Voltage 中
写入命令 Write	Write(寄存器名称,寄存器地址,数据类型＝返回值)	③!SetDevice(设备 0,6,"Write(4,28,WUB=Address)") 将 MCGS 数值型变量 AL2_Value 的值写入"设备 0"4 区输出寄存器地址 35－1＝34 中 ④!SetDevice(设备 0,6,"Write(4,21,WUB=CurrentT)") 将 MCGS 开关型变量 CurrentT 的值写入"设备 0"4 区输出寄存器地址 21－1＝20 中

注：通常情况下，驱动日志功能默认为关闭的。

(1) 地址 "设备 0"是指在图 14-8 中"设备名称"一项中定义的名字，其地址已经设置为 2，对应图 14-9 中 ModbusRTU 命令中的第一个地址字节。

设备属性名	设备属性值	设备属性值	设备属性值	设备属性值
[内部属性]	设置设备内部属性	设置设备内部属性	设置设备内部属性	设置设备内部属性
采集优化	1-优化	1-优化	1-优化	1-优化
设备名称	设备0	设备0	设备0	设备0
设备注释	莫迪康ModbusRTU	莫迪康ModbusRTU	莫迪康ModbusRTU	莫迪康ModbusRTU
初始工作状态	1 - 启动	1 - 启动	1 - 启动	1 - 启动
最小采集周期(ms)	100	100	100	100
设备地址	2	2	2	2
通讯等待时间	200	200	200	200
快速采集次数	0	0	0	0
16位整数解码顺序	0 - 12	0 - 12	0 - 12	0 - 12
32位整数解码顺序	0 - 1234	0 - 1234	0 - 1234	0 - 1234
32位浮点数解码顺序	0 - 1234	0 - 1234	0 - 1234	0 - 1234
校验方式	0 - LH[低字节,高字节]	0 - LH[低字节,高字节]	0 - LH[低字节,高字节]	0 - LH[低字节,高字节]
分块采集方式	0 - 按最大长度分块	0 - 按最大长度分块	0 - 按最大长度分块	0 - 按最大长度分块
4区16位写功能码选择	0 - 0x06	0 - 0x06	0 - 0x06	0 - 0x06

图 14-8 莫迪康 ModbusRTU 驱动参数设置界面

(2) 寄存器区 表示当前操作的寄存器所在区域，为字符型变量，值为"0""1""3""4"，分别对应 [0 区] 输出继电器、[1 区] 输入继电器、[3 区] 输入寄存器和 [4 区] 输出寄存器。

ModbusRTU 命令中第二个字节为功能码，在莫迪康指令中为"寄存器所在区"，这两者是标准 ModbusRTU 与莫迪康的主要区别，从表 14-8 可以看出，不同的功能码，对应不同的操作寄存器区，04 功能码只能操作 [3 区] 输入寄存器；03、06 和 16 功能码可以操作 [4 区] 输出寄存器。因此，从 ModbusRTU 命令中的功能码就可以转换为相应的寄存器区。本处读为 03 功能码，所以选择 4 区寄存器；写为 16 (0x10) 功能码，也对应 4 区寄存器。

表 14-8 莫迪康驱动构件支持的寄存器及功能码

功能码		功能码说明	操作方式	寄存器	数据类型	通道举例
读	写					
04	—	04:读输入寄存器	只读	[3 区] 输入寄存器	BT、WUB、WB、WD DUB、DB、DD、DF、STR	30001 表示 3 区地址 1
03	06 16	03:读保持寄存器 06:写单个寄存器 16:写多个寄存器	读写	[4 区] 输出寄存器	BT、WUB、WB、WD DUB、DB、DD、DF、STR	40001 表示 4 区地址 1

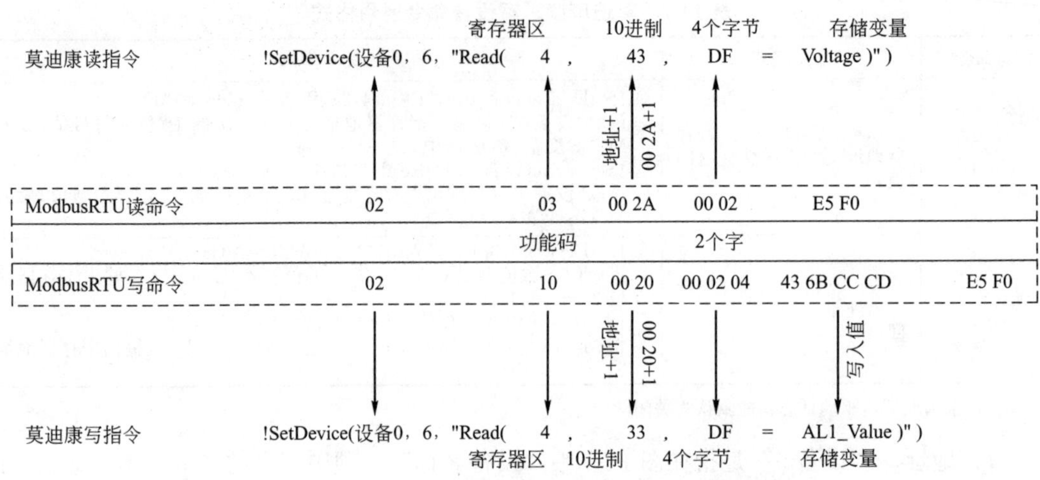

图 14-9　莫迪康指令与标准 ModbusRTU 命令转换示意图

(3) 起始地址　标准 ModbusRTU 命令中的地址加 1 为莫迪康指令中的地址，而且 ModbusRTU 命令中以 16 进制表示，而莫迪康指令中以 10 进制表示，如图 14-9 中的 00 2A 地址，加上 1 后为 00 2B，再转换为 10 进制为 43（2×16＋11＝ 43）。

(4) 字长度　莫迪康指令中以数据类型确定字的长度，表 14-9 列出了不同类型数据占用字节的长度，一个字相当于 2 个字节，例如，WD 表示 Word Decimal，前面字母表示数据占用的长度为 1 个字，也就是 2 个字节，后面的字母表示数据类型为十进制数；DF 表示 Double Word Float，前面字母表示数据占用两个字，即 4 个字节，后面表示数据类型为浮点型；WUB 表示 Word Unsigned Byte，前面字母表示占 1 个字，即 2 个字节，后面表示数据类型为无符号数。

表 14-9　莫迪康驱动构件数据类型

数据类型	字节数	说明	数据类型	字节数	说明
BTdd	1	位(dd 范围:00～15)	WD	2	16 位 4 位 BCD
BUB	1	8 位无符号二进制	DUB	4	32 位无符号二进制
BB	1	8 位有符号二进制	DB	4	32 位有符号二进制
BD	1	8 位 2 位 BCD	DD	4	32 位 8 位 BCD
WUB	2	16 位无符号二进制	DF	4	32 位浮点数
WB	2	16 位有符号二进制	STR	不定	字符串

(5) CRC 校验码　标准 ModbusRTU 命令中 CRC 占 2 个字节，低字节在前，高字节在后。例如，经过 CRC 校验得到的双字节为“3E F6”，“3E”为高字节，“F6”为低字节。

采用“0—LH［低字节，高字节］”校验，格式为 XX XX XX XX XX…F6 3E。

采用“1—HL［高字节，低字节］”校验，格式为 XX XX XX XX XX…3E F6。

在图 14-8 莫迪康驱动中已经进行了设定，“校验方式”为“0—LH［低字节，高字节］”。

14.4 MCGS 组态

14.4.1 数据组态与窗口组态

如图 14-10 所示，针对 DSW9902C 功率表中的各项参数，定义了对应的变量。int 型对应 MCGSE 中的开关型变量；float 型对应 MCGS 中的数值型变量；long 型对应 MCGSE 中的数值型变量。在每个变量中添加注释为后续脚本编写提供参考，如图 14-11 所示。

主控窗口 | 设备窗口 | 用户窗口 | 实时数据库 | 运行策略

名字	类型	注释
Address	开关型	仪表地址
AL1_Mode	开关型	AL1报警方式，1-14类模式
AL1_Mode_String	字符型	AL1对应不同模式的字符串
AL1_Unit	开关型	AL1报警单位，0表示I单位，1表示K单位
AL1_Unit_String	字符型	AL1对应不同单位的字符串
AL1_Value	数值型	AL1报警值
AL2_Mode	开关型	AL2报警方式，1-14类模式
AL2_Mode_String	字符型	AL2对应不同模式的字符串
AL2_Unit	开关型	AL2报警单位，0表示I单位，1表示K单位
AL2_Unit_String	字符型	AL2对应不同单位的字符串
AL2_Value	数值型	AL2报警值
Baud	开关型	仪表波特率
ClearEnergy	开关型	1-9999，清零值为1111
Current	数值型	电流A
CurrentT	开关型	CT=1-200
dly	数值型	AL1与AL2延时设定值，单位为秒
Energy	数值型	有功电能，单位为Wh
Frequency	数值型	频率Hz
InputETime	字符型	系统内建数据对象
InputSTime	字符型	系统内建数据对象
InputUser1	字符型	系统内建数据对象
InputUser2	字符型	系统内建数据对象
PowerFactor	数值型	功率因数0-1.000
Var	数值型	无功功率Var
Voltage	数值型	电压V
Work	数值型	有功功率W

图 14-10 实时数据库中各变量定义及类型声明界面图

对象定义
对象名称 AL2_Value 小数位 0
对象初值 0 最小值 -1e+010
工程单位 最大值 1e+010
对象类型
○开关 ◉数值 ○字符 ○事件 ○组对象
对象内容注释
AL2报警值

对象定义
对象名称 AL1_Mode 小数位 0
对象初值 0 最小值 -1e+010
工程单位 最大值 1e+010
对象类型
◉开关 ○数值 ○字符 ○事件 ○组对象
对象内容注释
AL1报警方式，1-14类模式

图 14-11 数值型与开关型变量定义界面图

用户窗口仿照DSW9902C功率表的ModbusRTU通信地址信息表进行设计，主体为“自由表格”构件，在每一行添加了相应的“输入框”构件、“标准按钮”构件，如图14-12所示用黑色边框框起来部分。字母R打头的表示读命令，W打头的表示写命令，仪表地址和通信波特率虽然可以写，但是地址与波特率改变后，要从莫迪康ModbusRTU驱动中重新设置。因此，对这两项不进行写操作。“输入框”构件与相应的显示变量关联。例如：AL1报警方式有14种，对应1～14个数，这14个数可以设为开关型变量，用于从设备读入与写出，相当于!SetDevice（设备0，6，" Read（4，22，WUB=AL1 _ Mode）" ）和!SetDevice（设备0，6，" Write（4，22，WUB=AL1 _ Mode）" ）中的变量AL1 _ Mode，但在“输入框”构件中显示的内容为字符型变量AL1 _ Mode _ String的值，两者之间需要在脚本中进行转换。

序号	地址	内容	类型	长度	读/写	数值	单位	读	写
1	0x10(16)	电度清零	int	1	R/W	输入框		R_CLRE	W_CLRE
2	0x14(20)	电流变比	int	1	R/W	输入框		R_CT	W_CT
3	0x15(21)	AL1报警方式	int	1	R/W	输入框		R_AL1_M	W_AL1_M
4	0x16(22)	AL1报警单位	int	1	R/W	输入框		R_AL1_U	W_AL1_U
5	0x17(23)	AL2报警方式	int	1	R/W	输入框		R_AL2_M	W_AL2_M
6	0x18(24)	AL2报警单位	int	1	R/W	输入框		R_AL2_U	W_AL2_U
7	0x1B(27)	仪表地址	int	1	R/W	输入框		R_Add	
8	0x1C(28)	通讯波特率	int	1	R/W	输入框	Baud/s	R_Baud	
9	0x20(32)	AL1报警设定值	float	2	R/W	输入框		R_AL1_Val	W_AL1_Val
10	0x22(34)	AL2报警设定值	float	2	R/W	输入框		R_AL2_Val	W_AL2_Val
11	0x24(36)	AL1、AL2延时输出dly	float	2	R/W	输入框	秒	R_dly	W_dly
12	0x2A(42)	电压V	float	2	R	输入框	V	R_Voltage	
13	0x30(48)	电流A	float	2	R	输入框	A	R_Current	
14	0x36(54)	有功功率W	float	2	R	输入框	W	R_W	
15	0x3E(62)	无功功率Var	float	2	R	输入框	Var	R_Var	
16	0x4E(78)	功率因数PF	float	2	R	输入框	PF	R_PF	
17	0x56(86)	频率F	float	2	R	输入框	Hz	R_F	
18	0x58(88)	有功电能	long	2	R	输入框	Wh	R_Energy	

图14-12　用户窗口各构件布置图

14.4.2　按钮脚本程序

脚本程序全部包含在按钮动作中，当点击某个按钮后，执行相应的读或写命令，详细代码如表14-10所示。

表14-10　各按钮对应脚本程序

序号	地址	读/写	脚本代码
1	0x10(16)	R_CLRE	!SetDevice(设备0,6,"Read(4,17,WUB=ClearEnergy)")
		W_CLRE	!SetDevice(设备0,6,"Write(4,17,WUB=ClearEnergy)")

续表

序号	地址	读/写	脚本代码
2	0x14(20)	R_CT	!SetDevice(设备 0,6,"Read(4,21,WUB=CurrentT)")
		W_CT	!SetDevice(设备 0,6,"Write(4,21,WUB=CurrentT)")

3	0x15(21)	R_AL1_M	!SetDevice(设备 0,6,"Read(4,22,WUB=AL1_Mode)")
			
			IF AL1_Mode=1 THEN
			AL1_Mode_String="U-H"
			ENDIF
			
			IF AL1_Mode=2 THEN
			AL1_Mode_String="U-L"
			ENDIF
			
			IF AL1_Mode=3 THEN
			AL1_Mode_String="A-H"
			ENDIF
			IF AL1_Mode=4 THEN
			AL1_Mode_String="A-L"
			ENDIF
			
			IF AL1_Mode=5 THEN
			AL1_Mode_String="P-H"
			ENDIF
			
			IF AL1_Mode=6 THEN
			AL1_Mode_String="P-L"
			ENDIF
			
			IF AL1_Mode=7 THEN
			AL1_Mode_String="PF-H"
			ENDIF
			
			IF AL1_Mode=8 THEN
			AL1_Mode_String="PF-L"
			ENDIF
			
			IF AL1_Mode=9 THEN
			AL1_Mode_String="F-H"
			ENDIF
			
			IF AL1_Mode=10 THEN
			AL1_Mode_String="F-L"
			ENDIF
			
			IF AL1_Mode=11 THEN
			AL1_Mode_String="UArH"
			ENDIF
			
			IF AL1_Mode=12 THEN
			AL1_Mode_String="UArL"
			ENDIF
			
			IF AL1_Mode=13 THEN
			AL1_Mode_String="kWhH"
			ENDIF
			
			IF AL1_Mode=14 THEN
			AL1_Mode_String="kWhL"
			ENDIF

续表

序号	地址	读/写	脚本代码

3	0x15(21)	W_AL1_M	IF !StrComp(AL1_Mode_String,"U-H")=0 THEN
			  AL1_Mode=1
			ENDIF
			
			IF !Strcomp(AL1_Mode_String,"U-L")=0 THEN
			  AL1_Mode=2
			ENDIF
			
			IF !Strcomp(AL1_Mode_String,"A-H")=0 THEN
			  AL1_Mode=3
			ENDIF
			
			IF !Strcomp(AL1_Mode_String,"A-L")=0 THEN
			  AL1_Mode=4
			ENDIF
			
			IF !Strcomp(AL1_Mode_String,"P-H")=0 THEN
			  AL1_Mode=5
			ENDIF
			
			IF !Strcomp(AL1_Mode_String,"P-L")=0 THEN
			  AL1_Mode=6
			ENDIF
			
			IF !Strcomp(AL1_Mode_String,"PF-H")=0 THEN
			  AL1_Mode=7
			ENDIF
			
			IF !Strcomp(AL1_Mode_String,"PF-L")=0 THEN
			  AL1_Mode=8
			ENDIF
			
			IF !Strcomp(AL1_Mode_String,"F-H")=0 THEN
			  AL1_Mode=9
			ENDIF
			
			IF !Strcomp(AL1_Mode_String,"F-L")=0 THEN
			  AL1_Mode=10
			ENDIF
			
			IF !Strcomp(AL1_Mode_String,"UArH")=0 THEN
			  AL1_Mode=11
			ENDIF
			
			IF !Strcomp(AL1_Mode_String,"UArL")=0 THEN
			  AL1_Mode=12
			ENDIF
			
			IF !Strcomp(AL1_Mode_String,"kWhH")=0 THEN
			  AL1_Mode=13
			ENDIF
			
			IF !Strcomp(AL1_Mode_String,"kWhL")=0 THEN
			  AL1_Mode=14
			ENDIF
			
			!SetDevice(设备0,6,"Write(4,22,WUB=AL1_Mode)")

4	0x16(22)	R_AL1_U	!SetDevice(设备0,6,"Read(4,23,WUB=AL1_Unit)")
			IF AL1_Unit=0 THEN
			  AL1_Unit_String="I"
			ENDIF
			
			IF AL1_Unit=1 THEN
			  AL1_Unit_String="K"
			ENDIF

续表

序号	地址	读/写	脚本代码

4	0x16(22)	W_AL1_U	IF !Strcomp(AL1_Unit_String,"I")=0 THEN
			AL1_Unit=0
			ENDIF
			
			IF !Strcomp(AL1_Unit_String,"K")=0 THEN
			AL1_Unit=1
			ENDIF
			
			!SetDevice(设备0,6,"Write(4,23,WUB=AL1_Unit)")

5	0x17(23)	R_AL2_U	!SetDevice(设备0,6,"Read(4,24,WUB=AL2_Mode)")
			IF AL2_Mode=1 THEN
			AL2_Mode_String="U-H"
			ENDIF
			
			IF AL2_Mode=2 THEN
			AL2_Mode_String="U-L"
			ENDIF
			
			IF AL2_Mode=3 THEN
			AL2_Mode_String="A-H"
			ENDIF
			
			IF AL2_Mode=4 THEN
			AL2_Mode_String="A-L"
			ENDIF
			
			IF AL2_Mode=5 THEN
			AL2_Mode_String="P-H"
			ENDIF
			
			IF AL2_Mode=6 THEN
			AL2_Mode_String="P-L"
			ENDIF
			
			IF AL2_Mode=7 THEN
			AL2_Mode_String="PF-H"
			ENDIF
			
			IF AL2_Mode=8 THEN
			AL2_Mode_String="PF-L"
			ENDIF
			
			IF AL2_Mode=9 THEN
			AL2_Mode_String="F-H"
			ENDIF
			
			IF AL2_Mode=10 THEN
			AL2_Mode_String="F-L"
			ENDIF
			
			IF AL2_Mode=11 THEN
			AL2_Mode_String="UArH"
			ENDIF
			
			IF AL2_Mode=12 THEN
			AL2_Mode_String="UArL"
			ENDIF
			
			IF AL2_Mode=13 THEN
			AL2_Mode_String="kWhH"
			ENDIF
			
			IF AL2_Mode=14 THEN
			AL2_Mode_String="kWhL"
			ENDIF

续表

序号	地址	读/写	脚本代码

5	0x17(23)	W_AL2_M	IF !StrComp(AL2_Mode_String,"U-H")=0 THEN
			AL2_Mode=1
			ENDIF
			
			IF !Strcomp(AL2_Mode_String,"U-L")=0 THEN
			AL2_Mode=2
			ENDIF
			
			IF !Strcomp(AL2_Mode_String,"A-H")=0 THEN
			AL2_Mode=3
			ENDIF
			
			IF !Strcomp(AL2_Mode_String,"A-L")=0 THEN
			AL2_Mode=4
			ENDIF
			
			IF !Strcomp(AL2_Mode_String,"P-H")=0 THEN
			AL2_Mode=5
			ENDIF
			
			IF !Strcomp(AL2_Mode_String,"P-L")=0 THEN
			AL2_Mode=6
			ENDIF
			
			IF !Strcomp(AL2_Mode_String,"PF-H")=0 THEN
			AL2_Mode=7
			ENDIF
			
			IF !Strcomp(AL2_Mode_String,"PF-L")=0 THEN
			AL2_Mode=8
			ENDIF
			
			IF !Strcomp(AL2_Mode_String,"F-H")=0 THEN
			AL2_Mode=9
			ENDIF
			
			IF !Strcomp(AL2_Mode_String,"F-L")=0 THEN
			AL2_Mode=10
			ENDIF
			
			IF !Strcomp(AL2_Mode_String,"UArH")=0 THEN
			AL2_Mode=11
			ENDIF
			
			IF !Strcomp(AL2_Mode_String,"UArL")=0 THEN
			AL2_Mode=12
			ENDIF
			
			IF !Strcomp(AL2_Mode_String,"kWhH")=0 THEN
			AL2_Mode=13
			ENDIF
			IF !Strcomp(AL2_Mode_String,"kWhL")=0 THEN
			AL2_Mode=14
			ENDIF
			
			!SetDevice(设备0,6,"Write(4,24,WUB=AL2_Mode)")

续表

序号	地址	读/写	脚本代码

6	0x18(24)	R_AL2_U	!SetDevice(设备 0,6,"Read(4,25,WUB=AL2_Unit)")
			IF AL2_Unit=0 THEN
			  AL2_Unit_String="I"
			ENDIF
			
			IF AL2_Unit=1 THEN
			  AL2_Unit_String="K"
			ENDIF

		W_AL2_U	IF !Strcomp(AL2_Unit_String,"I")=0 THEN
			  AL2_Unit=0
			ENDIF
			
			IF !Strcomp(AL2_Unit_String,"K")=0 THEN
			  AL2_Unit=1
			ENDIF
			
			!SetDevice(设备 0,6,"Write(4,25,WUB=AL2_Unit)")

7	0x1B(27)	R_Add	!SetDevice(设备 0,6,"Read(4,28,WUB=Address)")
8	0x1C(28)	R_Baud	!SetDevice(设备 0,6,"Read(4,29,WUB=Baud)") Baud=(Baud+1) * 4800
9	0x20(32)	R_AL1_Val	!SetDevice(设备 0,6,"Read(4,33,DF=AL1_Value)")
		W_AL1_Val	!SetDevice(设备 0,6,"Write(4,33,DF=AL1_Value)")
10	0x22(34)	R_AL2_Val	!SetDevice(设备 0,6,"Read(4,35,DF=AL2_Value)")
		W_AL2_Val	!SetDevice(设备 0,6,"Write(4,35,DF=AL2_Value)")
11	0x24(36)	R_dly	!SetDevice(设备 0,6,"Read(4,37,DF=dly)")
		W_dly	!SetDevice(设备 0,6,"Write(4,37,DF=dly)")
12	0x2A(42)	R_Voltage	!SetDevice(设备 0,6,"Read(4,43,DF=Voltage)")
13	0x30(48)	R_Current	!SetDevice(设备 0,6,"Read(4,49,DF=Current)")
14	0x36(54)	R_W	!SetDevice(设备 0,6,"Read(4,55,DF=Work)")
15	0x3E(62)	R_Var	!SetDevice(设备 0,6,"Read(4,63,DF=Var)")
16	0x4E(78)	R_PF	!SetDevice(设备 0,6,"Read(4,79,DF=PowerFactor)")
17	0x56(86)	R_F	!SetDevice(设备 0,6,"Read(4,87,DF=Frequency)")
18	0x58(88)	R_Energy	!SetDevice(设备 0,6,"Read(4,89,DD=Energy)")

点击工具栏中的按钮，依次点击 模拟运行 、 工程下载 、 启动运行

序号	地址	内容	类型	长度	读/写	数值	单位	读	写
1	0x10(16)	电度清零	int	1	R/W	0		R_CLRE	W_CLRE
2	0x14(20)	电流变比	int	1	R/W	1		R_CT	W_CT
3	0x15(21)	AL1报警方式	int	1	R/W	U-H		R_AL1_M	W_AL1_M
4	0x16(22)	AL1报警单位	int	1	R/W	I		R_AL1_U	W_AL1_U
5	0x17(23)	AL2报警方式	int	1	R/W	U-L		R_AL2_M	W_AL2_M
6	0x18(24)	AL2报警单位	int	1	R/W	I		R_AL2_U	W_AL2_U
7	0x1B(27)	仪表地址	int	1	R/W	2		R_Add	
8	0x1C(28)	通讯波特率	int	1	R/W	9600	Baud/s	R_Baud	
9	0x20(32)	AL1报警设定值	float	2	R/W	50		R_AL1_Val	W_AL1_Val
10	0x22(34)	AL2报警设定值	float	2	R/W	8		R_AL2_Val	W_AL2_Val
11	0x24(36)	AL1、AL2延时输出dly	float	2	R/W	0.7	秒	R_dly	W_dly
12	0x2A(42)	电压V	float	2	R	4.31	V	R_Voltage	
13	0x30(48)	电流A	float	2	R	0.4145	A	R_Current	
14	0x36(54)	有功功率W	float	2	R	1.788	W	R_W	
15	0x3E(62)	无功功率Var	float	2	R	0.059	Var	R_Var	
16	0x4E(78)	功率因数PF	float	2	R	0.999	PF	R_PF	
17	0x56(86)	频率F	float	2	R	0	Hz	R_F	
18	0x58(88)	有功电能	long	2	R	0	Wh	R_Energy	

图 14-13　程序运行界面图

按钮，程序下载后执行，界面如图 14-13 所示。

附　录

ASCII表

ASCII 码表

十进制	十六进制	字符	英文	字符类型	备注
0	0	NUL	null	辅助设备控制字符	空字符
1	1	SOH	start of headline	传输控制字符	标题开始
2	2	STX	start of text	传输控制字符	正文开始
3	3	ETX	end of text	传输控制字符	正文结束
4	4	EOT	end of transmission	传输控制字符	传输结束
5	5	ENQ	enquiry	传输控制字符	询问请求
6	6	ACK	acknowledge	传输控制字符	确认
7	7	BEL	bell	辅助设备控制字符	响铃
8	8	BS	backspace	格式控制字符	退格
9	9	HT	horizontal tab	格式控制字符	水平制表符
10	0A	LF	line feed	格式控制字符	换行键
11	0B	VT	vertical tab	格式控制字符	垂直制表符
12	0C	FF	form feed	格式控制字符	换页键
13	0D	CR	carriage return	格式控制字符	回车键
14	0E	SO	shift out	辅助设备控制字符	移位输出
15	0F	SI	shift in	辅助设备控制字符	移位输入
16	10	DLE	data link escape	传输控制字符	数据链路转义
17	11	DC1	device control1	辅助设备控制字符	设备控制 1
18	12	DC2	device control2	辅助设备控制字符	设备控制 2
19	13	DC3	device control3	辅助设备控制字符	设备控制 3
20	14	DC4	device control4	辅助设备控制字符	设备控制 4

续表

十进制	十六进制	字符	英文	字符类型	备注
21	15	NAK	negative acknowledge	传输控制字符	否定
22	16	SYN	synchronous idle	传输控制字符	同步空闲
23	17	ETB	end of trans block	传输控制字符	传输块结束
24	18	CAN	cancel	辅助设备控制字符	取消
25	19	EM	end of medium	辅助设备控制字符	介质中断,纸尽
26	1A	SUB	substitute	辅助设备控制字符	置换
27	1B	ESC	escape	辅助设备控制字符	换码(溢出)
28	1C	FS	file separator	信息分隔字符	文件分隔符
29	1D	GS	group separator	信息分隔字符	分组符
30	1E	RS	record separator	信息分隔字符	记录分隔符
31	1F	US	unit separator	信息分隔字符	单元分隔符
32	20	(space)	space	图形字符	空格
33	21	!		图形字符	
34	22	”		图形字符	
35	23	#		图形字符	
36	24	$		图形字符	
37	25	%		图形字符	
38	26	&		图形字符	
39	27	,		图形字符	
40	28	(		图形字符	
41	29	)		图形字符	
42	2A	*		图形字符	
43	2B	+		图形字符	
44	2C	,		图形字符	
45	2D	-		图形字符	
46	2E	.		图形字符	
47	2F	/		图形字符	
48	30	0		图形字符	
49	31	1		图形字符	
50	32	2		图形字符	
51	33	3		图形字符	
52	34	4		图形字符	
53	35	5		图形字符	
54	36	6		图形字符	
55	37	7		图形字符	
56	38	8		图形字符	
57	39	9		图形字符	

续表

十进制	十六进制	字符	英文	字符类型	备注
58	3A	：		图形字符	
59	3B	；		图形字符	
60	3C	＜		图形字符	
61	3D	＝		图形字符	
62	3E	＞		图形字符	
63	3F	?		图形字符	
64	40	@		图形字符	
65	41	A		图形字符	
66	42	B		图形字符	
67	43	C		图形字符	
68	44	D		图形字符	
69	45	E		图形字符	
70	46	F		图形字符	
71	47	G		图形字符	
72	48	H		图形字符	
73	49	I		图形字符	
74	4A	J		图形字符	
75	4B	K		图形字符	
76	4C	L		图形字符	
77	4D	M		图形字符	
78	4E	N		图形字符	
79	4F	O		图形字符	
80	50	P		图形字符	
81	51	Q		图形字符	
82	52	R		图形字符	
83	53	S		图形字符	
84	54	T		图形字符	
85	55	U		图形字符	
86	56	V		图形字符	
87	57	W		图形字符	
88	58	X		图形字符	
89	59	Y		图形字符	
90	5A	Z		图形字符	
91	5B	[		图形字符	
92	5C	\		图形字符	
93	5D	]		图形字符	
94	5E	^		图形字符	

续表

十进制	十六进制	字符	英文	字符类型	备注
95	5F	—		图形字符	
96	60	、		图形字符	
97	61	a		图形字符	
98	62	b		图形字符	
99	63	c		图形字符	
100	64	d		图形字符	
101	65	e		图形字符	
102	66	f		图形字符	
103	67	g		图形字符	
104	68	h		图形字符	
105	69	i		图形字符	
106	6A	j		图形字符	
107	6B	k		图形字符	
108	6C	l		图形字符	
109	6D	m		图形字符	
110	6E	n		图形字符	
111	6F	o		图形字符	
112	70	p		图形字符	
113	71	q		图形字符	
114	72	r		图形字符	
115	73	s		图形字符	
116	74	t		图形字符	
117	75	u		图形字符	
118	76	v		图形字符	
119	77	w		图形字符	
120	78	x		图形字符	
121	79	y		图形字符	
122	7A	z		图形字符	
123	7B	{		图形字符	
124	7C	|		图形字符	
125	7D	}		图形字符	
126	7E	~		图形字符	
127	7F	DEL		控制字符	删除

参考文献

［1］ 张辉，李荣利，王和平. Visual Basic 串口通信及编程实例［M］. 北京：化学工业出版社，2011.

［2］ 张辉，刘应书，李永玲，等. 基于容量法的高压静态吸附仪的研制与应用［J］. 化温与特气，2010，28（05）：20-23.

［3］ 俞爱辉，张辉. 人工智能仪表在实验监测控制过程中的应用［J］. 仪表技术，2011，28（04）：3-6.

［4］ 俞爱辉，张辉，李虎. 一种高压条件下测定吸附剂静态吸附容量的装置［J］. 实验室研究与探索，2011，30（05）：35-37.

［5］ 张辉，何国彬，陆福禄，等. 基于串口的光电传感可控产泡皂膜流量计［J］. 仪表技术与传感器，2017（07）：40-44.

［6］ GB/T 19582—2008. 基于 Modbus 协议的工业自动化网络规范［S］. 中国：中国国家标准化管理委员会，2006.

［7］ 北京昆仑通态自动化软件科技有限公司. mcgsTpc 初级教程［M］. 北京：北京昆仑通态自动化软件科技有限公司，2011.

［8］ 北京昆仑通态自动化软件科技有限公司. mcgsTpc 中级教程［M］. 北京：北京昆仑通态自动化软件科技有限公司，2011.

［9］ 北京昆仑通态自动化软件科技有限公司. mcgsTpc 高级教程［M］. 北京：北京昆仑通态自动化软件科技有限公司，2011.

［10］ 曹辉，王暄. 组态软件技术及应用［M］. 北京：电子工业出版社，2009.

［11］ 吴作明. 工控组态软件与 PLC 应用技术［M］. 北京：北京航空航天大学，2007.

二维码讲解清单

前言
②
③
④
⑤
⑦
⑨
⑩
⑪
⑫
⑫
⑭
⑮
⑯
⑱
⑲
⑳
⑳
㉒
㉕
51
52
53
54
57
61
67
68
68
70
71
72
74
74
78
81
83
88
89
94
96
96
97
99
101
102
104
105
112

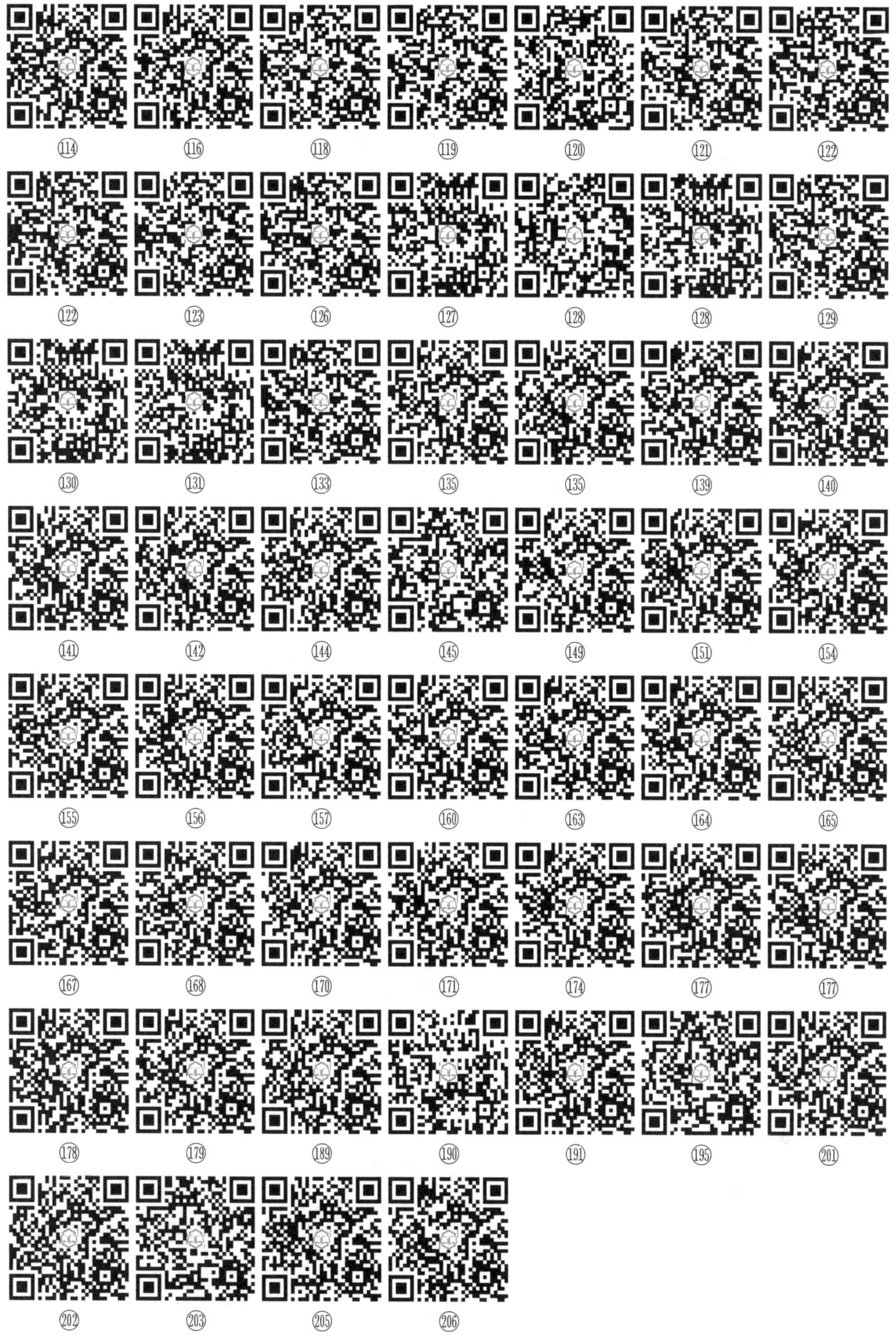

说明：○内为二维码所在页码。